水利水电工程施工现场管理人员培训教材

质检员

中国水利工程协会　主编

黄河水利出版社
·郑州·

内容提要

本书是基于水利水电工程建设发展的需求，按照国家有关法律法规和水利行业标准、规范、规程的要求，以紧密联系工程建设为主线，以培养高素质、高水准、高规格的水利施工现场管理人员为主要目标编写而成的。旨在充分发挥质量管控体系在工程建设实施中的核心作用，确保工程建设质量满足设计要求和行业规定。全书共分为九章，内容包括水利水电工程质量检验、施工导流工程、地基处理与基础工程、土石方工程、混凝土工程、堤防工程、水工建筑物金属结构安装工程、水轮发电机组安装工程和水力机械辅助设备系统安装工程。

本书主要作为水利水电工程施工现场管理人员培训、学习及考核用书，也可供从事水利领域专业研究和工程建设有关设计、施工、监理等人员以及大专院校相关专业师生参考阅读。

图书在版编目（CIP）数据

质检员/中国水利工程协会主编. —郑州：黄河水利出版社，2020.5

水利水电工程施工现场管理人员培训教材

ISBN 978-7-5509-2470-3

Ⅰ.①质… Ⅱ.①中… Ⅲ.①水利水电工程-工程质量-质量检验-技术培训-教材 Ⅳ.①TV512

中国版本图书馆 CIP 数据核字（2019）第 178587 号

出 版 社：黄河水利出版社　　网址：www.yrcp.com

地址：河南省郑州市顺河路黄委会综合楼 14 层　　邮政编码：450003

发行单位：黄河水利出版社

发行部电话：0371-66026940、66020550、66028024、66022620（传真）

E-mail：hhslcbs@126.com

承印单位：河南承创印务有限公司

开本：787 mm×1 092 mm　1/16

印张：20.25

字数：493 千字　　印数：1—2 000

版次：2020 年 5 月第 1 版　　印次：2020 年 5 月第 1 次印刷

定价：80.00 元

序

随着我国经济社会的快速发展，水利作为国民经济的基础设施和基础产业，在经济社会发展中起着越来越重要的作用。党中央、国务院高度重视水利工作，水利投资逐年增加，水利工程建设方兴未艾，172 项节水供水重大水利工程在建投资规模超万亿，开工建设 80% 以上。“水利工程补短板、水利行业强监管”正有效推进大规模水利工程的建设和水利事业改革发展。

“百年大计，质量第一”。水利工程质量涉及社会公共利益、人民生命安全，至关重要。水利工程施工是确保工程质量的关键，它不仅要求严格执行施工作业程序，还要求对质检、材料、资料等方面进行严格管理，特别是涉及人民生命财产安全的施工质量和施工安全，一旦出现问题，极有可能导致灾难性后果。水利水电工程施工现场管理人员作为水利工程建设的一线人员，与水利工程施工质量、安全密切相关，提高水利工程施工管理人员技术水平，是确保工程质量顺利实施的关键。因此，重视水利工程施工的管理，加强对生产一线的水利工程建设施工单位的施工现场管理人员的培养，建设一支合格的、高水平的、技术精湛的水利工程建设施工管理人员队伍显得尤为重要。

中国水利工程协会组织国内多年从事水利水电工程施工、管理的有关单位和专家、学者、教授，在两年时间里编写了水利水电工程施工现场管理人员培训教材，包括《基础知识》《施工员》《安全员》《质检员》《资料员》《材料员》。本套教材将会对水利工程建设一线的相关人员提供一个有益的借鉴和参考。有利于规范水利工程施工管理行为，提高施工现场管理人员综合素质与业务水平，打造一支过硬的水利工程建设人员队伍。对弘扬工匠精神，打造精品工程，保障水利工程建设质量和安全，发挥积极的作用。

孙继昌

《质检员》编审委员会

前 言

在水利水电建设快速发展的新形势下，水利水电工程建设领域对施工现场管理人员的职业标准提出了更高的要求。中国水利工程协会于2017年6月26日发布了《水利水电工程施工现场管理人员职业标准》。为全面贯彻、执行水利行业法律法规和规范标准，提高水利水电工程施工现场管理人员的专业素质和业务水平，中国水利工程协会组织编写了水利水电工程施工现场管理人员培训教材，包括《基础知识》《施工员》《质检员》《安全员》《材料员》《资料员》。

水利水电工程是国家重要的基础设施，在国民经济发展中发挥着不可替代的重要作用。水利工程建设质量的优劣不仅关系到人民生命和财产安全，还关系到国计民生和社会稳定。因此，在水利水电工程建设全过程中，加强质量管理和控制尤为重要。《质检员》是水利水电工程施工质量管理人员培训教材，主要参考国家最新颁布的有关法律法规、行业标准、规范、规程作为编制依据，以水利水电工程建设质量管理实务为立足点和出发点，较为全面地介绍了水利工程专业质检人员应掌握的工程建设实施阶段质量管理和控制的专业知识，以及质量检查、量测、试验的常用方法。全书共分为水利水电工程质量检验、施工导流工程、地基处理与基础工程、土石方工程、混凝土工程、堤防工程、水工建筑物金属结构安装工程、水轮发电机组安装工程、水力机械辅助设备系统安装工程等九部分内容。本书在追求综合性、实用性和系统性的基础上，注重培养水利水电工程专业质检人员对知识的综合运用能力，以及分析解决工程实际问题的岗位职业能力。若本书内容与国家法律法规及相关规程、规范和标准不一致，以国家颁布的相关法律法规及相关规程、规范和标准为准。

本书编写人员及编写分工如下：重庆水利电力职业技术学院程小龙编写第一章至第三章，重庆水利电力职业技术学院陈邦尚编写第四章，重庆水利电力职业技术学院闵志华编写第五章，中水淮河规划设计研究有限公司王桂生编写第六章，重庆水利电力职业技术学院肖云川编写第七章和第八章，重庆水利电力职业技术学院张守平编写第九章。本书由陈邦尚、程小龙担任主编，由中国水电建设集团十五工程局有限公司王星照担任主审。

本书在编写过程中得到中国水利工程协会领导，中水淮河规划设计研究有限公司伍宛生，中国水电建设集团十五工程局有限公司王星照，上海宏波工程咨询管理有限公司韩忠，华北水利水电大学刘秋常、吕艺生等专家的大力支持，在此对所有在本书编写工作中给予帮助和指导的专家和单位，以及本书引用文献的作者表示衷心的感谢！

由于编者水平有限，书中难免存在一些缺点和不足之处，敬请广大读者不吝批准指正，以便再版改进。

编　者

2019年6月

目 录

第一章　水利水电工程质量检验

第一节　概　述

一、基本概念

质量是指反映实体的若干固有特性满足明示的、通常隐含的或必须履行的需求或期望的程度。其中,“固有”就是指某事或某物中本来就有的,尤其是那种永久的特性。“明示的”是指规定的要求,如在合同、规范、标准等文件中阐明的或顾客明确提出的要求。“通常隐含的”是指组织、顾客和其他相关方的惯例和一般做法,所考虑的需求或期望是不言而喻的。“必须履行的”是指法律法规要求的或强制性标准要求的,总之在产品实现的过程中必须执行这类标准。质量的主体是实体,可以是某项活动或过程的质量,也可以是质量管理体系的质量。

工程质量是指在国家现行的有关法律法规、技术规范和标准、设计文件和合同中,对工程的安全、适用、可靠、耐久、经济、环保、美观等特性的综合要求。工程建设不仅要追求技术上可行和经济上合理,还要考虑社会和环境的影响。工程质量特性是工程能够满足国家建设和人民需要所具备的自然属性,在工程建设全过程中的项目可行性研究、项目决策、勘察设计、工程施工、竣工验收等主要阶段逐渐形成,通过规范的行为和科学的方法得以更好地保证和实现。工程质量是一个工程的生命,是工程建设管理的核心,参与各方应严格履行执业责任和义务,认真落实建设各个阶段的质量管控,以实现综合性能优良的工程。

水利水电工程质量是工程满足国家和水利行业相关标准及合同约定要求的程度,在安全、功能、适用、外观及环保等方面的特性总和。由于水利水电工程建设具有工程规模大、建设周期长、质量要求高、施工技术复杂、工期限制严格等特点,使得水利水电工程的质量不同于一般建筑,其质量特点主要表现在建设过程的复杂性、影响因素的多样性、质量程度的波动性、质量检查的隐蔽性、最终验收的局限性、评价方法的特殊性等方面。水利水电工程是国家重要的基础设施,是经济发展的基础支撑。因此,水利水电工程质量的优劣不仅是工程建设成败的关键,更是工程能否在社会可持续发展中发挥作用的重要前提。

水利水电工程质量检验是指通过检查、量测、试验等方法,对工程质量特性进行符合性评价,以确保工程满足国家和水利行业的相关标准及合同约定的要求。水利水电工程质量取决于决策阶段和设计阶段,取决于施工阶段和验收阶段,是工程建设参与各方相互协调配合和监督指导、各自严谨务实和履职尽责、全体共同合作和同心协力实现的工程目标。尤其是在工程建设实施阶段,施工单位必须依据国家、水利行业有关工程建设法规、技术规程、技术标准的规定以及设计文件和施工合同的要求进行施工,并对其施工的工程进行质量管理、控制及检验,避免出现质量问题、质量缺陷或质量事故。为了更好地保证工程施工质量,施工单位要推行全面质量管理,建立健全质量保证体系,制定和完善岗位质量规范、质量责任及考核办法,落实质量责任制。在施工过程中要加强质量检验工作,认真执行“三检制”(班组自检、施工队复检、项目经理部专职质检机构终检),切实做好工程质量的全过程控制。

二、质量检验的要求

(1)承担工程质量检测业务的检测单位应具有水行政主管部门颁发的资质证书,其设备和人员的配备应与所承担的任务相适应,有健全的管理制度。水利工程质量检测单位必须依据国家有关法律法规和标准,对水利工程实体以及用于水利工程的原材料、中间产品、金属结构和机电设备等进行检查、测量、试验或者度量,并将结果与有关标准、要求进行比较以明确指出工程质量是否合格。

(2)工程施工质量检验中使用的计量器具、试验仪器仪表及设备应定期进行检定和校验,并具备有效的检定证书。国家规定需强制检定的计量器具应经县级以上人民政府计量行政部门认定的计量检定机构或其授权设置的计量检定机构进行检定。

(3)检测人员应熟悉检测业务,了解被检测对象性质和所用仪器设备性能,经考核合格后持证上岗。参与中间产品及混凝土(砂浆)试件质量资料复核的人员应具有工程师以上工程系列技术职称,并从事过相关试验工作。中间产品指的是工程施工中使用的砂石骨料、石料、混凝土拌和物、砂浆拌和物、混凝土预制构件等土建类工程的成品及半成品。

(4)工程质量检验项目、数量及检验方法,应符合 SL 631 ~639《水利水电工程单元工程施工质量验收评定标准》和国家及行业现行技术标准的有关规定。

(5)工程质量检验数据应真实可靠,检验记录及签证应完整齐全。

(6)工程项目中如有 SL 631 ~639 尚未涉及的质量评定标准,其质量标准及评定表格,由项目法人组织监理、设计及施工等单位根据未涉及的单元工程的技术要求(如新技术、新工艺的技术规范、设计要求和设备生产厂商的技术说明书等)制定施工安装的质量评定标准,并按照水利部建设与管理司主编的《水利水电工程单元工程施工质量验收评定表及填表说明》的统一格式(表头、表身、表尾)制定相应的质量评定表格。按水利部《水利水电工程施工质量评定表填表说明与示例》(办建管〔2002〕182 号文)规定,上述单元工程的质量评定标准和表格,地方项目须经省级水行政主管部门或其委托的工程质量监督机构批准;流域机构主管的中央项目须经流域机构或其委托的水利部水利工程质量监督总站流域分站批准,并报水利部水利工程质量监督总站备案;部直管工程须经水利部水利工程质量监督总站批准。

(7)水利水电工程种类繁多,内容丰富,工程项目涉及房屋建筑、交通、铁路、通信等行业的建筑物,其设计、施工标准及质量检验标准也有别于水利工程。因此,为保证工程施工质量,工程中的永久性房屋、专用公路、专用铁路、通信设施等项目的施工质量检验与评定应按相应行业标准执行。

(8)项目法人、监理、设计、施工和工程质量监督等单位根据工程建设需要,可委托具有相应资质等级的水利工程质量检测单位进行工程质量检测。施工单位自检性质的检测项目及数量,按 SL 631 ~639 及施工合同约定执行。对已建工程质量有重大分歧时,由项目法人委托第三方具有相应资质等级的质量检测单位进行检测,检测数量视需要确定,检测费用由责任方承担。

(9)对涉及工程结构安全的试块、试件及有关材料,实行见证取样。见证取样是在监理单位或项目法人的监督下,由施工单位有关人员现场取样,记录应真实齐全,参与见证取样人员应在相关文件上签字,并送到由项目法人确定且具有相应资质等级的工程质量检测单位进行检测。

(10)工程中出现检验不合格的项目时,按以下规定进行处理:

①原材料、中间产品一次抽样检验不合格时,应及时对同一取样批次另取2倍数量的样品进行检验,如仍不合格,则该批次原材料或中间产品不合格,不得使用。

②单元(工序)工程质量不合格时,应按合同要求进行处理或返工重做,并经重新检验且合格后方可进行后续工程施工。

③混凝土(砂浆)试件抽样检验不合格时,应委托具有相应资质等级的工程质量检测机构对相应工程部位进行检验。如仍不合格,由项目法人组织有关单位进行研究,并提出处理意见。

④工程完工后的质量抽检不合格,或其他检验不合格的工程,按有关规定进行处理,合格后才能进行验收或后续工程施工。

三、质量检验的职责

(1)永久性工程(包括主体工程和附属工程)施工质量检验的范围如下:

①施工单位依据工程设计要求、施工技术标准和合同约定,结合SL 631~639的规定确定检验项目及数量,并根据“三检制”的要求进行自检,自检过程应有书面记录,同时结合自检情况如实填写水利部颁发的“水利水电工程单元工程施工质量验收评定表”,自评单元工程质量等级。

②监理单位根据SL 631~639和抽样检测结果复核工程质量。其平行检测和跟踪检测的数量按SL 288《水利工程施工监理规范》或合同约定执行。

③项目法人应对施工单位自检和监理单位抽检过程进行督促检查,对报工程质量监督机构核备、核定的工程质量等级进行认定。

④工程质量监督机构对项目法人、监理单位、勘测单位、设计单位、施工单位以及工程其他参建单位的质量行为和工程实物质量进行监督检查。检查结果应按有关规定及时公布,并书面通知有关单位。

(2)临时工程质量检验及评定标准,由项目法人组织监理、设计及施工等单位根据工程特点,参照SL 631~639和其他相关标准确定,并报相应的工程质量监督机构核备。

四、质量检验的内容

(1)质量检验包括施工准备检查,原材料与中间产品质量检验,水工金属结构、启闭机及机电产品质量检查,单元(工序)工程质量检验,质量事故检查和质量缺陷备案,工程外观质量检验等。

(2)主体工程开工前,施工单位组织人员进行施工准备检查,并经项目法人或监理单位确认合格且履行相关手续后,才能进行主体工程施工。施工准备检查的主要内容有:

①质量保证体系落实情况,主要管理人员和技术人员的数量及资格是否与施工合同文件一致,规章制度的制定及关键岗位施工人员到位情况。

②进场施工设备的数量和规格、性能是否符合施工合同要求。

③进场原材料、构配件的质量、规格、性能是否符合有关技术标准和合同技术条款的要求，原材料的储存量是否满足工程开工后的需求。

④工地试验室的建立情况，是否满足工程开工后的需要。

⑤测量基准点的复核和施工测量控制网的布设情况。

⑥砂石料系统、混凝土拌和系统以及场内道路、供水、供电、供油及其他施工辅助设施的准备情况。

⑦附属工程及大型临时设施，防冻、降温措施，养护、保护措施，预防自然灾害预案等准备情况。

⑧是否制订了完善的施工安全、环境保护措施计划。

⑨按施工组织设计的编制和要求进行的施工工艺参数试验结果是否经过监理单位的审批。

⑩施工图及技术交底工作进行情况。

(3)施工单位按 SL 631 ~639 及有关技术标准对水泥、钢材等原材料与中间产品质量进行检验，并报监理单位复核。不合格产品不得使用。原材料的检验项目和标准如表 1-1 所示。

表 1-1 原材料的检验项目和标准

名称	主要检验项目	主要技术标准
水泥	3 d、28 d 抗压强度及抗折强度、细度、凝结时间、安定性等	GB 175《通用硅酸盐水泥》 GB/T 200《中热硅酸盐水泥、低热硅酸盐水泥》 GB 2938《低热微膨胀水泥》 GB 12958《复合硅酸盐水泥》 GB 748《抗硫酸盐硅酸盐水泥》
钢筋	外观质量及公称直径、抗拉强度、屈服点、伸长率、冷弯等	GB/T 1499.1《钢筋混凝土用钢 第 1 部分:热轧光圆钢筋》 GB/T 1499.2《钢筋混凝土用钢 第 2 部分:热轧带肋钢筋》 GB/T 13788《冷轧带肋钢筋》
粉煤灰	细度、烧失量、需水量比、三氧化硫(SO_3)等	DL/T 5055《水工混凝土掺用粉煤灰技术规范》
外加剂	—	GB 8076《混凝土外加剂》 DL/T 5100《水工混凝土外加剂技术规程》

(4)水工金属结构、启闭机及机电产品进场后，有关单位应按有关合同进行交货检查和验收。安装前，施工单位应检查产品是否有出厂合格证、设备安装说明书及有关技术文件，对在运输和存放过程中的变形、受潮、损坏等问题应做好记录，并进行妥善处理。无出厂合格证或不符合质量标准的产品不得用于工程。

(5)施工单位应按 SL 631 ~639 检验工序及单元工程质量，做好书面记录，在自检合格后，填写“水利水电工程单元工程施工质量验收评定表”送监理单位复核。监理单位根据抽检资料核定单位(工序)工程质量等级。发现不合格单元(工序)工程，施工单位及时进行处理,合格后才能进行后续工程施工。对施工中的质量缺陷应书面记录备案,进行必要的统计分析,并在相应单元(工序)工程质量评定表“评定意见”栏内注明。单元(工序)工程质量检验工作程序如图1-1所示。

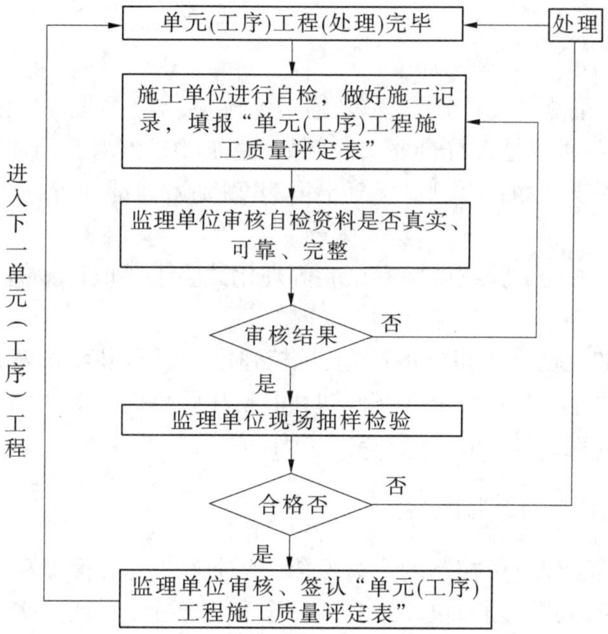

图1-1　单元(工序)工程质量检验工作程序

(6)施工单位应及时将原材料、中间产品及单元(工序)工程质量检验结果送监理单位复核,并按月将施工质量情况报监理单位,由监理单位汇总分析后报(送)项目法人和工程质量监督机构。

(7)单位工程完工后,项目法人组织监理、设计、施工及工程运行管理等单位组成工程外观质量评定组,现场进行工程外观质量检验评定,并将评定结论报工程质量监督机构核定。参加工程外观质量评定的人员应具有工程师以上技术职称或相应执业资格。评定组人数不少于5人,大型工程不宜少于7人。

五、质量检验的方法

水利水电工程施工单位建立并实施施工质量检查制度,规定各管理层次对施工质量检查与验收活动进行监督管理的职责和权限。检查和验收活动由具备相应资格的人员实施。施工单位按规定做好对分包工程的质量检查和验收工作。施工单位配备和管理施工质量检查所需的各类检测设备。施工阶段现场所用材料、半成品、工序过程或过程产品质量检查的主要方法有以下几种。

(一)目测法

目测法就是凭借感官进行检查,也可称为观感检验。例如,混凝土的振实可根据混凝土表层不再显著下沉、不再出现气泡、形成薄而均匀的水泥浆的现象来判断,过振可根据混凝土出现骨料下沉、砂浆上翻的离析现象来判断;混凝土浇筑后,混凝土是否存在蜂窝、麻面、孔洞、露筋及夹渣等缺陷;混凝土拌和是否存在超径、逊径问题。钢筋表观是否存在锈蚀、挤压、裂纹、结疤等问题。

(二)实测法

实测法就是利用量测工具或计量仪表,通过实际量测结果与规定的质量标准或规范的要求相对照,从而判断质量是否符合要求。例如,建筑物轴线和尺寸的量测;混凝土拌和过程中,砂石料含水量定时检测,出机口混凝土坍落度检验;摊铺沥青拌和料的温度测定等。

(三)试验法

试验法是指通过现场试验或试验室试验等理化试验手段取得数据,分析判断质量情况。具体包括:

(1)理化试验,如钢筋力学指标的测定:抗拉强度、抗压强度、抗弯强度、抗剪强度、抗扭强度等;混凝土物理性能的测定:密度、凝结时间、抗压强度、抗冻、抗渗等。

(2)无损检测,如超声波探伤、γ射线探伤等。

六、质量检验计划的编制

质量检验计划是工程质量控制的有力保障,是对施工质量管理和工序质量进行有效控制的重要措施。质量检验计划不仅要细分到分项和分部上,而且要明确关键工序和特殊工序。质量总监理工程师按专业编制检验计划,检验计划内容必须明确:检验项目、检验内容、检验标准、检查点、控制点、有关责任人、质量记录等信息。在这里就以质量检测计划框架的形式予以说明编制的要求和方法。

(一)概要

编制水利水电工程试验检测技术方案前,应获得设计文件、招标投标文件、工程承包合同、质量计划以及经过批准的全部施工图纸,掌握其工程规模、设计标准、合同工期、工程量、检测项目、标准等相关信息。

(二)编制说明

阐明的主要内容有:编制的目的;编制的依据;引用的标准、规程、规范;检验报告的格式;所规定的各项试验检测报告的格式及有关记录的表格形式等。

(三)试验检测组织机构

1.项目试验室组织机构

通过熟读设计文件、招标文件,掌握该工程有关技术资料;了解试验检测的工作量、进度安排,以及设备、器具与试验检测人员配置要求,建立能够满足工程试验检测任务的项目试验室检测机构,并按项目所在地主管部门要求登记注册、取证。

2.项目试验室布置

工程施工总平面布置中所安排的试验检测机构占地面积、建筑面积,所处位置应与工程实际相适应。掌握工程试验检测任务和涉及的各项试验检测参数,拟定项目试验室各试验间的布置。响应招标文件中对试验室平面布置的要求,结合本工程试验检测项目、强度的要求，确定各试验间的建筑面积，并绘制项目试验室平面布置图。试验室位置的布置还应考虑周围环境是否对试验检测工作有影响，如振动、噪声、污染等因素。

3. 试验检测人员配备

试验检测人员配备数量和资格应满足招标文件、工程特点、施工需要和试验检测工作量等方面的要求。

4. 试验设备仪器配置

工程施工中，通常用表格形式列出试验检测设备仪器配置清单，其配置应满足招标文件、工程试验检测任务的要求，设备仪器的精度、量程等技术指标应满足试验检测规程规范和工程质量检测的要求。选用的设备仪器需经过有计量检定校准资质的机构进行检定校准并出具检定校准证书，在检定有效期内使用，并且要选用经久耐用、操作简便、性能稳定，已在水利水电工程施工中成功使用的设备仪器。

（四）试验检测工作流程

确定试验检测工作流程前，应和监理工程师、项目部技术负责人沟通，结合工程施工中试验检测工作实际情况确定。一般试验检测工作流程如图 1-2 所示。

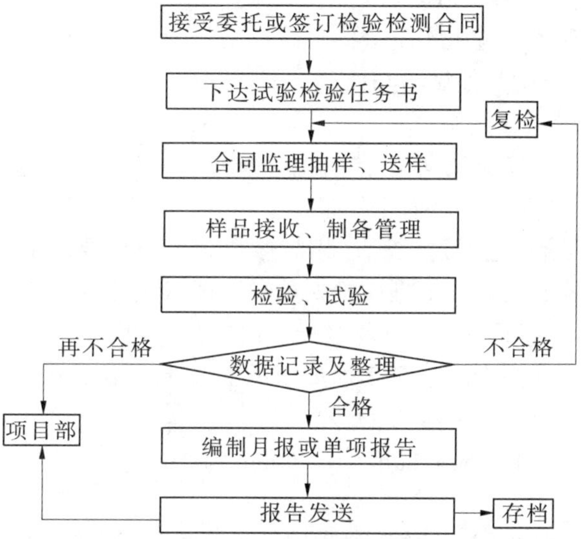

图 1-2　试验检测工作流程

（五）试验检验项目

根据设计文件、招标投标文件、国家和行业的规程规范、施工组织设计、设计图纸等资料，确定工程所有的试验检测项目。一般水利水电工程所涉及的试验检测项目列举如下，可根据实际工程情况予以增减：

（1）混凝土工程。

①混凝土原材料（水、砂、石、水泥、粉煤灰、外加剂等）物理化学性能试验。

②各类混凝土配合比设计与试验。

③混凝土拌和物质量控制检验。

④混凝土试件的力学、变形、弹性模量、抗冻、抗渗、抗冲磨性能试验。

⑤钢材（钢筋、钢板、钢绞线等）力学性能试验及钢筋焊接接头性能试验。

⑥止水材料(止水铜片、橡胶止水片、隔缝材料、填缝材料等)物理力学性能试验。

⑦温控材料性能检测试验。

⑧混凝土芯样物理力学性能检测及混凝土无损检测。

(2)防渗工程。

①土工合成材料性能试验。

②灌浆材料及护壁泥浆性能试验。

(3)建筑工程。

①砌体材料(砌石、砂浆、砖、细石混凝土)力学性能、材质检验。

②屋面防水、保温材料性能试验。

(4)边坡支护工程。

①锚杆类型、注浆材料、注浆密实度。

②锚杆长度、拉拔力试验检测。

(5)土石方填筑工程。

①各类填筑材料现场生产级配检验。

②各类填筑材料现场生产性碾压试验成果检验。

③各类填筑材料现场填筑压实质量检验。

(6)设计或监理要求的其他试验与检验。

(六)试验检测质量保证措施

试验检测质量保证措施应根据招标文件相关规定、试验室质量管理体系文件进行制定。

(1)主要试验检测人员必须持有上岗证。

(2)混凝土施工配合比应通过试验在相应参数满足设计要求的条件下优选,经监理工程师审批后使用。试验检测人员依据质检人员和监理工程师签发的开仓证上所标明的混凝土强度等级(包括抗渗、抗冻、抗冲磨)及级配、部位、坍落度、外加剂掺量等参数,开具混凝土施工配料单,一式两份(只对开仓证上所要求的混凝土参数指标负责,其他事项不在管理范围内)。配料单必须有两人签字才能有效。

(3)试验室所持经监理工程师批准确认的混凝土施工配合比,应统一编号避免出现差错,并须妥善保存。

(4)对混凝土原材料和混凝土施工过程中的所有检测,试验资料应及时进行统计分析,发现偏差应立即向有关部门通报并及时予以纠正。

(5)在土石方填筑施工期间,必须有详细的施工和检验原始记录,应注意收集和整理填筑全过程的质量检测资料,并分类整理保存,每月进行一次质量分析和统计评定,并将其报送监理人审阅。

(6)主要试验检验设备和仪器须按规定时间进行计量检定。凡不合格的计量器具,不得使用,立即停用淘汰,以确保试验检测数据的准确性。

(7)加强试验室内部管理。制定严格的操作规程和试验规程;所有原始试验资料均有试验人、计算人、校核人的签名,数据资料均妥善保管,直至竣工移交。主要检测试验人员须全部持证上岗,按质量手册履行职责。定期接受专业技术、质量控制、安全管理、文明生产等方面的培训。

七、质检的数据处理和统计分析

（一）数据处理

（1）检验和分析数据可靠性时，应符合下列要求：

①检查取样应具有代表性。

②检验方法及仪器设备应符合国家及行业规定。

③操作应准确无误。

（2）实测数据是评定质量的基础资料，严禁伪造或随意舍弃监测数据。对可疑数据应检查分析原因，并做出书面记录。

（3）水泥、钢材、外加剂、混合材料及其他原材料的检测数量与数据统计方法应按现行国家和行业有关标准执行。

（4）砂石骨料、石料及混凝土预制件等中间产品检测数据统计方法应符合 SL 631～639 的规定。

（二）混凝土强度检验评定

1. 普通混凝土

（1）同一强度等级混凝土试块 28 d 龄期抗压强度的组数 $n \geqslant 30$ 时，应符合表 1-2 的要求。

表 1-2　混凝土试块 28 d 龄期抗压强度质量标准

项目		质量标准	
		优良	合格
任何一组试块抗压强度最低不得低于设计值的		90%	85%
无筋或少筋混凝土强度保证率		85%	80%
配筋混凝土强度保证率		95%	90%
混凝土抗压强度的离差系数	<20 MPa	<0.18	<0.22
	≥20 MPa	<0.14	<0.18

（2）同一强度等级混凝土试块 28 d 龄期抗压强度的组数 $5 \leqslant n < 30$ 时，混凝土试块强度应同时满足下列要求：

$$R_n - 0.70S_n > R_{标} \tag{1-1}$$

$$R_n - 1.60S_n > 0.83R_{标} \quad (当 R_{标} \geqslant 20 时) \tag{1-2}$$

$$R_n - 1.60S_n > 0.80R_{标} \quad (当 R_{标} < 20 时) \tag{1-3}$$

式中　S_n——n 组试件抗压强度的标准差，MPa，$S_n = \sqrt{\dfrac{\sum_{i=1}^{n}(R_i - R_n)}{n-1}}$，当统计得到的 $S_n < 2.0$（或 1.5）MPa 时应取 $S_n = 2.0$ MPa（$R_{标} \geqslant 20$ MPa）或 $S_n = 1.5$ MPa（$R_{标} < 20$ MPa），R_i 为单组试件抗压强度，MPa；

R_n——n 组试件抗压强度的平均值，MPa；

$R_{标}$——设计 28 d 龄期抗压强度值，MPa；

n——样本容量。

（3）同一强度等级混凝土试块 28 d 龄期抗压强度的组数 $2 \leqslant n < 5$ 时，混凝土试块强度

应同时满足下列要求：

$$\overline{R_n} \geqslant 1.15R_{标} \tag{1-4}$$

$$R_{min} \geqslant 0.95R_{标} \tag{1-5}$$

式中　$\overline{R_n}$——n 组试块抗压强度的平均值，MPa；

$R_{标}$——设计 28 d 龄期抗压强度值，MPa；

R_{min}——n 组试块中抗压强度最小一组的值，MPa。

(4)同一强度等级混凝土试块 28 d 龄期抗压强度的组数只有一组时，混凝土试块强度应同时满足下列要求：

$$R \geqslant 1.15 R_{标} \tag{1-6}$$

式中　R——试块抗压强度实测值，MPa；

$R_{标}$——设计 28 d 龄期抗压强度值，MPa。

2. 碾压混凝土

碾压混凝土质量检验与评定按 SL 53《水工碾压混凝土施工规范》的规定执行。

3. 喷射混凝土

(1)水利水电工程永久性支护工程的喷射混凝土试块 28 d 龄期抗压强度应满足重要工程的合格条件。

(2)临时支护工程的喷射混凝土试块 28 d 龄期抗压强度应满足一般工程的合格条件。

重要工程的合格条件：

$$f'_{ck} - K_1 S_n \geqslant 0.9 f_c \tag{1-7}$$

$$f'_{ckmin} \geqslant K_2 f_c \tag{1-8}$$

一般工程的合格条件：

$$f'_{ck} \geqslant f_c \tag{1-9}$$

$$f'_{ckmin} \geqslant 0.85 f_c \tag{1-10}$$

式中　f'_{ck}——施工阶段同批 n 组喷射混凝土试块抗压强度的平均值，MPa；

f_c——喷射混凝土立方体抗压强度设计值，MPa；

f'_{ckmin}——施工阶段同批 n 组喷射混凝土试块抗压强度的最小值，MPa；

K_1、K_2——合格判定系数；

n——施工阶段每批喷射混凝土试块的抽样组数；

S_n——施工阶段同批 n 组喷射混凝土试块抗压强度的标准差，MPa。

4. 砂浆、砌筑用混凝土

砂浆、砌筑用混凝土强度检验评定标准应符合 SL 176《水利水电工程施工质量检验与评定规程》的规定。

(1)同一强度等级试块组数 $n \geqslant 30$ 时，28 d 龄期的试块强度应同时满足以下标准：

①强度保证率不小于 80%。

②任意一组试块强度不低于设计强度的 85%。

③设计 28 d 龄期抗压强度小于 20.0 MPa 时，试块抗压强度的离差系数不大于 0.22；设计 28 d 龄期抗压强度大于或等于 20.0 MPa 时，试块抗压强度的离差系数小于 0.18。

(2)同一强度等级试块组数 $n < 30$ 时，28 d 龄期的试块强度应同时满足以下标准：

①各组试块的平均抗压强度不低于设计抗压强度。

②任意一组试块抗压强度不低于设计抗压强度的80%。

5. 抗冻、抗渗等评定

混凝土与砂浆的抗冻、抗渗等其他检验评定标准应符合设计和相关技术标准的要求。

(三)统计分析

统计分析的目的主要是控制质量。通过数据整理和分析，研究其质量误差的现状和内在的发展规律，据以推断质量现状和将要发生的问题，为质量控制提供依据和信息。所以，质量分析方法本身仅是一种工具，只能反映质量问题，提供决策依据。要真正控制质量，还需依靠针对问题所采取的措施。用于质量分析的工具很多，常用的有直方图法、控制图法、排列图法、数据分层法、因果分析图法、相关图法和调查表法。

1. 直方图法

直方图法又称质量分布图法或柱状图法，是表示资料变化情况的一种主要工具，由系列高度不等的纵向条纹或线段表示数据分布的情况，一般用横轴表示数据类型、纵轴表示分布情况。通过对直方图的观察与分析，可了解生产过程是否正常，估计工序不合格品率的高低，判断工序能力是否满足，评价施工管理水平等。

1）直方图的绘制方法

（1）整理数据，求出其最大值和最小值。数据的数量应在100个以上，在数量不多的情况下，至少也应在50个以上。通常将分成组的个数称为组数，每一组的两个端点的差称为组距。确定组数的原则是分组的结果能正确地反映数据的分布规律。组数应根据数据多少来确定。组数过少，会掩盖数据的分布规律；组数过多，使数据过于零乱分散，也不能显示出质量分布状况。一般可由经验数值确定，数据为50～100个时，可分为6～10组；数据为100～250个时，可分为7～12组；数据在250个以上时，可分为10～20组。

（2）将数据分成若干组，并做好记号。

（3）计算组距的宽度。用组数去除最大值和最小值之差，求出组距的宽度。

（4）计算各组的界限位。各组的界限位可以从第一组开始依次计算，第一组的下界为最小值减去最小测定单位的1/2，第一组的上界为其下界值加上组距。第二组的下界限位为第一组的上界限值，第二组的下界限值加上组距，就是第二组的上界限位，依此类推。

（5）统计各组数据出现的频数，作频数分布表。

（6）作直方图。以组距为底长、频数为高，作各组的矩形图。

2）直方图的判断和分析

通过用直方图分布和公差比较判断工序质量，若发现异常，应及时采取措施，以防产生不合格品。

（1）正常形直方图[见图1-3(a)]：如果直方图图形中部最高，左右两侧逐渐下降，并且基本呈正态分布，则此直方图属正常形，表明生产过程仅受偶然性因素影响，因此生产过程处于正常状态，质量是稳定的。

（2）折齿形直方图[见图1-3(b)]：图形呈凹凸相间的锯齿状。此时可能是绘图时数据分组不当，或者是检测方法不当，或者是数据太少以及数据有误所致。

（3）孤岛形直方图[见图1-3(c)]：在图形的基本区域之外出现孤立的小区域。这种情况通常是由于技术不熟练的操作者，或者一段时间内原材料发生变化所致。

（4）双峰形直方图[见图1-3(d)]：在直方图中出现两个高峰。这种情况常常是将两种不同生产条件下取得的数据在一起作图的结果，如两种不同材料的数据或两种不同配合比生产的混凝土等。

(5)缓坡形直方图[见图 1-3(e)]：图形向左或向右呈缓坡状，即平均值过于偏左或偏右。这是由于工序施工过程中的上控制界限或下控制界限控制太严造成的。

(6)绝壁形直方图[见图 1-3(f)]：在图形的一侧出现陡壁。这种情况往往是数据收集不正常(剔除了不合格产品的数据或剔除远远高于平均值的数据)或者是在质量检测中出现人为干扰等造成的。

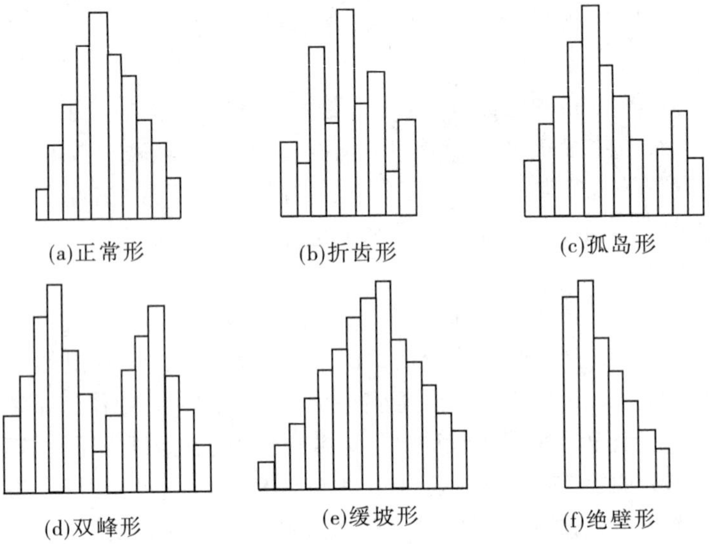

图 1-3 直方图的类型

2. 控制图法

控制图又称管理图(见图 1-4)，是指以某质量特性和时间为轴，在直角坐标系中所描的点依时间为序所连成的折线，加上判定线以后所得到的图形。控制图法是研究产品质量随着时间变化，如何对其进行动态控制的方法，它的使用可使质量控制从事后检查转变为事前控制。借助于管理图提供的质量动态数据，人们可随时了解工序质量状态，发现问题，分析原因，采取对策，使工程产品的质量处于稳定的控制状态。在控制图上有三条笔直的横线，中间的一条为中心线，在上方的一条称为控制上限，在下方的一条称为控制下限。

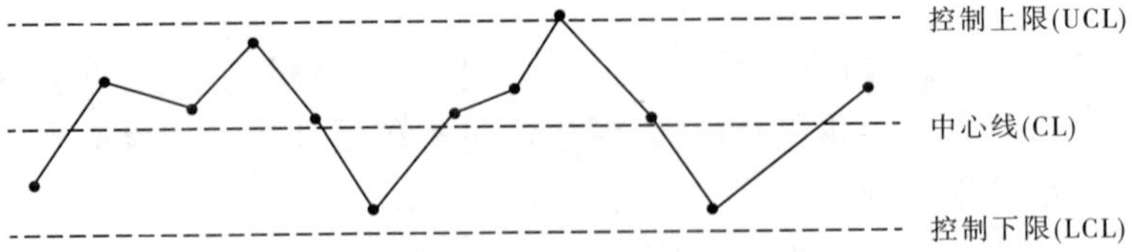

图 1-4 控制图

1)控制图的种类

(1)按数据性质分类。

控制图按数据性质分类，可分为计量值控制图和计数值控制图。

①计量值控制图。所谓计量值,是指控制图的数据均由量具实际量测而得,如长度、质量、浓度等特性均为连续性的。常用的有平均数与极差控制图 $\overline{X}—R$、平均数与标准差控制图 $\overline{X}—\delta$、中位数与极差控制图 $\widetilde{X}—R$、个别值与移动极差控制图 $X—R_m$、最大值与最小值极差控制图 $L—S$。

②计数值控制图。所谓计数值,是指控制图的数据均属于以单位计数者而得,如不合格数、缺点数等间断性数据。常用的有不良率控制图、不良数控制图、缺点数控制图、单位缺点数控制图。

(2)按用途分类。

控制图按用途分类,可分为解析用控制图和控制用控制图。

①解析用控制图。解析用控制图先有数据,后有控制界限(μ 与 σ 未知的群体)。其主要用途为决定方针、过程解析、过程能力研究、过程控制的准备。

②控制用控制图。控制用控制图先有控制界限,后有数据(μ 与 σ 已知的群体)。其主要用途为控制过程的质量,若有点子超出控制界限,则立即采取措施。

2)控制图的绘制

下面以 $\overline{X}—R$ 为例说明控制图的绘制步骤:

(1)先行收集 100 个以上的数据,依测定的先后顺序排列。

(2)以 2~5 个数据为一组(一般采用 4~5 个),分成 20~25 组。

(3)将各组数据记入数据表栏位内。

(4)计算各组的平均值 $\bar{x}$(取至测定值最小单位的下一位数)。

(5)计算各组的极差 R(R = 最大值 - 最小值)。

(6)计算总平均 $\bar{\bar{x}}$。

(7)计算极差的平均 $\overline{R}$。

(8)计算控制界限。

(9)绘制中心线及控制界限,并将各点点入图中。

(10)将各数据履历及特殊原因记入,以备查考、分析、判断。

3)控制图的分析与判断

控制图的判定原则是:对某一具体工程而言,小概率事件在正常情况下不应该发生,如果小概率事件在一个具体工程中发生了,则可判定出现了某种异常现象,否则就是正常的。这里所指的小概率事件是指概率小于 1% 的随机事件。

(1)控制状态的判断。

①多数点子集中在中心线附近。

②少数点子落在控制界限附近。

③点子的分布与跳动呈随机状态,无规则可循。

④无点子超出控制界限以外。

(2)三种特殊稳定状态。

①连续 25 点以上出现在控制界限线内时。

②连续 35 点中,出现在控制界限外点子不超出 1 点时。

③连续 100 点中,出现在控制界限外点子不超出 2 点时。

以上三种情况也属于稳定状态。

(3)异常状态。

若存在下列情况,则判定为异常:

①连续 3 点有 2 点接近控制界线(所谓接近控制界线,是指在中心线与边界线间作等分线,分为 A、B、C 三区,靠近外侧的 1/3 带状区间内,下同),如图 1-5(a)所示。

②连续 7 点有 3 点接近控制界线(A 区)。

③连续 10 点有 4 点接近控制界线(A 区)。

④有一点落在 A 区之外。

⑤连续 5 点中 4 点落在中心线同一侧的 C 区之外,如图 1-5(b)所示。

⑥连续 7 点及其以上呈上升或下降趋势,如图 1-5(c)所示。

⑦连续 15 点及其以上在中心线两侧(C 区)呈交替性排列,如图 1-5(d)所示。

⑧连续 8 点在中心线两侧,但无一点在 C 区。

⑨点的排列呈周期性。

⑩点在中心线两侧的概率不能过分悬殊:连续 11 点中有 10 点在同侧,连续 14 点中有 12 点在同侧,连续 17 点中有 14 点在同侧,连续 20 点中有 16 点在同侧。

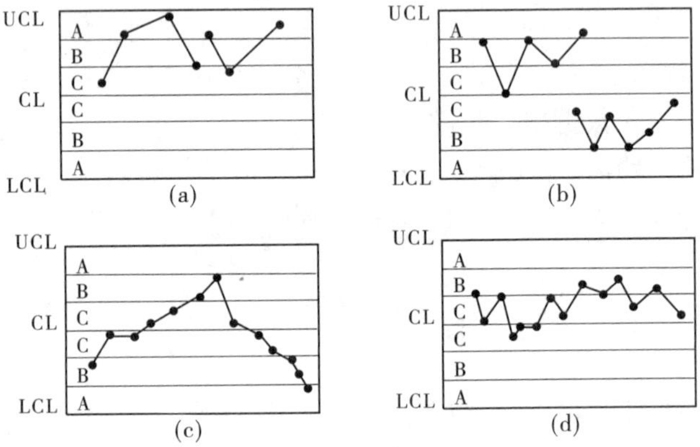

图 1-5　异常控制图

3. 排列图法

排列图法又称巴雷特图法,也叫主次因素分析图法,是分析影响工程(产品)质量主要因素的一种有效方法,由一个横坐标、两个纵坐标、若干个矩形和一条曲线组成,如图 1-6 所示。图 1-6 中左边纵坐标表示频数,即影响调查对象质量的因素重复发生或出现的次数(个数、点数);横坐标表示影响质量的各种因素,按出现的次数从多到少、从左到右排列;右边的纵坐标表示频率,即各因素的频数占总频数的百分比;矩形表示影响质量因素的项目或特性,其高度表示该因素频数的高低;曲线表示各因素依次的累计频率,也称巴雷特曲线(又称巴氏曲线)。实际应用中,通常按累计频率划分为 0 ~80%、80% ~90%、90% ~100% 三部分,与其对应的影响因素分别为 A、B、C 三类。A 类为主要因素、B 类为次要因素、C 类为一般因素。

1)排列图的绘制步骤

(1)收集数据。

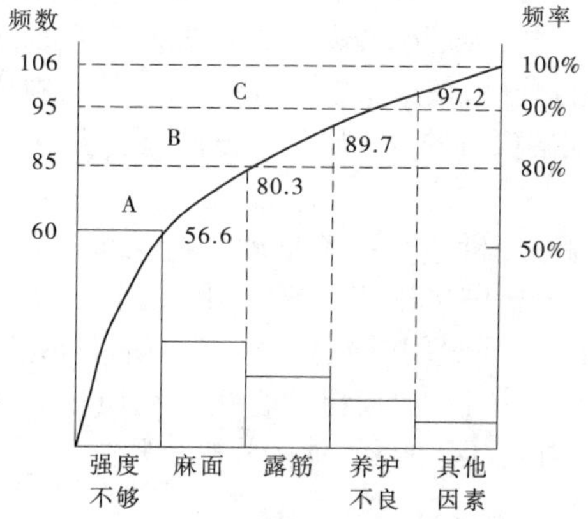

图 1-6　巴雷特曲线排列图

(2)把分类好的数据进行汇总,由多到少进行排序,并计算累计百分比。

(3)绘制横轴与纵轴刻度。

(4)绘制柱状图。

(5)绘制累计曲线。

(6)记入必要事项。

(7)分析排列图。

某水电工程的混凝土质量检查数据如表 1-3 所示,绘制排列图并分析。

表 1-3　某水电工程的混凝土质量检查数据

序号	不合格项目	不合格构件(件)	不合格率(%)	累计不合格率(%)
1	强度不够	60	56.6	56.6
2	麻面	25	23.7	80.3
3	露筋	10	9.4	89.7
4	养护不良	8	7.5	97.2
5	其他因素	3	2.8	100
合计		106	100	

2)混凝土质量因素排列图的绘制步骤

(1)建立坐标。右边的频率坐标从 0 到 100% 划分刻度;左边的颗数坐标从 0 到总额数划分刻度,总频数必须与频率坐标上的 100% 成水平线;横坐标按因素的项目划分刻度,按照频数大小依次排列。

(2)画直方图,根据各因素的频数,依照频数坐标画出直方图(矩形)。

(3)画巴雷特曲线。根据各因素的累计频率,按照频率坐标上的刻度描点,连接各点即为巴雷特曲线(见图 1-6)。

通过巴雷特曲线可以直观地看出:强度不足和麻面为 A 类因素,即主要因素,要加以控制;露筋为 B 类因素,即次要因素;养护不良和其他因素为一般因素。

4. 数据分层法

数据分层法就是将性质相同的,在同一条件下收集的数据归纳在一起,以便进行比较分析。因为在实际生产中，影响质量变动的因素很多，如果不把这些因素区别开来，难以得出变化的规律。数据分层可根据实际情况按多种方式进行。例如，按不同时间、不同班次进行分层，按使用设备的种类进行分层，按原材料的进料时间、原材料成分进行分层，按检查手段、使用条件进行分层，按不同缺陷项目进行分层等。数据分层法经常与统计分析表结合使用。

5. 因果分析图法

因果分析图法是利用因果分析图来系统整理分析某个质量问题（结果）与其产生原因之间关系的有效工具。因果分析图也称特性要因图，又因其形状常被称为树枝图或鱼刺图。因果分析图由质量特性（指某个质量问题）、要因（产生质量问题的主要原因）、枝干（指一系列箭线表示不同层次的原因）、主干（指较粗的直接指向质量问题的水平箭线）等组成。混凝土强度不足的因果分析图如图 1-7 所示，具体分析步骤如下：

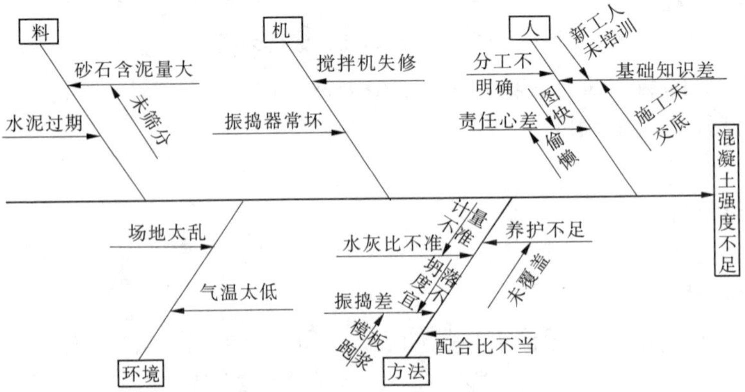

图 1-7　混凝土强度不足的因果分析图

（1）明确质量问题结果。该例分析的质量问题是“混凝土强度不足”，作图时首先由左至右画出一条水平主干线，箭头指向一个矩形框，框内注明研究的问题。

（2）分析确定影响质量特性的大枝。一般来说，影响质量因素有五大方面，即人、机械、材料、方法、环境等。

（3）进一步画出中、小细枝，将每种大原因进一步分解为中、小原因，直至分解的原因可以采取具体措施加以解决。

（4）检查图中所列的原因是否齐全，可以对初步分析结果广泛征求意见进行补充及修改。

（5）选择出影响大的关键因素，以便对此采取措施重点解决。

6. 相关图法

1）相关图法的概念

相关图又称散布图。在质量控制中，相关图是用来显示两种质量数据之间关系的一种图形。质量数据之间的关系多属相关关系，一般有三种类型：一是质量特性和影响因素之间的关系，二是质量特性和质量特性之间的关系，三是影响因素和影响因素之间的关系。通常可以用 Y 和 X 分别表示质量特性值和影响因素。通过绘制散布图、计算相关系数等，分析研究两个变量之间是否存在相关关系，以及这种关系的密切程度如何，进而对相关程度密切的两个变量，通过对其中一个变量的观察控制，去估计控制另一个变量的数值，以达到保证产品质量的目的。这种统计分析方法称为相关图法。

2)相关图的绘制方法

(1)收集数据。

某混凝土质量相关图数据如表1-4所示。

表1-4 某混凝土质量相关图数据

序号		1	2	3	4	5	6	7	8
X	水灰比(W/C)	0.4	0.45	0.5	0.55	0.6	0.65	0.7	0.75
Y	强度(MPa)	36.3	35.5	28.2	24.0	23.0	20.6	18.4	15.0

(2)绘制相关图。

在直角坐标系中,一般X轴代表原因的量或较易控制的量,此例中表示水灰比;Y轴代表结果的量或不易控制的量,此例中表示强度;然后在数据中相应的坐标位置上描点,便得到相关图,如图1-8所示。从图上可以看出,此例水灰比对强度的影响属于负相关。初步结果是,在其他条件不变的情况下,混凝土强度随着水灰比增大有逐渐降低的趋势。

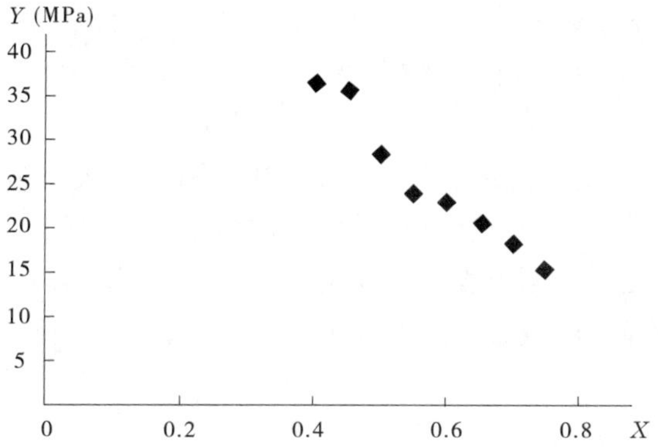

图1-8 相关图

(3)相关图的观察和分析。

相关图中点的集合反映了两种数据之间的散布状况,根据散布状况,可以分析两个变量之间的关系。归纳起来,有以下六种类型,如图1-9所示。

①正相关,如图1-9(a)所示。散布点基本形成由左至右向上变化的一条直线带,即随X增加,Y也相应增加,说明X与Y有较强的制约关系。此时,可通过对X控制而有效控制Y的变化。

②弱正相关,如图1-9(b)所示。散布点形成向上较分散的直线带。随X的增加,Y也有增加趋势,但X、Y的关系不像正相关那么明确。说明Y除受X影响外,还受其他更重要的因素影响,需要进一步利用因果分析图法分析其他的影响因素。

③不相关,如图1-9(c)所示。散布点形成一团或平行于X轴的直线带。说明X变化不会引起Y的变化或其变化无规律,分析质量原因时可排除X因素。

④负相关,如图1-9(d)所示。散布点形成由左至右向下的一条直线带,说明X对Y的影响与正相关恰恰相反。

⑤弱负相关,如图1-9(e)所示。散布点形成由左至右向下分布的较分散的直线带,说

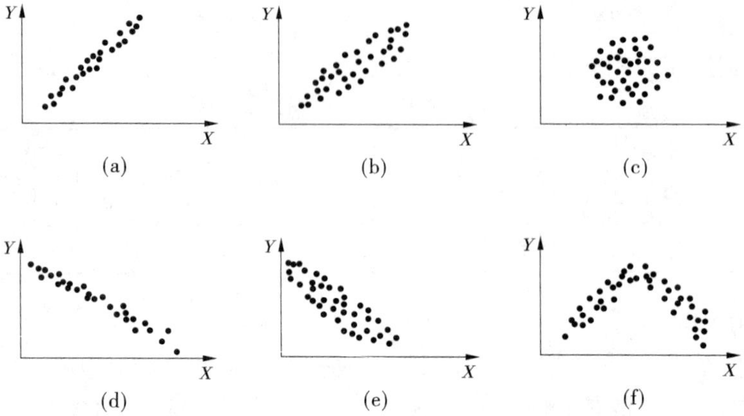

图 1-9　相关图的几种常见类型

明 X 与 Y 的相关关系较弱，且变化趋势相反，应考虑寻找影响 Y 的其他更重要的因素。

⑥非线性相关，如图 1-9(f)所示。散布点呈一曲线带，即在一定范围内 X 增加，Y 也增加；超过这个范围后，X 增加，Y 则有下降趋势，或改变变动的斜率呈曲线形态。

7. 调查表法

调查表法也称调查分析表法或检查表法，是利用图表或表格进行数据收集和统计的一种方法；也可以对数据稍加整理，达到粗略统计，进而发现质量问题的效果。所以，调查表除收集数据外，很少单独使用。调查表没有固定的格式，可根据实际情况和需要拟订合适的格式。根据调查的目的不同，调查表有以下几种形式：

(1)分项工程质量调查表。

(2)不合格内容调查表。

(3)不良原因调查表。

(4)工序分布调查表。

(5)不良项目调查表。

混凝土外观检查不良项目调查表如表 1-5 所示。它可供其他统计方法使用。同时，从表 1-5 中也可粗略统计出，不良项目出现比较集中的是胀模、漏浆、埋件偏差，它们都与模板本身的刚度、严密性、支撑系统的牢固性有关，质量问题集中在支模的班组。这样就可针对模板班组采取措施。

表 1-5　混凝土外观检查不良项目调查表

施工工段	蜂窝、麻面	胀模	露筋	漏浆	上表面不平	埋件偏差	其他
1	一	正丅	一	下	一	丅	
2		正一	一	下		丅	
3		正		下		一	
合计	1	18	2	9	1	5	

八、质量控制点

质量控制点是指为了保证作业过程质量而预先确定的重点控制对象、关键部位或薄弱环节。设置控制点以便在一定时期内、一定条件下进行强化管理,使工序处于良好的控制状态。

(一)质量控制点的要求

质量控制点是施工质量控制的重点,凡属关键技术、重要部位、控制难度较大、施工影响较大的施工内容以及新材料、新技术、新工艺、新设备等,均可列为质量控制点,实施重点控制。设置质量控制点是保证达到施工质量要求的必要前提。

施工单位在提交的施工措施计划中,根据自身的特点拟订质量控制点,通过监理审核后,针对每个质量控制点进行控制措施的编制,主要步骤和内容如下:

(1)列出质量控制点明细表;

(2)编制质量控制点施工流程;

(3)进行工序分析,找出影响质量的主要因素;

(4)制定工序质量表,对上述主要因素规定出明确的控制范围和控制要求;

(5)编制保证质量的作业指导书。

施工单位对质量控制点的控制措施编制完成后,经监理审核批准后方可实施。

(二)质量控制点的内容

(1)施工单位在工程施工前应根据施工过程质量控制的要求、工程性质和特点以及自身的特点,列出作业人员行为的约束和规范,材料的质量和性能,机械设备安装的要点和操作,新工艺、新材料、新设备的应用,以及关键部位和隐蔽工程等方面的质量控制点明细表,表中应详细地列出各质量控制点的名称或控制内容、检验、标准及方法等,提交监理审查批准后,在此基础上设置实施质量预控的质量控制点的对象。

(2)通过质量控制点的设定,质量控制的目标及工作重点就能更加明晰,加强事前预控的方向也就更加明确。事前预控包括明确控制目标参数、制定实施规程、确定检查项目数量及跟踪检查或批量检查方法、明确检查结果的判断标准及信息反馈要求。

(3)质量控制点的设置要准确有效,因此究竟选择哪些对象作为质量控制点,这需要由有经验的质量控制人员通过对工程性质和特点、自身特点以及施工过程的要求进行充分分析后选择。施工质量控制点的管理应该是动态的,一般情况下,在工程开工前设计交底和图纸会审时,可确定一批整个项目的质量控制点,随着工程的展开、工程条件的变化,随时或定期进行质量控制点范围的调整和更新,始终保持重点跟踪的控制状态。

(三)质量检验点的类型

施工单位在施工前应全面、合理地选择质量控制点。根据质量控制点的重要程度及监督控制要求不同,施工单位项目部根据监理机构要求将质量控制点区分为质量检验见证点和质量检验待检点。

1. 质量检验见证点

所谓质量检验见证点,是指施工单位在施工过程中到达这一类质量检验点时,应事先书面通知监理到现场见证,观察和检查施工单位的实施过程。监理接到通知后未能在约定时间到场的情况下,施工单位有权继续施工。

例如,在建筑材料生产时,施工单位事先书面通知监理对采石场的采石、筛分进行见证,当生产过程的质量较为稳定时,监理可以到场见证,也可以不到场见证,施工单位在监理不到场的情况下可继续生产,但需做好详细的施工记录,以便随时检查。在混凝土生产过程中,监理不一定对每一次拌和都到场检验混凝土的温度、坍落度、配合比等指标,可以由施工单位自行取样,并做好详细的检验记录。在混凝土强度等级改变或发现质量不稳定时,监理可以要求施工单位事先书面通知监理到场检查,否则不得开拌,这种质量检验点就成了质量检验待检点。

2. 质量检验待检点

对于某些更为重要的质量检验点,必须要在监理到场监督、检查的情况下,施工单位才能进行检验,这种质量检验点称为质量检验待检点。

例如,在混凝土工程中,基础面或混凝土施工缝处理,模板、钢筋、止水、伸缩缝和坝体排水管及混凝土浇筑等工序构成混凝土单元工程,其中每一道工序都应由监理进行工序检查验收,施工单位每一道工序检验合格并经监理签字后才能进入下一道工序。根据施工单位以往的施工情况,可以选择模板或混凝土浇筑作为质量检验待检点,施工单位应事先书面通知监理,并在监理到场进行检查、监督的情况下进行。

第二节　工程质量验收与评定

一、工程项目划分

为加强水利水电工程建设质量管理,保证工程施工质量,水利水电工程质量检验与评定应进行项目划分。水利水电工程建设项目按级通常划分为单位工程、分部工程、单元工程等。

(1)单位工程是指具有独立发挥作用或独立施工条件的建筑物。属于主要建筑物的单位工程称为主要单位工程。主要建筑物指的是失事后将造成下游灾害或严重影响工程效益的建筑物。

(2)分部工程是指在一个建筑物内能组合发挥一种功能的建筑安装工程,是组成单位工程的各个部分。对单位工程安全、功能或效益起决定性作用的分部工程称为主要分部工程。

(3)单元工程是指在分部工程中由几个工序(工种)施工完成的最小综合体,是日常质量考核的基本单位。重要隐蔽单元工程是指主要建筑物的地基开挖、地下洞室开挖、地基防渗、加固处理和排水等隐蔽工程中,对工程安全或使用功能有严重影响的工程。关键部位单元工程是指对工程安全、效益、使用功能等方面有显著影响的部位。

(一)项目划分的程序

(1)由项目法人组织监理、设计及施工等单位结合工程的特点对工程项目进行研究划分,并确定主要单位工程、主要分部工程、重要隐蔽单元工程和关键部位单元工程。项目法人在主体工程开工前将项目划分表及说明书面报送工程质量监督机构进行确认。

(2)工程质量监督机构收到项目划分书面报告后,应在 14 个工作日内对项目划分进行确认并将确认结果书面通知项目法人。

(3)工程施工过程中,由于设计变更、施工部署、总体布局的重新调整等诸多因素,需要对开工初期批准的项目划分进行调整。从有利于施工质量管理工程的连续性和施工质量检验评定结果的合理性,对不影响主要单位工程、主要分部工程、重要隐蔽单元工程和关键部位单元工程项目划分的局部调整,由项目法人组织监理、设计和施工等单位进行。但是对影响工程项目划分的调整时,项目法人应重新报送工程质量监督机构进行确认。

(二)项目划分的原则

(1)水利水电工程项目划分应结合工程结构特点、施工部署及施工合同要求进行,划分结果有利于保证施工质量以及施工质量管理。

(2)单位工程项目的划分应按下列原则确定:

①枢纽工程,一般以每座独立的建筑物为一个单位工程。当工程规模大时,可将一个建筑物中具有独立施工条件的一部分划分为一个单位工程。

②堤防工程,按招标标段或工程结构划分单位工程。规模较大的交叉连接建筑物及管理设施以每座独立的建筑物为一个单位工程。

③引水(渠道)工程,按招标标段或工程结构划分单位工程。大、中型引水(渠道)建筑物以每座独立的建筑物为一个单位工程。

④除险加固工程,按招标标段或加固内容,并结合工程量划分单位工程。

(3)分部工程项目的划分应按下列原则确定:

①枢纽工程,土建部分按设计的主要组成部分划分。金属结构及启闭机安装工程和机电设备安装工程按组合功能划分。

②堤防工程,按长度或功能划分。

③引水(渠道)工程中的河(渠)道按施工部署或长度划分。大、中型建筑物按工程结构主要组成部分划分。

④除险加固工程,按加固内容或部位划分。

⑤同一单位工程中,各分部工程的工程量(投资)不宜相差太大,每个单位工程中的分部工程数目不宜少于 5 个。

(4)单元工程项目划分的基本原则:

①按 SL 631 ~ 639 规定进行划分。

②河(渠)道开挖、填筑及衬砌单元工程划分界限设在变形缝或结构缝处,长度一般不大于 100 m。同一分部工程中,各单元工程的工程量(投资)不宜相差太大。

③SL 631 ~ 639 中未涉及的单元工程可依据设计结构、施工部署或质量考核要求划分层、块、段,确定单元工程。

(5)工程中永久性房屋(管理设施用房)、专用公路、专用铁路等工程项目,可按相关行业标准划分和确定项目名称。

(三)项目划分的示例

(1)水利水电枢纽工程项目划分如表 1-6 所示。

表1-6　水利水电枢纽工程项目划分

工程类别	单位工程	分部工程	说明
一、拦河坝工程	(一)土质心(斜)墙土石坝	1. 坝基开挖与处理	—
		△2. 坝基及坝肩防渗	视工程量可划分为数个分部工程
		△3. 防渗心(斜)墙	视工程量可划分为数个分部工程
		*4. 坝体填筑	视工程量可划分为数个分部工程
		5. 坝体排水	视工程量可划分为数个分部工程
		6. 坝脚排水棱体(或贴坡排水)	视工程量可划分为数个分部工程
		7. 上游坝面护坡	—
		8. 下游坝面护坡	(1)含马道、梯步、排水沟； (2)当为混凝土面板(预制块)和浆砌石护坡时，应含排水孔及反滤层
		9. 坝顶	含防浪墙、栏杆、路面、灯饰等
		10. 护岸及其他	—
		11. 高边坡处理	视工程量可划分为数个分部工程，当工程量很大时，可单列为单位工程
		12. 观测设施	含监测仪器埋设、管理房等。单独招标时，可单列为单位工程
	(二)均质土坝	1. 坝基开挖与处理	—
		△2. 坝基及坝肩防渗	视工程量可划分为数个分部工程
		*3. 坝体填筑	视工程量可划分为数个分部工程
		4. 坝体排水	视工程量可划分为数个分部工程
		5. 坝脚排水棱体(贴坡排水)	视工程量可划分为数个分部工程
		6. 上游坝面护坡	—
		7. 下游坝面护坡	(1)含马道、梯步、排水沟； (2)当为混凝土面板(预制块)和浆砌石护坡时，应含排水孔及反滤层
		8. 坝顶	含防浪墙、栏杆、路面、灯饰等
		9. 护岸及其他	—
		10. 高边坡处理	视工程量可划分为数个分部工程
		11. 观测设施	含监测仪器埋设、管理房等。单独招标时，可单列为单位工程

续表 1-6

工程类别	单位工程	分部工程	说明
一、拦河坝工程	(三)混凝土面板堆石坝	1. 坝基开挖与处理	—
		△2. 趾板及周边缝止水	视工程量可划分为数个分部工程
		△3. 坝基及坝肩防渗	视工程量可划分为数个分部工程
		△4. 混凝土面板及接缝止水	视工程量可划分为数个分部工程
		5. 垫层与过渡层	—
		6. 堆石体	视工程量可划分为数个分部工程
		7. 上游铺盖和盖重	—
		8. 下游坝面护坡	含马道、梯步、排水沟
		9. 坝顶	含防浪墙、栏杆、路面、灯饰等
		10. 护岸及其他	—
		11. 高边坡处理	视工程量可划分为数个分部工程，当工程量很大时，可单列为单位工程
		12. 观测设施	含监测仪器埋设、管理房等。单独招标时，可单列为单位工程
	(四)沥青混凝土面板(心墙)堆石坝	1. 坝基开挖与处理	视工程量可划分为数个分部工程
		△2. 坝基及坝肩防渗	视工程量可划分为数个分部工程
		△3. 沥青混凝土面板(心墙)	视工程量可划分为数个分部工程
		*4. 坝体填筑	视工程量可划分为数个分部工程
		5. 坝体排水	—
		6. 上游坝面护坡	沥青混凝土心墙土石坝有此分部
		7. 下游坝面护坡	含马道、梯步、排水沟
		8. 坝顶	含防浪墙、栏杆、路面、灯饰等
		9. 护岸及其他	—
		10. 高边坡处理	视工程量可划分为数个分部工程，当工程量很大时，可单列为单位工程
		11. 观测设施	含监测仪器埋设、管理房等。单独招标时，可单列为单位工程

续表 1-6

工程类别	单位工程	分部工程	说明
一、拦河坝工程	(五)复合土工膜斜(心)墙土石坝	1. 坝基开挖与处理	—
		△2. 坝基及坝肩防渗	—
		△3 土工膜斜(心)墙	—
		*4. 坝体填筑	视工程量可划分为数个分部工程
		5. 坝体排水	—
		6. 上游坝面护坡	—
		7. 下游坝面护坡	含马道、梯步、排水沟
		8. 坝顶	含防浪墙、栏杆、路面、灯饰等
		9. 护岸及其他	—
		10. 高边坡处理	视工程量可划分为数个分部工程
		11. 观测设施	含监测仪器埋设、管理房等。单独招标时,可单列为单位工程
	(六)混凝土(碾压混凝土)重力坝	1. 坝基开挖与处理	—
		△2. 坝基及坝肩防渗与排水	—
		3. 非溢流坝段	视工程量可划分为数个分部工程
		△4. 溢流坝段	视工程量可划分为数个分部工程
		*5. 引水坝段	—
		6. 厂坝连接段	—
		△7. 底孔(中孔)坝段	视工程量可划分为数个分部工程
		8. 坝体接缝灌浆	—
		9. 廊道及坝内交通	含灯饰、路面、梯步、排水沟等。若为无灌浆(排水)廊道,本分部应为主要分部工程
		10. 坝顶	含路面、灯饰、栏杆等
		11. 消能防冲工程	视工程量可划分为数个分部工程
		12. 高边坡处理	视工程量可划分为数个分部工程,当工程量很大时,可单列为单位工程
		13. 金属结构及启闭机安装	视工程量可划分为数个分部工程
		14. 观测设施	含监测仪器埋设、管理房等。单独招标时,可单列为单位工程

续表 1-6

工程类别	单位工程	分部工程	说明
一、拦河坝工程	(七)混凝土(碾压混凝土)拱坝	1. 坝基开挖与处理	—
		△2. 坝基及坝肩防渗排水	视工程量可划分为数个分部工程
		3. 非溢流坝段	视工程量可划分为数个分部工程
		△4. 溢流坝段	—
		△5. 底孔(中孔)坝段	—
		6. 坝体接缝灌浆	视工程量可划分为数个分部工程
		7. 廊道	含梯步、排水沟、灯饰等。若为无灌浆(排水)廊道,本分部应为主要分部工程
		8. 消能防冲	视工程量可划分为数个分部工程
		9. 坝顶	含路面、栏杆、灯饰等
		△10. 推力墩(重力墩、翼坝)	—
		11. 周边缝	仅限于有周边缝的拱坝
		12. 铰座	仅限于有周边缝的拱坝
		13. 高边坡处理	视工程量可划分为数个分部工程
		14. 金属结构及启闭机安装	视工程量可划分为数个分部工程
		15. 观测设施	含监测仪器埋设、管理房等。单独招标时,可单列为单位工程
	(八)浆砌石重力坝	1. 坝基开挖与处理	—
		△2 坝基及坝肩防渗排水	视工程量可划分为数个分部工程
		3. 非溢流坝段	视工程量可划分为数个分部工程
		△4. 溢流坝段	—
		*5. 引水坝段	—
		6. 厂坝连接段	—
		△7. 底孔(中孔)坝段	—
		△8. 坝面(心墙)防渗	—
		9. 廊道及坝内交通	含灯饰、路面、梯步、排水沟等。若为无灌浆(排水)廊道,本分部应为主要分部工程
		10. 坝顶	含路面、栏杆、灯饰等
		11. 消能防冲工程	视工程量可划分为数个分部工程
		12. 高边坡处理	视工程量可划分为数个分部工程
		13 金属结构及启闭机安装	—
		14. 观测设施	含监测仪器埋设、管理房等。单独招标时,可单列为单位工程

续表 1-6

工程类别	单位工程	分部工程	说明
一、拦河坝工程	(九)浆砌石拱坝	1. 坝基开挖与处理	—
		△2. 坝基及坝肩防渗排水	—
		3. 非溢流坝段	视工程量可划分为数个分部工程
		△4. 溢流坝段	—
		△5. 底孔(中孔)坝段	—
		△6. 坝面防渗	—
		7. 廊道	含灯饰、路面、梯步、排水沟等
		8. 消能防冲	—
		9. 坝顶	含路面、栏杆、灯饰等
		△10 推力墩(重力墩、翼坝)	视工程量可划分为数个分部工程
		11. 高边坡处理	视工程量可划分为数个分部工程
		12. 金属结构及启闭机安装	—
		13. 观测设施	含监测仪器埋设、管理房等。单独招标时,可单列为单位工程
	(十)橡胶坝	1. 坝基开挖与处理	—
		2. 基础底板	—
		3. 边墩(岸墙)、中墩	—
		4. 铺盖或截渗墙、上游翼墙及护坡	—
		5. 消能防冲	—
		△6. 坝袋安装	—
		△7. 控制系统	含管路安装、水泵安装、空压机安装
		8. 安全与观测系统	含充水坝安全溢流设备安装、排气阀安装;充气坝安全阀安装、水封管(U 形管)安装;自动塌坝装置安装;坝袋内压力观测设施安装;上下游水位观测设施安装
		9. 管理房	房建按 GB 50300《建筑工程施工质量验收统一标准》的有关规定划分

续表 1-6

工程类别	单位工程	分部工程	说明
二、泄洪工程	(一)溢洪道工程(含陡槽溢洪道、侧堰溢洪道、竖井溢洪道)	△1. 地基防渗及排水	—
		2. 进水渠段	—
		△3. 控制段	—
		4. 泄槽段	—
		5. 消能防冲段	视工程量可划分为数个分部工程
		6. 尾水段	—
		7. 护坡及其他	—
		8. 高边坡处理	视工程量可划分为数个分部工程
		9. 金属结构及启闭机安装	视工程量可划分为数个分部工程
	(二)泄洪隧道(防空洞、排砂洞)	△1. 进水口或竖井(土建)	—
		2. 有压洞身段	视工程量可划分为数个分部工程
		3. 无压洞身段	—
		△4. 工作闸门段(土建)	—
		5. 出口消能段	—
		6. 尾水段	—
		△7. 导流洞堵体段	—
		8. 金属结构及启闭机安装	—
三、枢纽工程中的引水工程	(一)坝体引水工程(含发电、灌溉、工业及生活取水口工程)	△1. 进水闸室段(土建)	—
		2. 引水渠段	—
		3. 厂坝连接段	—
		4. 金属结构及启闭机安装	—
	(二)引水隧洞及压力管道工程	△1. 进水闸室段(土建)	—
		2. 洞身段	视工程量可划分为数个分部工程
		3. 调压井	—
		△4. 压力管道段	—
		5. 灌浆工程	含回填灌浆、固结灌浆、接缝灌浆
		6. 封堵体	长隧洞临时支洞
		7. 封堵闸	长隧洞永久支洞
		8. 金属结构及启闭机安装	—

续表 1-6

工程类别	单位工程	分部工程	说明
四、发电工程	(一)地面发电厂房工程	1. 进口段(指闸坝式)	—
		2. 安装间	—
		3. 主机段	土建,每台机组段为一个分部工程
		4. 尾水段	—
		5. 尾水渠	—
		6. 副厂房、中控室	在安装工作量大时,可单列控制盘柜安装分部工程,房建按 GB 50300 的有关规定划分
		△7. 水轮发电机组安装	以每台机组安装工程为一个分部工程
		8. 辅助设备安装	—
		9. 电气设备安装	电气一次、电气二次可分列分部工程
		10. 通信系统	通信设备安装,单独招标时,可单列为单位工程
		11. 金属结构及启闭(起重)设备安装	拦污栅、进口及尾水闸门启闭机、桥式起重机可单列分部工程
		△12. 主厂房房建工程	房建按 GB 50300 的有关规定划分
		13. 厂区交通、排水及绿化	含道路、建筑小品、亭台、花坛、场坪绿化、排水沟渠等
	(二)地下发电厂房工程	1. 安装间	—
		2. 主机段	土建,每台机组段为一个分部工程
		3. 尾水段	—
		4. 尾水洞	—
		5. 副厂房、中控室	在安装工作量大时,可单列控制盘柜安装分部工程。房建按 GB 50300 的有关规定划分
		6. 交通隧洞	视工程量可划分为数个分部工程
		7. 出线洞	—
		8. 通风洞	—
		△9. 水轮发电机组安装	每台机组为一个分部工程
		10. 辅助设备安装	—
		11. 电气设备安装	电气一次、电气二次可分列分部工程
		12. 金属结构及启闭(起重)设备安装	尾水闸门启闭机、桥式起重机可单列分部工程
		13. 通信系统	通信设备安装,单独招标时,可单列为单位工程
		14. 砌体及装修工程	房建按 GB 50300 的有关规定划分

续表 1-6

工程类别	单位工程	分部工程	说明
四、发电工程	(三)坝内式发电厂房工程	△1. 进水口闸室段(土建)	—
		2. 压力管道	—
		3. 安装间	—
		4. 主机段	土建,每台机组段为一个分部工程
		5. 尾水段	—
		6. 副厂房及中控室	在安装工作量大时,可单列控制盘柜安装分部工程。房建按 GB 50300 的有关规定划分
		△7. 水轮发电机组安装	每台机组为一个分部工程
		8. 辅助设备安装	—
		9. 电气设备安装	电气一次、电气二次可分列分部工程
		10. 通信系统	通信设备安装,单独招标时,可单列为单位工程
		11. 交通廊道	含梯步、路面、灯饰工程。电梯按 GB 50300 的有关规定划分
		12. 金属结构及启闭(起重)设备安装	视工程量可划分为数个分部工程
		13. 砌体及装修工程	房建按 GB 50300 的有关规定划分
五、升压变电工程	地面升压变电站、地下升压变电站	1. 变电站(土建)	—
		2. 开关站(土建)	—
		3. 操作控制室	房建按 GB 50300 的有关规定划分
		△4. 主变压器安装	—
		5. 其他电气设备安装	按设备类型划分
		6. 交通洞	仅限于地下升压站
六、水闸工程	泄洪闸、冲砂闸、进水闸	1. 上游连接段	—
		2. 地基防渗及排水	—
		△3. 闸室段(土建)	—
		4. 消能防冲段	—
		5. 下游连接段	—
		6. 交通桥(工作桥)	含栏杆、灯饰等
		7. 金属结构及启闭机安装	视工程量可划分为数个分部工程
		8. 闸房	房建按 GB 50300 的有关规定划分

续表 1-6

工程类别	单位工程	分部工程	说明
七、过鱼工程	(一)鱼闸工程	1. 上鱼室	—
		2. 井或闸室	—
		3. 下鱼室	—
		4. 金属结构及启闭机安装	—
	(二)鱼道工程	1. 进口段	—
		2. 槽身段	—
		3. 出口段	—
		4. 金属结构及启闭机安装	—
八、航运工程	(一)船闸工程	按交通部 JTS 257《水运工程质量检验标准》的有关规定划分	
	(二)升船机工程	1. 上引航道及导航建筑物	按交通部 JTS 257 的有关规定划分
		2. 上闸首	按交通部 JTS 257 的有关规定划分
		3. 升船机主体	含普通混凝土、混凝土预制构件制作、混凝土预制构件安装、钢构件安装、承船厢制作、承船厢安装、升船机制作、升船机安装、机电设备安装等
		4. 下闸首	按交通部 JTS 257 的有关规定划分
		5. 下引航道	按交通部 JTS 257 的有关规定划分
		6. 金属结构及启闭机安装	按交通部 JTS 257 的有关规定划分
		7. 附属设施	按交通部 JTS 257 的有关规定划分
九、交通工程	(一)永久性专用公路工程	按交通部 JTG F80/1～2《公路工程质量检验评定标准》的有关规定划分	
	(二)永久性专用铁路工程	按铁道部发布的铁路工程有关规定进行项目划分	
十、管理设施	永久性辅助性生产房屋及生活用房按 GB 50300 的有关规定划分		

注:分部工程名称前加"△"者为主要分部工程;加"*"者可定为主要分部工程,也可定为一般分部工程,视实际情况决定。

(2)堤防工程项目划分如表 1-7 所示。

表 1-7　堤防工程项目划分

工程类别	单位工程	分部工程	说明
一、防洪堤(1、2、3、4 级堤防)	(一)△堤身工程	△1. 堤基处理	—
		2. 堤基防渗	—
		3. 堤身防渗	—
		△4. 堤身填(浇、砌)筑工程	包括碾压式土堤填筑、土料吹填筑堤、混凝土防洪墙、砌石堤等
		5. 填塘固基	—
		6. 压浸平台	—
		7. 堤身防护	—
		8. 堤脚防护	—
		9. 小型穿堤建筑物	视工程量,以一个或同类数个小型穿堤建筑物为 1 个分部工程
	(二)堤岸防护	1. 护脚工程	—
		△2. 护坡工程	—
二、交叉连接建筑物(仅限于较大建筑物)	(一)涵洞	1. 地基与基础工程	—
		2. 进口段	—
		△3. 洞身	视工程量可划分为 1 个或数个分部工程
		4. 出口段	—
	(二)水闸	1. 上游连接段	—
		2. 地基与基础	—
		△3. 闸室(土建)	—
		4. 交通桥	—
		5. 消能防冲段	—
		6. 下游连接段	—
		7. 金属结构及启闭机安装	—
	(三)公路桥	按交通部 JTG F80/1《公路工程质量检验评定标准 第一册 土建工程》的有关规定划分	
	(四)公路		
三、管理设施	管理设施	△1. 观测设施	单独招标时,可单列为单位工程
		2. 生产生活设施	房建按 GB 50300 的有关规定划分
		3. 交通工程	公路按交通部 JTG F80/1 ~2 的有关规定划分
		4. 通信工程	通信设备安装,单独招标时,可单列为单位工程

注:1. 单位工程名称前加"△"者为主要单位工程,分部工程名称前加"△"者为主要分部工程;

2. 交叉连接建筑物中的"较大建筑物"指该建筑物的工程量(投资)与防洪堤中所划分的其他单位工程的工程量(投资)接近的建筑物。

(3)引水(渠道)工程项目划分如表 1-8 所示。

表 1-8　引水(渠道)工程项目划分

<table>
<tr><th>工程类别</th><th>单位工程</th><th colspan="2">分部工程</th><th>说明</th></tr>
<tr><td rowspan="6">一、引(输)水河渠道</td><td rowspan="6">明渠、暗渠</td><td colspan="2">1. 渠基开挖工程</td><td>以开挖为主。视工程量划分为数个分部工程</td></tr>
<tr><td colspan="2">2. 渠基填筑工程</td><td>以填筑为主。视工程量划分为数个分部工程</td></tr>
<tr><td colspan="2">△3. 渠道衬砌工程</td><td>视工程量划分为数个分部工程</td></tr>
<tr><td colspan="2">4. 渠顶工程</td><td>含路面、排水沟、绿化工程、桩号及界桩埋设等</td></tr>
<tr><td colspan="2">5. 高边坡处理</td><td>指渠顶以上边坡处理,视工程量划分为数个分部工程</td></tr>
<tr><td colspan="2">6. 小型渠系建筑物</td><td>以同类数座建筑物为一个分部工程</td></tr>
<tr><td rowspan="23">二、* 建筑物(指 1、2、3 级建筑物)</td><td rowspan="11">(一)水闸</td><td colspan="2">1. 上游引河段</td><td>视工程量划分为数个分部工程</td></tr>
<tr><td colspan="2">2. 上游连接段</td><td>—</td></tr>
<tr><td colspan="2">3. 闸基开挖与处理</td><td>—</td></tr>
<tr><td colspan="2">4. 地基防渗及排水</td><td>—</td></tr>
<tr><td colspan="2">△5. 闸室段(土建)</td><td>—</td></tr>
<tr><td colspan="2">6. 消能防冲段</td><td>—</td></tr>
<tr><td colspan="2">7. 下游连接段</td><td>—</td></tr>
<tr><td colspan="2">8. 下游引河段</td><td>视工程量划分为数个分部工程</td></tr>
<tr><td colspan="2">9. 桥梁工程</td><td>—</td></tr>
<tr><td colspan="2">10. 金属结构及启闭机安装</td><td>—</td></tr>
<tr><td colspan="2">11. 闸房</td><td>房建按 GB 50300 的有关规定划分</td></tr>
<tr><td rowspan="4">(二)渡槽</td><td colspan="2">1. 基础工程</td><td>—</td></tr>
<tr><td colspan="2">2. 进出口段</td><td>—</td></tr>
<tr><td colspan="2">△3. 支承结构</td><td>视工程量划分为数个分部工程</td></tr>
<tr><td colspan="2">△4. 槽身</td><td>视工程量划分为数个分部工程</td></tr>
<tr><td rowspan="8">(三)隧洞</td><td colspan="2">1. 进口段</td><td>—</td></tr>
<tr><td rowspan="3">2. 洞身</td><td>△(1)洞身段</td><td>围岩软弱或裂隙发育时,按长度将洞身划分为数个分部工程,每个分部工程中有开挖单元及衬砌单元。洞身分部工程中对安全、功能或效益起控制作用的分部工程为主要分部工程</td></tr>
<tr><td>(2)洞身开挖</td><td rowspan="2">围岩质地条件较好时,按施工顺序将洞身划分为数个洞身开挖分部工程和数个洞身衬砌分部工程。洞身衬砌分部工程中对安全、功能或效益起控制作用的分部工程为主要分部工程</td></tr>
<tr><td>△(3)洞身衬砌</td></tr>
<tr><td colspan="2">3. 隧洞固结灌浆</td><td>—</td></tr>
<tr><td colspan="2">△4. 隧洞回填灌浆</td><td>—</td></tr>
<tr><td colspan="2">5. 堵头段(封堵闸)</td><td>临时支洞为堵头段,永久支洞为封堵闸</td></tr>
<tr><td colspan="2">6. 出口段</td><td>—</td></tr>
</table>

续表 1-8

工程类别	单位工程	分部工程	说明
二、*建筑物（指1、2、3级建筑物）	（四）倒虹吸工程	1. 进口段	含开挖、砌（浇）筑及回填工程
		△2. 管道段	含管床、管道安装，以及镇墩、支墩、阀井及设备安装等。视工程量可按管道长度划分为数个分部工程
		3. 出口段	含开挖、砌（浇）筑及回填工程
		4. 金属结构及启闭机安装	—
	（五）涵洞	1. 基础与地基工程	—
		2. 进口段	—
		△3. 洞身	视工程量可划分为数个分部工程
		4. 出口段	—
	（六）泵站	1. 引渠	视工程量可划分为数个分部工程
		2. 前池及进水池	—
		3. 地基与基础处理	—
		4. 主机段（土建，电机层地面以下）	以每台机组为一个分部工程
		5. 检修间	房建按 GB 50300—2013 的有关规定划分
		6. 配电间	
		△7. 泵房房建工程（电机层地面至屋顶）	
		△8. 主机泵设备安装	—
		9. 辅助设备安装	—
		10. 金属结构及启闭机安装	视工程量可划分为数个分部工程
		11. 输水管道工程	视工程量可划分为数个分部工程
		12. 变电站	—
		13. 出水池	—
		14. 观测设施	—
		15. 桥梁（检修桥、清污机桥等）	—
	（七）公路桥涵（含引道）	按交通部 JTG F80/1 的有关规定划分	
	（八）铁路桥涵	按照铁道部发布的规定进行项目划分	
	（九）防冰设施（拦冰索、排冰闸等）	按设计及施工部署进行项目划分	
三、船闸工程	按交通部 JTS 257 的有关规定划分		
四、管理设施	管理处（站、点）的生产及生活用房	房建按 GB 50300 的有关规定划分。观测设施及通信设施单独招标时，单列为单位工程	

注：1. 分部工程名称前加“△”者为主要分部工程。
2. 建筑物级别按 GB 50288《灌溉与排水工程设计标准》的有关规定执行。
3. ＊工程量较大的 4 级建筑物，也可划分为单位工程。

二、施工质量评定

质量评定是将质量检验结果与国家和行业技术标准以及合同约定的质量要求所进行的比较活动。

(一)评定依据

(1)工程承发包合同。

(2)国家及行业相关技术标准。

(3)水利水电工程单元工程施工质量验收评定标准。

(4)经批准的设计文件、施工图纸、金属结构设计图样与技术文件、设计修改通知书、厂家提供的设备安装说明书及有关技术文件。

(5)工程施工期及试运行期的试验和观测分析成果。

(二)评定标准

1. 水利行业评定标准

为加强水利水电工程施工质量管理,统一水利项目的单元工程施工质量验收评定标准,规范单元工程验收评定工作,水利部颁布了水利行业验收评定系列标准,共九部,如下所示:

第一部:SL 631《水利水电工程单元工程施工质量验收评定标准——土石工程》。

第二部:SL 632《水利水电工程单元工程施工质量验收评定标准——混凝土工程》。

第三部:SL 633《水利水电工程单元工程施工质量验收评定标准——地基处理与基础工程》。

第四部:SL 634《水利水电工程单元工程施工质量验收评定标准——堤防工程》。

第五部:SL 635《水利水电工程单元工程施工质量验收评定标准——水工金属结构安装工程》。

第六部:SL 636《水利水电工程单元工程施工质量验收评定标准——水轮发电机组安装工程》。

第七部:SL 637《水利水电工程单元工程施工质量验收评定标准——水力机械辅助设备系统安装工程》。

第八部:SL 638《水利水电工程单元工程施工质量验收评定标准——发电电气设备安装工程》。

第九部:SL 639《水利水电工程单元工程施工质量验收评定标准——升压变电电气设备安装工程》。

2. 评定要求

水利水电工程单元(工序)工程、分部工程、单位工程、工程项目的施工质量等级标准分为合格和优良两种。

1)合格标准

(1)合格标准是工程验收标准。不合格工程必须进行处理且达到合格标准后,才能进行后续工程施工或验收。

(2)单元(工序)工程施工质量合格标准应按照 SL 631 ~ 639 或合同约定的合格标准执行。当达不到合格标准时,应及时处理。处理后的质量等级应按下列规定重新确定:

①全部返工重做的,可重新评定质量等级。

②经加固补强并经设计单位和监理单位鉴定能达到设计要求时,其质量评为合格。

③处理后的工程部分质量指标仍达不到设计要求时,经设计复核,项目法人及监理单位确认能满足安全和使用功能要求,可不再进行处理;或经加固补强后,改变了外形尺寸或造成工程永久性缺陷后,经项目法人、监理单位及设计单位确认能基本满足设计要求,其质量可定为合格,但应按规定进行质量缺陷备案。

(3)分部工程施工质量同时满足下列标准时,其质量评为合格:

①所含单元工程的质量全部合格,质量事故及质量缺陷已按要求处理,并经检验合格;

②原材料、中间产品及混凝土(砂浆)试件质量全部合格,金属结构及启闭机制造质量合格,机电产品质量合格。

(4)单位工程施工质量同时满足下列标准时,其质量评为合格:

①所含分部工程质量全部合格;

②质量事故已按要求进行处理;

③工程外观质量得分率达到70%以上;

④单位工程施工质量检验与评定资料基本齐全;

⑤工程施工期及试运行期,单位工程观测资料分析结果符合国家和行业技术标准以及合同约定的标准要求。

(5)工程项目施工质量同时满足下列标准时,其质量评为合格:

①单位工程论证全部合格;

②工程施工期及试运行期,各单位工程观测资料分析结果均符合国家和行业技术标准以及合同约定的标准要求。

2)优良标准

(1)单元工程施工质量优良标准应按照SL 631～639以及合同约定的优良标准执行。全部返工重做的单元工程,经检验达到优良标准时,可评为优良等级。

(2)分部工程施工质量同时满足下列标准时,其质量评为优良:

①所含单元工程质量全部合格,其中70%以上达到优良等级,重要隐蔽单元工程和关键部位单元工程质量优良率达90%以上,且未发生过质量事故。

②中间产品质量全部合格,混凝土(砂浆)试件质量达到优良等级(当试件组数小于30时,试件质量合格),原材料质量、金属结构及启闭机制造质量合格,机电产品质量合格。

(3)单位工程施工质量同时满足以下标准时,其质量评为优良:

①所含分部工程质量全部合格,其中70%以上达到优良等级,主要分部工程质量全部优良,且施工中未发生过较大质量事故;

②质量事故已按要求进行处理;

③外观质量等分率达到85%以上;

④单位工程施工质量检验与评定资料齐全;

⑤工程施工期及试运行期,单位工程观测质量分析结果符合国家和行业技术标准以及合同约定的标准要求。

(4)工程项目施工质量同时满足下列标准时,其质量评为优良:

①单位工程质量全部合格,其中70%以上单位工程质量达到优良等级,且主要单位工程质量全部优良;

②工程施工期及试运行期,各单位工程观测资料分析结果均符合国家和行业技术标准以及合同约定的标准要求。

(三)评定工作程序

(1)单元(工序)工程质量在施工单位自评合格后,由监理单位复核,监理工程师核定质量等级并签证认可。单元(工序)工程质量验收评定工作流程如图1-10所示。

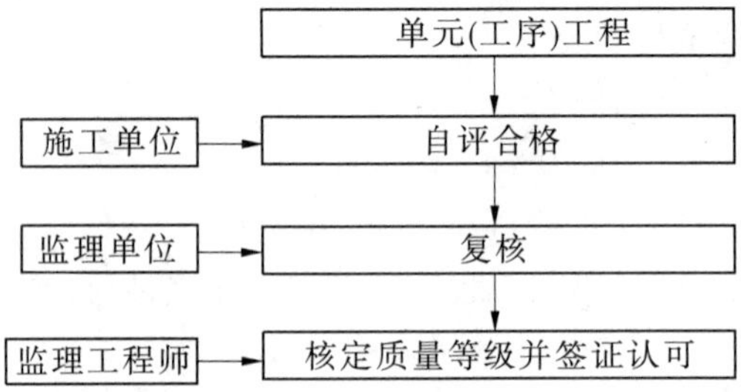

图1-10 单元(工序)工程质量验收评定工作流程

(2)重要隐蔽单元工程及关键部位单元工程质量经施工单位自评合格、监理单位抽检后,由项目法人(委托监理)、监理、设计、施工、工程运行管理(施工阶段已经有时)等单位组成联合小组,共同检查核定其质量等级并填写签证表,报工程质量监督机构核备。重要隐蔽单元工程(关键部位单元工程)质量等级签证表如表1-9所示。重要隐蔽单元工程(关键部位单元工程)质量验收评定工作流程如图1-11所示。

(3)分部工程质量,在施工单位自评合格后,由监理单位复核,项目法人认定。分部工程验收的质量结论由项目法人报工程质量监督机构核备。大型枢纽工程主要建筑物的分部工程验收的质量结论由项目法人报工程质量监督机构核定。分部工程质量验收评定工作流程如图1-12所示。分部工程施工质量评定表如表1-10所示。

(4)单位工程质量,在施工单位自评合格后,由监理单位复核,项目法人认定。单位工程验收的质量结论由项目法人报工程质量监督机构核定。单位工程施工质量评定表如表1-11所示,单位工程施工质量检验与评定资料核查表如表1-12所示。单位工程质量验收评定工作流程如图1-13所示。

(5)工程项目质量,在单位工程质量评定合格后,由监理单位进行统计并评定工程项目质量等级,经项目法人认定后,报工程质量监督机构核定。工程项目质量验收评定工作流程如图1-14所示。工程项目施工质量评定表如表1-13所示。

(6)阶段验收前,工程质量监督机构应提交工程质量评价意见。

表1-9　重要隐蔽单元工程(关键部位单元工程)质量等级签证表

<table>
<tr><td colspan="2">单位工程名称</td><td colspan="2"></td><td>单元工程量</td><td></td></tr>
<tr><td colspan="2">分部工程名称</td><td colspan="2"></td><td>施工单位</td><td></td></tr>
<tr><td colspan="2">单元工程名称、部位</td><td colspan="2"></td><td>自评日期</td><td>年　月　日</td></tr>
<tr><td>施工单位
自评意见</td><td colspan="5">1. 自评意见：
2. 自评质量等级：
终检人员　　　(签名)</td></tr>
<tr><td>监理单位
抽查意见</td><td colspan="5">抽查意见：
监理工程师　　　(签名)</td></tr>
<tr><td>联合小组
核定意见</td><td colspan="5">1. 核定意见：
2. 质量等级：
年　月　日</td></tr>
<tr><td>保留意见</td><td colspan="5">(签名)</td></tr>
<tr><td>备查资料
清单</td><td colspan="5">(1)地质编录　□
(2)测量成果　□
(3)检测试验报告(岩芯试验、软基承载力试验、结构强度等)　□
(4)影像资料　□
(5)其他(　　　)　□</td></tr>
<tr><td rowspan="6">联合
小组
成员</td><td colspan="2">单位名称</td><td colspan="2">职务、职称</td><td>签名</td></tr>
<tr><td>项目法人</td><td></td><td colspan="2"></td><td></td></tr>
<tr><td>监理单位</td><td></td><td colspan="2"></td><td></td></tr>
<tr><td>设计单位</td><td></td><td colspan="2"></td><td></td></tr>
<tr><td>施工单位</td><td></td><td colspan="2"></td><td></td></tr>
<tr><td>运行单位</td><td></td><td colspan="2"></td><td></td></tr>
</table>

注：重要隐蔽单元工程验收时，设计单位应同时派地质工程师参加。备查资料清单中凡涉及的项目应在“□”内打“√”，如有其他资料应在括号内注明资料的名称。

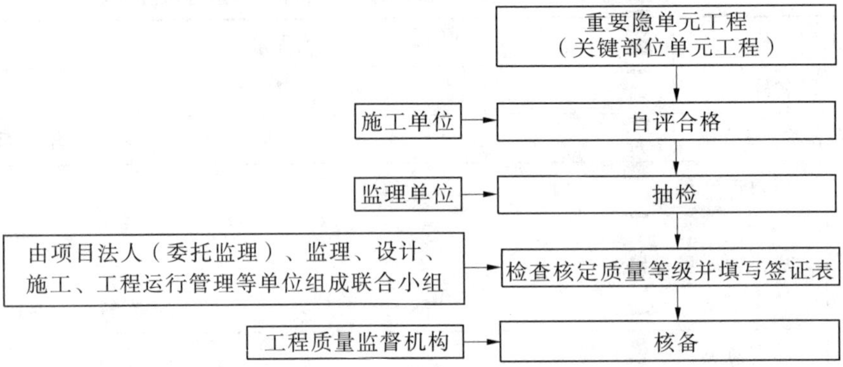

图 1-11　重要隐蔽单元工程(关键部位单元工程)质量验收评定工作流程

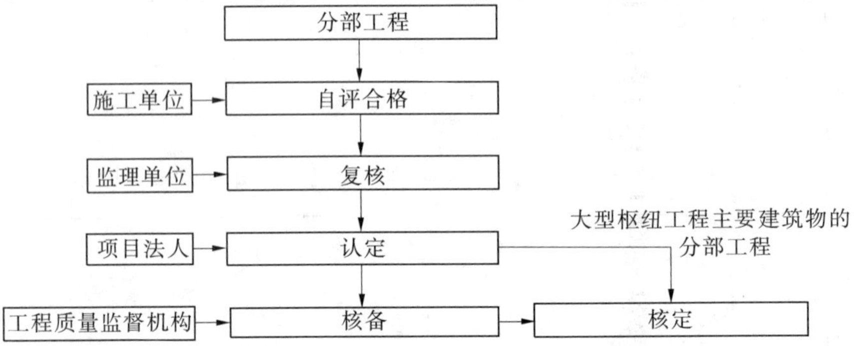

图 1-12　分部工程质量验收评定工作流程

(7)工程质量监督机构按有关规定在工程竣工验收前提交工程质量监督报告，工程质量监督报告中有工程质量是否合格的明确结论。

(四)水利水电工程质量评定表

表格根据《水利水电工程单元工程施工质量验收评定表及填表说明》进行填写，全书分上、下册，总计 539 个表格。

第一部分：土石方工程 51 个；

第二部分：混凝土工程 68 个；

第三部分：地基处理与基础工程 52 个；

第四部分：堤防工程 38 个；

第五部分：水工金属结构安装工程 50 个；

第六部分：水轮发电机组安装工程 83 个；

第七部分：水力机械辅助设备系统安装工程 45 个；

第八部分：发电电气设备安装工程 106 个；

第九部分：升压变电电气设备安装工程 46 个。

表 1-10　分部工程施工质量评定表

<table>
<tr><td colspan="2">单位工程名称</td><td colspan="2"></td><td colspan="2">施工单位</td><td colspan="2"></td></tr>
<tr><td colspan="2">分部工程名称</td><td colspan="2"></td><td colspan="2">施工日期</td><td colspan="2">自　　年　月　日至　　年　月　日</td></tr>
<tr><td colspan="2">分部工程量</td><td colspan="2"></td><td colspan="2">评定日期</td><td colspan="2">年　月　日</td></tr>
<tr><td>项次</td><td>单元工程种类</td><td>工程量</td><td colspan="2">单元工程个数</td><td>合格个数</td><td>其中优良个数</td><td>备注</td></tr>
<tr><td>1</td><td></td><td></td><td colspan="2"></td><td></td><td></td><td></td></tr>
<tr><td>2</td><td></td><td></td><td colspan="2"></td><td></td><td></td><td></td></tr>
<tr><td>3</td><td></td><td></td><td colspan="2"></td><td></td><td></td><td></td></tr>
<tr><td>4</td><td></td><td></td><td colspan="2"></td><td></td><td></td><td></td></tr>
<tr><td>5</td><td></td><td></td><td colspan="2"></td><td></td><td></td><td></td></tr>
<tr><td>6</td><td></td><td></td><td colspan="2"></td><td></td><td></td><td></td></tr>
<tr><td colspan="2">合计</td><td></td><td colspan="2"></td><td></td><td></td><td></td></tr>
<tr><td colspan="2">重要隐蔽单元工程、
关键部位单元工程</td><td></td><td colspan="2"></td><td></td><td></td><td></td></tr>
<tr><td colspan="5">施工单位自评意见</td><td colspan="2">监理单位复核意见</td><td>项目法人认定意见</td></tr>
<tr><td colspan="5">本分部工程的单元工程质量全部合格。优良率为______%，重要隐蔽单元工程及关键部位单元工程______个，优良率为______%，原材料质量______，中间产品质量______，金属结构及启闭机制造质量______，机电产品质量______
质量事故及质量缺陷处理情况：
分部工程质量等级：
评定人：
项目技术负责人：　（盖公章）
年　月　日</td><td colspan="2">复核意见：
分部工程质量等级：
监理工程师：
年　月　日
总监或副总监：
（盖公章）
年　月　日</td><td>认定意见：
分部工程质量等级：
现场代表：
年　月　日
技术负责人：
（盖公章）
年　月　日</td></tr>
<tr><td colspan="2">工程质量监督机构</td><td colspan="6">核定（备）意见：
核定等级：　核定（备）人：（签名）　　负责人：（签名）
年　月　日　　　年　月　日</td></tr>
</table>

注：分部工程验收的质量结论，由项目法人报工程质量监督机构核备。大型枢纽工程主要建筑物的分部工程验收的质量结论，由项目法人报工程质量监督机构核定。

表 1-11　单位工程施工质量评定表

单位工程名称		施工单位	
分部工程名称		施工日期	自　年　月　日至　年　月　日
分部工程量		评定日期	年　月　日

序号	分部工程名称	质量等级		序号	分部工程名称	质量等级	
		合格	优秀			合格	优秀
1				8			
2				9			
3				10			
4				11			
5				12			
6				13			
7				14			

分部工程共__个,全部合格,其中优良__个,优良率__%,主要分部工程优良率__%	
外观质量	应得__分,实得__分,得分率__%
施工质量检验资料	
质量事故处理情况	
观测资料分析结论	

施工单位自评等级: 评定人: 项目经理: （盖公章） 年　月　日	监理单位复核等级: 复核人: 总监或副总监: （盖公章） 年　月　日	项目法人认定等级: 认定人: 单位负责人: （盖公章） 年　月　日	工程质量监督机构核定等级: 核定人: 机构负责人: （盖公章） 年　月　日

表 1-12　单位工程施工质量检验与评定资料核查表

单位工程名称			施工单位	
			核查日期	年　月　日
项次	项目		份数	核查情况
1	原材料	水泥出厂合格证、厂家试验报告		
2		钢材出厂合格证、厂家试验报告		
3		外加剂出厂合格证及有关技术性能指标		
4		粉煤灰出厂合格证及技术性能指标		
5		防水材料出厂合格证、厂家试验报告		
6		止水带出厂合格证及技术性能试验报告		
7		土工布出厂合格证及技术性能试验报告		
8		装饰材料出厂合格证及技术性能试验报告		
9		水泥复验报告及统计资料		
10		钢材复验报告及统计资料		
11		其他原材料出厂合格证及技术性能试验资料		
12	中间产品	砂、石骨料试验资料		
13		石料试验资料		
14		混凝土拌和物检查资料		
15		混凝土试件统计资料		
16		砂浆拌和物及试件统计资料		
17		混凝土预制件(块)检验资料		
18	金属结构及启闭机	拦污栅出厂合格证及有关技术文件		
19		闸门出厂合格证及有关技术文件		
20		启闭机出厂合格证及有关技术文件		
21		压力钢管生产许可证及有关技术文件		
22		闸门、拦污栅安装测量记录		
23		压力钢管安装测量记录		
24		启闭机安装测量记录		
25		焊接记录及探伤报告		
26		焊工资质证明材料(复印件)		
27		运行试验记录		

续表 1-12

<table>
<tr><td colspan="2" rowspan="2">单位工程名称</td><td rowspan="2"></td><td>施工单位</td><td></td></tr>
<tr><td>核查日期</td><td>年　月　日</td></tr>
<tr><td>项次</td><td colspan="2">项目</td><td>份数</td><td>核查情况</td></tr>
<tr><td>28</td><td rowspan="12">机电设备</td><td>产品出厂合格证、厂家提交的安装说明书及有关资料</td><td></td><td></td></tr>
<tr><td>29</td><td>重大设备质量缺陷处理资料</td><td></td><td></td></tr>
<tr><td>30</td><td>水轮发电机组安装测量记录</td><td></td><td></td></tr>
<tr><td>31</td><td>升压变电设备安装测试记录</td><td></td><td></td></tr>
<tr><td>32</td><td>电气设备安装测试记录</td><td></td><td></td></tr>
<tr><td>33</td><td>焊缝探伤报告及焊工资质证明</td><td></td><td></td></tr>
<tr><td>34</td><td>机组调试及试验记录</td><td></td><td></td></tr>
<tr><td>35</td><td>水力机械辅助设备试验记录</td><td></td><td></td></tr>
<tr><td>36</td><td>发电电气设备试验记录</td><td></td><td></td></tr>
<tr><td>37</td><td>升压变电电气设备检测试验报告</td><td></td><td></td></tr>
<tr><td>38</td><td>管道试验记录</td><td></td><td></td></tr>
<tr><td>39</td><td>72 h 试运行记录</td><td></td><td></td></tr>
<tr><td>40</td><td rowspan="7">重要隐蔽工程施工记录</td><td>灌浆记录、图表</td><td></td><td></td></tr>
<tr><td>41</td><td>造孔灌注桩施工记录、图表</td><td></td><td></td></tr>
<tr><td>42</td><td>振冲桩振冲记录</td><td></td><td></td></tr>
<tr><td>43</td><td>基础排水工程施工记录</td><td></td><td></td></tr>
<tr><td>44</td><td>地下防渗墙施工记录</td><td></td><td></td></tr>
<tr><td>45</td><td>主要建筑物地基开挖处理记录</td><td></td><td></td></tr>
<tr><td>46</td><td>其他重要施工记录</td><td></td><td></td></tr>
<tr><td>47</td><td rowspan="4">综合资料</td><td>质量事故调查及处理报告、质量缺陷处理检查记录</td><td></td><td></td></tr>
<tr><td>48</td><td>工程施工期及试运行期观测资料</td><td></td><td></td></tr>
<tr><td>49</td><td>工序、单元工程质量评定表</td><td></td><td></td></tr>
<tr><td>50</td><td>分部工程、单位工程质量评定表</td><td></td><td></td></tr>
<tr><td colspan="3">施工单位自查意见</td><td colspan="2">监理单位复查意见</td></tr>
<tr><td colspan="3">自查：

填表人：
质监部门负责人：　　（盖公章）
年　月　日</td><td colspan="2">复查：

监理工程师：
监理单位：　　（盖公章）
年　月　日</td></tr>
</table>

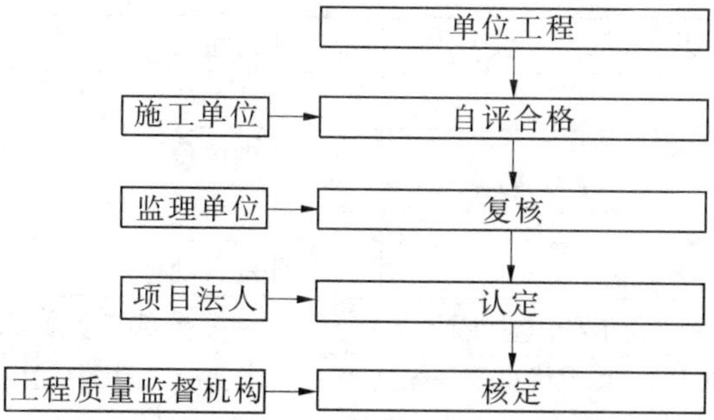

图 1-13　单位工程质量验收评定工作流程

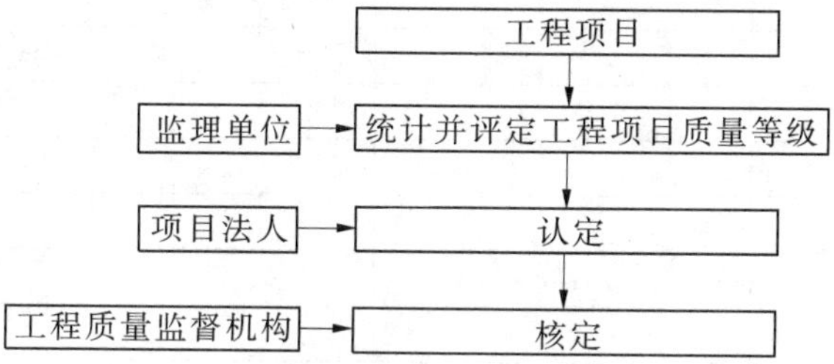

图 1-14　工程项目质量验收评定工作流程

在工程项目中，如有 SL 631～639 标准尚未涉及的单元工程，其质量标准及评定表格由建设单位组织设计、施工及监理等单位，根据设计要求和设备生产厂商的技术说明书，制定相应的施工、安装质量验收评定标准，并按照《水利水电工程单元工程施工质量验收评定表及填表说明》中的统一格式（表头、表身、表尾）制定相应质量验收评定、质量检查表格，报相应的水利工程行政主管部门或其委托的水利工程质量监督机构批准。

（五）外观质量评定

外观质量是通过检查和量测所反映的工程外表质量，其结果可以评价工程外观是否符合审美、观感、视觉等的要求，以及合同规定的外部尺寸要求。

（1）水利水电工程外观质量评定办法中，按工程类型分为枢纽工程、堤防工程、引水（渠道）工程，其他水利工程可参照执行。

（2）对于外观质量评定表中所列项目，实际工程中无该项内容，应在相应检查栏、检测栏内用"/"表示；工程有附录中未列出的外观质量项目时，根据工程情况和有关技术标准进行补充。其质量标准及标准分值由项目法人组织监理、设计、施工等单位研究确定后报工程质量监督机构核备。

（3）项目法人在开工初期，组织监理、设计、施工等单位，根据工程特点和相关技术标准，提出外观检查项目的质量标准，报工程质量监督机构确认。

（4）单位工程完工后，工程外观质量评定组根据以下规定进行外观质量评定：

①检验、检测项目经工程外观质量评定组全面检查后，抽测 25%，且各项不少于 10 点。

表 1-13　工程项目施工质量评定表

工程项目名称		项目法人	
工程等级		设计单位	
建设地点		监理单位	
主要工程量		施工单位	
开工、竣工日期		评定日期	年　月　日

序号	单位工程名称	单元工程质量统计			分部工程质量统计			单位工程等级	备注
		个数（个）	其中优良（个）	优良率（%）	个数（个）	其中优良（个）	优良率（%）		
1									加"△"者为主要单位工程
2									
3									
4									
5									
6									
7									
8									
9									
10									
11									
12									
13									
14									
15									
16									
17									
18									
19									
20									
单元工程、分部工程合计									

评定结果	本项目单位工程______个，质量全部合格。其中优良工程______个，优良率______%，主要单位工程优良率______%
观测资料分析结论	

监理单位意见	项目法人意见	工程质量监督机构核定意见
工程项目质量等级： 总监工程师： 监理单位：　　　　（盖公章） 年　月　日	工程项目质量等级： 项目代表人： 项目法人：　　　　（盖公章） 年　月　日	工程项目质量等级： 负责人： 质量监督机构：　　　　（盖公章） 年　月　日

②工程外观质量评定等级分为四级,各级标准得分如表1-14所示。

表1-14　外观质量等级与标准得分

评定等级	检测项目测点合格率(%)	各项评定得分
一级	100	该项标准分
二级	90.0~99.9	该项标准分×90%
三级	70.0~89.9	该项标准分×70%
四级	<70.0	0

③检查项目由工程外观质量评定组根据现场检查结果共同讨论决定其质量等级。

④外观质量评定表由工程外观质量评定组根据现场检查、检测结果填写。

⑤表尾由各单位参加外观质量评定的人员签名(施工单位1人;若本工程由分包单位施工,则总包单位、分包单位各派1人参加;项目法人、监理单位、设计单位各派1~2人;工程运行管理单位派1人)。

⑥外观质量评定结论由项目法人报工程质量监督机构核定。

(5)水利枢纽工程中的水工建筑物外观质量评定表如表1-15所示。堤防工程、引水(渠道)工程、其他工程的外观质量评定表可参照SL 176《水利水电工程施工质量检验与评定规程》的有关规定执行。

表1-15　水利枢纽工程中的水工建筑物外观质量评定表

单位工程			施工单位				
主要工程量			评定日期	年　月　日			
项次	项目	标准分(分)	评定得分(分)				备注
			一级 100%	二级 90%	三级 70%	四级 0	
1	建筑物外部轮廓	12					
2	轮廓线	10					
3	表面平整度	10					
4	立面平整度	10					
5	大角方正	5					
6	曲面与平面连接	9					
7	扭面与平面连接	9					
8	马道及排水沟	3(4)					
9	步梯	2(3)					
10	栏杆	2(3)					
11	扶梯	2					
12	闸坝灯饰	2					

续表 1-15

单位工程		施工单位	
主要工程量		评定日期	年　月　日

项次	项目		标准分（分）	评定得分（分）				备注
				一级 100%	二级 90%	三级 70%	四级 0	
13	混凝土表面缺陷情况		10					
14	表面钢筋割除		2(4)					
15	砌体勾缝	宽度均匀、平整	4					
16		竖、横缝平直	4					
17	浆砌卵石露头情况		8					
18	变形缝		3(4)					
19	启闭平台梁、柱、排架		5					
20	建筑物表面		10					
21	升压变电工程围墙（栏栅）、杆、架、塔、柱		5					
22	水工金属结构外表面		6(7)					
23	电站盘柜		7					
24	电缆线路敷设		4(5)					
25	电站油、气、水、管路		3(4)					
26	厂区道路及排水沟		4					
27	厂区绿化		8					
合计			应得　分，实得　分，得分率　%					

外观质量评定组成员	单位	单位名称	职称	签名
	项目法人			
	监　理			
	设　计			
	施　工			
	运行管理			
工程质量监督机构	审核意见： 核定人：（签名）加盖公章 年　月　日			

注：量大时，标准分采用括号内数值。

三、工程质量验收

（一）验收类别和依据

（1）水利水电建设工程验收分为法人验收和政府验收。法人验收包括分部工程验收、单位工程验收、水电站（泵站）中间机组启动验收、合同工程完工验收等；政府验收包括阶段验收、专项验收、竣工验收等。验收主持单位可根据工程建设需要增设验收的类别和具体要求。

（2）验收工作的主要依据有：

①国家现行有关法律法规、规章和技术标准；

②有关主管部门的规定；

③经批准的工程立项文件、初步设计文件、调整概算文件；

④经批准的设计文件及相应的工程变更文件；

⑤施工图纸及主要设备技术说明书等；

⑥法人验收还应以施工合同为依据。

（3）验收工作的主要内容有：

①检查工程是否按照批准的设计进行建设；

②检查已完工程在设计、施工、设备制造安装等方面的质量及相关资料的收集、整理和归档情况；

③检查工程是否具备运行或进行下一阶段建设的条件；

④检查工程投资控制和资金使用情况；

⑤对验收遗留问题提出处理意见；

⑥对工程建设做出评价和结论。

（4）政府验收由验收主持单位组织成立的验收委员会负责；法人验收由项目法人组织成立的验收工作组负责，验收委员会（工作组）由有关单位代表和有关专家组成。验收的成果性文件是验收鉴定书，验收委员会（工作组）成员在验收鉴定书上签字。对验收结论持有异议的，将保留意见在验收鉴定书上明确记载并签字。

（5）工程验收结论应经 2/3 以上验收委员会（工作组）成员同意。验收过程中发现的问题，其处理原则由验收委员会（工作组）协商确定。主任委员（组长）对争议问题有裁决权。若 1/2 以上的委员（组员）不同意裁决意见，则法人验收报请验收监督管理机关决定；政府验收报请竣工验收主持单位决定。

（6）工程项目中需要移交非水利行业管理的工程，验收工作宜同时参照相关行业主管部门的有关规定。

（7）当工程具备验收条件时应及时组织验收。未经验收或验收不合格的工程不得交付使用或进行后续工程施工。验收工作应相互衔接，不重复进行。

（8）工程验收是在施工质量检验与评定的基础上，对工程质量提出明确的结论意见。

（9）验收资料制备由项目法人统一组织，有关单位按要求及时完成并提交。项目法人对提交的验收资料进行完整性、规范性检查。

（10）验收资料分为应提供的资料和需备查的资料。有关单位保证其提交资料的真实性并承担相应责任。

（二）分部工程质量验收

（1）分部工程验收由项目法人（委托监理单位）主持。验收工作组由项目法人、勘测、设计、监理、施工、主要设备制造（供应）商等单位的代表组成。每个单位代表人数不宜超过2名。

（2）分部工程验收应具备以下条件：

①所有单元工程已完成；

②已完单元工程施工质量经评定全部合格，有关质量缺陷已处理完毕或有监理机构批准的处理意见；

③合同约定的其他条件。

（3）分部工程验收包括以下主要内容：

①检查工程是否达到设计标准或合同约定标准的要求；

②评定工程施工质量等级；

③对验收中发现的问题提出处理意见。

（4）分部工程验收按以下程序进行：

①听取施工单位工程建设和单元工程质量评定情况的汇报；

②现场检查工程完成情况和工程质量；

③检查单元工程质量评定及相关档案资料；

④讨论并通过分部工程验收鉴定书。

（5）分部工程验收包括以下主要内容：

①鉴定工程是否达到设计标准或合同约定标准的要求；

②按现行国家或行业技术标准评定工程质量等级；

③检查遗留问题的处理情况；

④对验收发现的问题提出处理意见；

⑤分部工程验收的成果性文件是分部工程验收鉴定书。

（三）单位工程质量验收

（1）单位工程验收由项目法人主持。验收工作组由项目法人、勘测、设计、监理、施工、主要设备制造（供应）商等单位的代表组成。每个单位代表人数不宜超过3名。

（2）单位工程验收应具备以下条件：

①所有分部工程已完建并验收合格；

②分部工程验收遗留问题已处理完毕并通过验收，未处理的遗留问题不影响单位工程质量设定并有处理意见；

③合同约定的其他条件。

（3）单位工程验收包括以下主要内容：

①检查工程是否按批准的设计内容完成；

②评定工程施工质量等级；

③检查分部工程验收遗留问题处理情况及相关记录；

④对验收中发现的问题提出处理意见。

（4）单位工程验收按以下程序进行：

①听取工程参建单位工程建设有关情况的汇报；

②现场检查工程完成情况和工程质量；

③检查分部工程验收有关文件及相关档案资料；

④讨论并通过单位工程验收鉴定书。

(5)单位工程验收的成果性文件是单位工程验收鉴定书。

(6)提前投入使用的单位工程需要进行投入使用验收。投入使用验收由项目法人主持,根据工程具体情况,经竣工验收主持单位同意。单位工程投入使用验收也可由竣工验收主持单位或其委托的单位主持。

(7)单位工程投入使用验收除满足单位工程验收的条件外,还应满足以下条件:

①工程投入使用后,不影响其他工程正常施工,且其他工程施工不影响该单位工程安全运行。

②已经初步具备运行管理条件,需移交运行管理单位的,项目法人与运行管理单位已签订提前使用协议书。

(8)单位工程投入使用验收,除完成单位工程验收的工作内容外,还应对工程是否具备安全运行条件进行检查。

(四)合同工程完工验收

(1)合同工程完工验收由项目法人主持。验收工作组由项目法人以及与合同工程有关的勘测、设计、监理、施工、主要设备制造(供应)商等单位的代表组成。

(2)合同工程完工验收应具备以下条件:

①合同范围内的工程项目已按合同约定完成;

②工程已按规定进行了有关验收;

③观测仪器和设备已测得初始值及施工期各项观测值;

④工程质量缺陷已按要求进行了处理;

⑤工程完工结算已完成;

⑥施工现场已经进行了清理;

⑦需移交项目法人的档案资料已按要求整理完毕;

⑧合同约定的其他条件。

(3)合同工程完工验收包括以下主要内容:

①检查合同范围内工程项目和工作完成情况;

②检查施工现场清理情况;

③检查已投入使用的工程运行情况;

④检查验收资料整理情况;

⑤鉴定工程施工质量;

⑥检查工程完工结算情况;

⑦检查历次验收遗留问题的处理情况;

⑧对验收中发现的问题提出处理意见;

⑨确定合同工程完工日期;

⑩讨论并通过合同工程完工验收鉴定书。

(4)合同工程完工验收的成果性文件是合同工程完工验收鉴定书。

(五)工程质量阶段验收

1. 基本规定

(1)阶段验收包括枢纽工程导(截)流验收、水库下闸蓄水验收、引(调)排水工程通水验收、水电站(泵站)首(末)台机组启动验收、部分工程投入使用验收以及竣工验收。主持单位根据工程建设需要增加的其他验收。

(2)阶段验收由竣工验收主持单位或其委托的单位主持。阶段验收委员会由验收主持单位、质量和安全监督机构、运行管理单位的代表以及有关专家组成;必要时,可邀请地方人民政府以及有关部门参加,工程参建单位派代表参加阶段验收,并作为被验收单位在验收鉴定书上签字。

(3)阶段验收包括以下主要内容:

①检查已完工程的形象面貌和工程质量;

②检查在建工程的建设情况;

③检查后续工程的计划安排和主要技术措施落实情况,以及是否具备施工条件;

④检查拟投入使用工程是否具备运行条件;

⑤检查历次验收遗留问题的处理情况;

⑥鉴定已完工程施工质量;

⑦对验收中发现的问题提出处理意见;

⑧讨论并通过阶段验收鉴定书。

(4)大型工程在阶段验收前,验收主持单位根据工程建设需要,可成立专家组先进行技术预验收。

(5)阶段验收的成果性文件是阶段验收鉴定书。

2. 枢纽工程导(截)流验收

(1)枢纽工程导(截)流前,进行导(截)流验收。

(2)导(截)流验收应具备以下条件:

①导流工程已基本完成,具备过流条件,投入使用(包括采取措施后)不影响其他未完工程继续施工;

②满足截流要求的水下隐蔽工程已完成;

③截流设计已获批准,截流方案已编制完成,并做好各项准备工作;

④工程度汛方案已经有管辖权的防汛指挥部门批准,相关措施已落实;

⑤截流后壅高水位以下的移民搬迁安置和库底清理已完成并通过验收;

⑥有航运功能的河道,碍航问题已得到解决。

(3)导(截)流验收包括以下主要内容:

①检查已完水下工程、隐蔽工程、导(截)流工程是否满足导(截)流要求;

②检查建设征地、移民搬迁安置和库底清理完成情况;

③审查导(截)流方案,检查导(截)流措施和准备工作落实情况;

④检查为解决碍航等问题而采取的工程措施落实情况;

⑤鉴定与截流有关已完工程施工质量;

⑥对验收中发现的问题提出处理意见;

⑦讨论并通过阶段验收鉴定书。

(4)工程分期导(截)流时,应分期进行导(截)流验收。

3. 水库下闸蓄水验收

(1)水库下闸蓄水前,进行下闸蓄水验收。

(2)下闸蓄水验收应具备以下条件:

①挡水建筑物的形象面貌满足蓄水位的要求;

②蓄水淹没范围内的移民搬迁安置和库底清理已完成并通过验收;

③蓄水后需要投入使用的泄水建筑物已基本完成,具备过流条件;

④有关观测仪器、设备已按设计要求安装和调试,并已测得初始值和施工期观测值;

⑤蓄水后未完工程的建设计划和施工措施已落实;

⑥蓄水安全鉴定报告已提交;

⑦蓄水后可能影响工程安全运行的问题已处理,有关重大技术问题已有结论;

⑧蓄水计划、导流洞封堵方案等已编制完成,并做好各项准备工作;

⑨年度度汛方案(包括调度运用方案)已经有管辖权的防汛指挥部门批准,相关措施已落实。

(3)下闸蓄水验收包括以下主要内容:

①检查已完工程是否满足蓄水要求;

②检查建设征地、移民搬迁安置和库区清理完成情况;

③检查近坝库岸处理情况;

④检查蓄水准备工作落实情况;

⑤鉴定与蓄水有关的已完工程施工质量;

⑥对验收中发现的问题提出处理意见;

⑦讨论并通过阶段验收鉴定书。

(4)工程分期蓄水时,宜分期进行下闸蓄水验收。

(5)拦河水闸工程可根据工程规模、重要性,由竣工验收主持单位决定是否组织蓄水(挡水)验收。

4. 引(调)排水工程通水验收

(1)引(调)排水工程通水前,进行通水验收。

(2)通水验收应具备以下条件:

①引(调)排水建筑物的形象面貌满足通水的要求;

②通水后未完工程的建设计划和施工措施已落实;

③引(调)排水位以下的移民搬迁安置和障碍物清理已完成并通过验收;

④引(调)排水的调度运用方案已编制完成,度汛方案已得到有管辖权的防汛指挥部门批准,相关措施已落实。

(3)通水验收包括以下主要内容:

①检查已完工程是否满足通水的要求;

②检查建设征地、移民搬迁安置和清障完成情况;

③检查通水准备工作落实情况;

④鉴定与通水有关的工程施工质量;

⑤对验收中发现的问题提出处理意见;

⑥讨论并通过阶段验收鉴定书。

(4)工程分期(分段)通水时,分期(分段)进行通水验收。

5. 水电站(泵站)首(末)台机组启动验收

(1)水电站(泵站)每台机组投入运行前,进行机组启动验收。

(2)首(末)台机组启动验收由竣工验收主持单位或其委托单位组织的机组启动验收委员会负责,中间机组启动验收由项目法人组织的机组启动验收工作组负责,验收委员会(工作组)应由所在地区电力部门的代表参加。根据机组规模情况,竣工验收主持单位也可委托项目法人主持首(末)台机组启动验收。

(3)机组启动验收前,项目法人组织成立机组启动试运行工作组开展机组启动试运行工作。首(末)台机组启动试运行前,项目法人将试运行工作安排报验收主持单位备案,必要时,验收主持单位可派专家到现场收集有关资料,指导项目法人进行机组启动试运行工作。

(4)机组启动试运行工作组主要进行以下工作:

①审查批准施工单位编制的机组启动试运行试验文件和机组启动试运行操作规程等;

②检查机组及相应附属设备安装、调试、试验以及分部试运行情况,决定是否进行充水试验和空载试运行;

③检查机组充水试验和空载试运行情况;

④检查机组带主变压器与高压配电装置试验和并列及负荷试验情况,决定是否进行机组带负荷连续运行;

⑤检查机组带负荷连续运行情况;

⑥检查带负荷连续运行结束后消磁处理情况;

⑦审查施工单位编写的机组带负荷连续运行情况报告。

(5)机组带负荷连续运行应符合以下要求:

①水电站机组带额定负荷连续运行时间为 72 h;泵站机组带额定负荷连续运行时间为 24 h 或 7 d 内累计运行时间为 48 h,包括机组无故障停机次数不少于 3 次。

②受水位或水量限制无法满足上述要求时,经项目法人组织论证并提出专门报告报验收主持单位批准后,可适当降低机组启动运行负荷以及减少连续运行的时间。

(6)首(末)台机组启动验收前,验收主持单位组织进行技术预验收,技术预验收在机组启动试运行完成后进行。

(7)技术预验收应具备以下条件:

①与机组启动运行有关的建筑物基本完成,满足机组启动运行要求;

②与机组启动运行有关的金属结构及启闭设备安装完成,并经过调试合格,可满足机组启动运行要求;

③过水建筑物已具备过水条件,满足机组启动运行要求;

④压力容器、压力管道以及消防系统等已通过有关主管部门的检测或验收;

⑤机组、附属设备以及油、水、气等辅助设备安装完成,经调试合格并经分部试运转,满足机组启动运行要求;

⑥必要的输配电设备安装调试完成,并通过电力部门组织的安全性评价或验收,送(供)电准备工作已就绪,通信系统满足机组启动运行要求;

⑦机组启动运行的测量、监测、控制和保护等电气设备已安装完成并调试合格;

⑧有关机组启动运行的安全防护措施已落实,并准备就绪;

⑨按设计要求配备的仪器、仪表、工具及其他机电设备已能满足机组启动运行的需要;

⑩机组启动运行操作规程已编制,并得到批准;

⑪水库水位控制与发电水位调度计划已编制完成,并得到相关部门的批准;

⑫运行管理人员的配备可满足机组启动运行的要求;

⑬水位和引水量满足机组启动运行最低要求;

⑭机组按要求完成带负荷连续运行。

(8)技术预验收包括以下主要内容:

①听取有关建设、设计、监理、施工和试运行情况报告;

②检查评价机组及其辅助设备质量、有关工程施工安装质量,检查试运行情况和消缺处理情况;

③对验收中发现的问题提出处理意见;

④讨论形成机组启动技术预验收工作报告。

(9)首(末)台机组启动验收应具备以下条件:

①技术预验收工作报告已提交;

②技术预验收工作报告中提出的遗留问题已处理。

(10)首(末)台机组启动验收包括以下主要内容:

①听取工程建设管理报告和技术预验收工作报告;

②检查机组与有关工程施工和设备安装以及运行情况;

③鉴定工程施工质量;

④讨论并通过机组启动验收鉴定书。

(11)中间机组启动验收可参照首(末)台机组启动验收的要求进行。

6. 部分工程投入使用验收

(1)项目施工工期因故拖延,且预期完成计划不确定的工程项目,部分已完成工程需要投入使用的,进行部分工程投入使用验收。

(2)在部分工程投入使用验收申请报告中,包含项目施工工期拖延的原因、预期完成计划的有关情况和部分已完成工程提前投入使用的理由等内容。

(3)部分工程投入使用验收应具备以下条件:

①拟投入使用工程已按批准设计文件规定的内容完成并已通过相应的法人验收;

②拟投入使用工程已具备运行管理条件;

③工程投入使用后,不影响其他工程正常施工,且其他工程施工不影响部分工程安全运行(包括采取防护措施);

④项目法人与运行管理单位已签订部分工程提前使用协议;

⑤工程调度运行方案已编制完成,度汛方案已经有管辖权的防汛指挥部门批准且相关措施已落实。

(4)部分工程投入使用验收包括以下主要内容:

①检查拟投入使用工程是否已按批准设计完成;

②检查工程是否已具备正常运行条件;

③鉴定工程施工质量;

④检查工程的调度运用、度汛方案落实情况；

⑤对验收中发现的问题提出处理意见；

⑥讨论并通过部分工程投入使用验收鉴定书。

(六)工程质量专项验收

(1)工程竣工验收前,按有关规定进行专项验收。专项验收主持单位按国家和相关行业的有关规定确定。水利水电工程的专项验收主要有环境保护、水土保持、移民安置以及工程档案等专项验收。

①建设项目竣工环境保护验收是指建设项目竣工后,环境保护行政主管部门依据环境保护验收监测或调查结果,通过现场检查、监测、量测、观察等手段,考核建设项目是否达到环境保护要求的活动。验收范围主要包括:防止污染和保护环境所建成工程或配备的监测设备、装置、仪器,各项生态保护设施。环境影响报告书或者环境影响登记表和有关项目设计文件规定应采取的其他各项环境保护措施。国家对建设项目竣工环境保护验收实行公告制度,在完成建设项目竣工环境保护验收审批前,在国家环境总局网站和《中国环境报》上向社会公示,公示时间为 7 d。

②水利工程档案是指水利工程在建设前期、施工准备、建设实施、生产准备、竣工验收等各个阶段形成的具有保存价值的文字、图表、声像等不同形式的历史资料。大中型水利工程在竣工验收前应进行档案专项验收,没有通过档案验收的水利工程不得进行或通过工程竣工验收。档案专项验收分为初步验收和正式验收,初步验收由工程竣工验收主持单位委托相关单位组织进行,正式验收由工程验收主持单位的档案业务主管部门负责。

(2)项目法人按国家和相关行业主管部门的规定,向有关部门提出专项验收申请报告,并做好有关准备和配合工作。

(3)专项验收应具备的条件、验收主要内容、验收程序以及验收成果性文件的具体要求等应执行国家及相关行业主管部门有关规定。

(4)专项验收成果性文件是工程竣工验收成果性文件的组成部分。

(七)工程质量竣工验收

1. 基本规定

(1)竣工验收在工程建设项目全部完成并满足一定运行条件后 1 年内进行。不能按期进行竣工验收的,经竣工验收主持单位同意,可适当延长期限,但最长不得超过 6 个月。一定运行条件是指:

①泵站工程经过一个排水期或抽水期;

②河道疏浚工程完成后;

③其他工程经过 6 个月(经过一个汛期)至 12 个月。

(2)工程具备验收条件时,项目法人向竣工验收主持单位提出竣工验收申请报告。竣工验收申请报告经法人验收监督管理机关审查后报竣工验收主持单位,竣工验收主持单位自收到申请报告后 20 个工作日内决定是否同意进行竣工验收。

(3)工程未能按期进行竣工验收的,项目法人提前 30 个工作日向竣工验收主持单位提出延期竣工验收专题申请报告。申请报告包括延期竣工验收的主要原因及计划延期的时间等内容。

(4)项目法人编制完成竣工财务决算后,报送竣工验收主持单位财务部门进行审查和审计部门进行竣工审计。审计部门出具竣工审计意见。项目法人应对审计意见中提出的问题进行整改并提交整改报告。

(5)竣工验收分为竣工技术预验收和竣工验收两个阶段。

(6)大型水利工程在竣工技术预验收前,按照有关规定进行竣工验收技术鉴定;对于中型水利工程,竣工验收主持单位可以根据需要决定是否进行竣工验收技术鉴定。

(7)竣工验收应具备以下条件:

①工程已按批准设计全部完成;

②工程重大设计变更已经有审批权的单位批准;

③各单位工程能正常运行;

④历次验收所发现的问题已基本处理完毕;

⑤各专项验收已通过;

⑥工程投资已全部到位;

⑦竣工财务决算已通过竣工审计,审计意见中提出的问题已整改并提交了整改报告;

⑧运行管理单位已明确,管理养护经费已基本落实;

⑨质量和安全监督工作报告已提交,工程质量达到合格标准;

⑩竣工验收资料已准备就绪。

(8)工程有少量建设内容未完成,但不影响工程正常运行,且能符合财务有关规定,项目法人已对尾工做出安排的,经竣工验收主持单位同意,可进行竣工验收。

(9)竣工验收按以下程序进行:

①项目法人组织进行竣工验收自查;

②项目法人提交竣工验收申请报告;

③竣工验收主持单位批复竣工验收申请报告;

④进行竣工技术预验收;

⑤召开竣工验收会议;

⑥印发竣工验收鉴定书。

2. 竣工验收自查

(1)申请竣工验收前,项目法人组织竣工验收自查。自查工作由项目法人主持,勘测、设计、监理、施工、主要设备制造(供应)商以及运行管理等单位的代表参加。

(2)竣工验收自查包括以下主要内容:

①检查有关单位的工作报告;

②检查工程建设情况,评定工程项目施工质量等级;

③检查历次验收、专项验收的遗留问题和工程初期运行所发现问题的处理情况;

④确定工程尾工内容及其完成期限和责任单位;

⑤对竣工验收前应完成的工作做出安排;

⑥讨论并通过竣工验收自查工作报告。

(3)竣工验收自查成果性文件是竣工验收自查工作报告。

3. 竣工技术预验收

(1)竣工技术预验收由竣工验收主持单位组织的专家组负责。技术预验收专家组成员应具有高级技术职称或相应执业资格,2/3 以上成员应来自工程非参建单位。工程参建单位的代表应参加技术预验收,负责回答专家组提出的问题。

(2)竣工技术预验收专家组可下设专业工作组,并在各专业工作组检查意见的基础上形成竣工技术预验收工作报告。

(3)竣工技术预验收包括以下主要内容:

①检查工程是否按批准的设计完成;

②检查工程是否存在质量隐患和影响工程安全运行的问题;

③检查历次验收、专项验收的遗留问题和工程初期运行中所发现问题的处理情况;

④对工程重大技术问题做出评价;

⑤检查工程尾工安排情况;

⑥鉴定工程施工质量;

⑦检查工程投资、财务情况;

⑧对验收中发现的问题提出处理意见。

(4)竣工技术预验收按以下程序进行:

①现场检查工程建设情况并查阅有关工程建设资料;

②听取项目法人、设计、监理、施工、质量和安全监督机构、运行管理等单位工作报告;

③听取竣工验收技术鉴定报告和工程质量抽样检测报告;

④专业工作组讨论并形成各专业工作组意见;

⑤讨论并通过竣工技术预验收工作报告;

⑥讨论并形成竣工验收鉴定书初稿。

(5)竣工技术预验收工作报告是竣工验收鉴定书的附件。

4.竣工验收

(1)竣工验收委员会可设主任委员1名,副主任委员以及委员若干名,主任委员由验收主持单位代表担任。竣工验收委员会由竣工验收主持单位、有关地方人民政府和部门、有关水行政主管部门和流域管理机构、质量和安全监督机构、运行管理单位的代表以及有关专家组成。工程投资方代表可参加竣工验收委员会。

(2)项目法人、勘测、设计、监理、施工和主要设备制造(供应)商等单位派代表参加竣工验收,负责解答验收委员会提出的问题,并作为被验收单位代表在验收鉴定书上签字。

(3)竣工验收会议包括以下主要内容和程序:

①现场检查工程建设情况及查阅有关资料;

②召开大会:宣布验收委员会组成人员名单;观看工程建设声像资料;听取工程建设管理工作报告;听取竣工技术预验收工作报告;听取验收委员会确定的其他报告;讨论并通过竣工验收鉴定书;验收委员会委员和被验收单位代表在竣工验收鉴定书上签字。

(4)工程项目质量达到合格以上等级的,竣工验收的质量结论意见为合格。

(5)竣工验收会议的成果性文件是竣工验收鉴定书。

第三节　工程质量缺陷备案与质量事故调查处理

质量缺陷是对工程质量有影响,但小于一般质量事故的质量问题。质量事故指的是在水利水电工程建设过程中,由于建设、管理、监理、勘测、设计、咨询、施工、材料、设备等造成工程质量不符合国家和行业相关标准以及合同约定的质量标准,影响工程使用寿命和对工程安全运行造成隐患和危害的事件。

一、工程质量缺陷备案

(1)在施工过程中,工程个别部位或局部发生达不到技术标准和设计要求(但不影响使用),且未能及时进行处理的工程质量缺陷问题(质量评定仍为合格),以工程质量缺陷备案形式进行记录备案。

(2)质量缺陷备案表由监理单位组织填写,施工单位质检员应协助监理人员进行备案工作,质量缺陷备案表内容应真实、准确、完整。各参建单位代表在质量缺陷备案表上签字,若有不同意见应明确记载。质量缺陷备案表应及时报工程质量监督机构备案,质量缺陷备案资料按竣工验收的标准制备,格式如表1-16所示。工程竣工验收时,项目法人向竣工验收委员会提交历次质量缺陷备案资料。

表1-16　水利水电工程施工质量缺陷备案格式

编号:

____________工程施工质量缺陷备案表

质量缺陷所在单位工程名称及部位:

缺陷类别:

备案日期:　　　　年　　月　　日

---

1. 施工质量缺陷产生的部位(主要说明具体部位、缺陷描述并附示意图):
2. 质量缺陷产生的主要原因:
3. 对工程的安全、使用功能和运用影响分析:
4. 处理方案,或不处理原因分析:
5. 保留意见(保留意见应说明主要理由,或采用其他方案及主要理由):

保留意见人　　　　　　(签名)

(或保留意见单位及责任人,盖公章,签名)

6. 参建单位和主要人员

1)施工单位:　　　　(盖公章)

质检部门负责人:　　　　(签名)

技术负责人:　　　　(签名)

2)设计单位:　　　　(盖公章)

设计代表:　　　　(签名)

3)监理单位:　　　　(盖公章)

监理工程师:　　　　(签名)

总监理工程师:　　　　(签名)

4)项目法人(建设单位):　　　　(盖公章)

现场代表:　　　　(签名)

技术负责人:　　　　(签名)

填表说明:

1. 本表由监理机构组织填写。
2. 本表应采用钢笔或中性笔,用深蓝色或黑色墨水填写。字迹应规范、工整、清晰。

(3)工程质量事故或缺陷处理后,由项目法人委托具有相应资质等级的工程质量检测单位检测后，按照处理方案的质量标准，重新进行工程质量评定。

二、质量事故的类型及调查与处理

（一）质量事故的类型

工程质量事故按直接经济损失的大小，检查、处理事故对工期的影响时间长短和对工程正常使用的影响，分为一般质量事故、较大质量事故、重大质量事故、特大质量事故（见表1-17）。小于一般质量事故的质量问题称为质量缺陷。

表 1-17　水利工程质量事故定量分类标准

损失情况		特大质量事故	重大质量事故	较大质量事故	一般质量事故
事故处理所需的物资、器材和设备、人工等直接损失费用（万元）	大体积混凝土，金属制作和机电安装工程	>3 000	>500，≤3 000	>100，≤500	>20，≤100
	土石方工程、混凝土薄壁工程	>1 000	>100，≤1 000	>30，≤100	>10，≤30
事故处理所需合理工期（月）		>6	>3，≤6	>1，≤3	≤1
事故处理后对工程功能和寿命的影响		影响工程正常使用，需限制条件运行	不影响正常使用，但对工程寿命有较大影响	不影响正常使用，但对工程寿命有一定影响	不影响正常使用和工程寿命

注：1. 直接经济损失费用为必需条件，其余两项主要适用于大中型工程。
2. 关于水利工程质量事故的分级，是针对事故应急响应行动进行的分级。

（二）质量事故的现场处置

事故发生后，事故单位要严格保护现场，采取有效措施抢救人员和财产，防止事故扩大。因抢救人员、疏导交通等需移动现场物件时，应当由质检员负责做出标志，绘制现场简图并做出书面记录，妥善保管现场重要痕迹、物证，并进行拍照或录像。质检员应协助工程质量、技术负责人对质量事故原因、事故大小、责任进行初步分析，并初步制订事故处理的方案和措施，做好准备接受事故调查组的调查。

发生较大、重大和特大质量事故后，事故单位要在48 h内向项目法人（监理单位）写出书面报告。对于突发性质量事故，事故单位要在4 h内用电话向项目法人（监理单位）报告。项目法人应及时按照管理权限向上级主管部门报告。质量事故报告包括以下内容：

（1）工程名称、建设规模、建设地点、工期及项目法人、主管部门及负责人电话。

（2）事故发生的时间、地点、工程部位以及相应的参建单位名称。

（3）事故发生的简要经过、伤亡人数和直接经济损失的初步估计。

（4）事故发生原因初步分析。

（5）事故发生后采取的措施及事故控制情况。

（6）事故报告单位、负责人及联系方式。

（三）质量事故的调查与处理

1. 水利工程质量事故调查

（1）项目主管部门接事故报告后，按照规定的管理权限组织调查组进行调查，查明事故原因，提出处理意见，提交事故调查报告。事故调查组成员实行回避制度。

（2）水利工程质量事故调查管理权限如表 1-18 所示。

表 1-18　水利工程质量事故调查管理权限

事故等级	部门职责				
	项目法人	项目主管部门	上级主管部门	省级及以上水行政主管部门	水利部
一般质量事故	组织调查	核备	—	—	—
较大质量事故	—	组织调查	批准	核备	—
重大质量事故	—	—	—	组织调查	核备
特大质量事故	—	—	—	—	组织调查

（3）质量事故调查的主要任务是：

①查明事故发生的原因、过程、财产损失情况和对后续工程的影响；

②组织专家进行技术鉴定；

③查明事故的责任单位和主要责任者应负的责任；

④提出工程处理和采取措施的建议；

⑤提出对责任单位和责任者的处理建议；

⑥提交事故调查报告。

事故调查组提交的调查报告经主持单位同意后，调查工作即告结束。

2. 水利工程质量事故处理

（1）质量事故处理原则：发生质量事故后，有关单位应按“事故原因不查清楚不放过”“主要事故责任者和职工未受教育不放过”“补救和防范措施不落实不放过”的三不放过原则，认真调查事故原因，研究处理措施，查明事故责任，做好事故处理工作。

（2）水利工程质量事故处理职责权限如表 1-19 所示。

表 1-19　水利工程质量事故处理职责权限

事故等级	部门职责				
	项目法人	上级主管部门	事故调查组	省级水行政主管部门或流域机构	水利部
一般质量事故	组织有关单位制订处理方案并实施	备案	—	—	—
较大质量事故	组织有关单位制订处理方案	审定，批准实施	—	备案	—
重大质量事故	组织有关单位制订处理方案	—	出示意见	审定，批准实施	—
特大质量事故	组织有关单位制订处理方案	—	出示意见	审定，批准实施	备案

注：1. 质量事故处理完成后应按照《水利工程质量事故处理暂行办法》的要求对质量事故处理情况进行检验、评定和验收，而后方可投入使用或进入下一阶段施工。

2. 工程质量事故处理后，应按照处理方案的质量要求，重新进行工程质量检验和评定。

第四节　工程施工质检员

一、质检员的基本要求

(一)质检员的专业技能

1. 质量计划准备

(1)具备编制施工质量计划相应的能力;

(2)具备编制质量检测计划的能力。

2. 材料质量控制

(1)具备判断材料质量、与施工质量有关的设备技术性能的能力;

(2)具备分析、判定工程检测资料的能力。

3. 工序质量控制

(1)具备识读施工图和其他工程设计、施工等文件的能力;

(2)具备确定施工质量控制点和参与编制质量控制文件的能力;

(3)具备实施质量交底的能力;

(4)具备实施施工质量检查、验收、评定的能力。

4. 质量问题处置

(1)具备识别质量缺陷,并进行分析和处理的能力;

(2)具备调查、分析质量事故,提出相应处理意见的能力。

5. 质量资料管理

(1)具备记录、分析、编制、整理施工质量资料的能力;

(2)具备利用信息化系统对工程信息资料进行处理的能力。

(二)质检员的专业知识

1. 基础知识

(1)掌握施工图识读、绘制的基本知识;

(2)熟悉国家工程建设相关法律法规和标准;

(3)熟悉工程材料的基本知识;

(4)熟悉工程施工工艺和方法;

(5)了解项目管理的基本知识。

2. 专业知识

(1)掌握质量检验抽样、分析的基本知识;

(2)熟悉数理统计、施工质量结果和趋势分析的基本知识;

(3)熟悉水工建筑物的结构、构造和水利设备的基本知识;

(4)了解计量方面的基本知识;

(5)了解相关工种操作的基本知识。

3. 岗位知识

(1)掌握施工质量管理的基本知识;

(2)掌握项目划分及施工质量检测计划的编制方法;

(3)掌握施工质量控制的标准和方法；
(4)掌握施工质量问题的分析、预防及处理方法；
(5)熟悉与本岗位相关的标准和管理规定；
(7)了解施工检验的项目、方法和判定标准；
(8)了解新技术、新材料、新工艺、新设备的相关知识。

(三)质检员的职业素质

水利水电工程质检员应具备必要的文字表达、计算机应用和组织协调能力。此外，还应具备的职业素养有：

(1)具有较强的社会责任感和良好的职业操守，认真负责，诚实守信，严谨务实，爱岗敬业，团结协作；
(2)遵守法律法规，熟悉相关的标准和管理规定；
(3)坚持安全第一、质量为本，贯彻安全生产标准化，文明施工；
(4)节约资源、保护环境；
(5)不断学习新知识、新技能，定期接受继续教育培训。

二、质检员的工作职责

质检员主要是从事施工质量计划与实施、原材料及中间产品质量检查与检验、工程(工序、分部、单位等)质量检查评定及验收等工作。其工作职责主要体现在以下五个方面。

(一)质量计划准备方面

(1)参与施工质量策划，负责制订质量检测计划；
(2)参与制定质量管理制度。

(二)材料质量控制方面

(1)负责原材料、中间产品、设备质量保证资料的检查；
(2)负责监督材料的抽样复验，负责监督试验检验仪器的有效性；
(3)参与材料、设备等各种资源的采购工作。

(三)工序质量控制方面

(1)负责实施“三检制”；
(2)负责工序施工过程的监督检查；
(3)负责工序、单元工程的质量验收、评定，参与分部工程和单位工程的质量验收、评定；
(4)参与施工图会审和施工方案审查。

(四)质量问题处置方面

(1)负责监督质量缺陷的处理；
(2)参与制订质量通病预防和纠正措施；
(3)参与质量事故的调查、分析和处理。

(五)质量资料管理方面

(1)负责质量检查记录的编写、收集和保管，质量管理影像资料的摄录、收集，施工质量报表的编制等；
(2)负责汇总、整理、移交施工质量资料；
(3)负责工程检测资料的收集、整理，相关检测台账的编制。

第二章 施工导流工程

第一节 施工截流工程

一、基本规定

（一）截流方案

截流方式应在分析水力参数、施工条件、截流难度、抛投料数量和抛投强度后，进行技术经济比较，并根据下列条件选择：

（1）对于龙口落差大于4 m且流量或单宽功率较大时，可选用双戗、多戗、宽戗立堵进占的截流方式。在合龙期间，有水力学条件的下游围堰宜适当分担部分落差。

（2）对于龙口落差小于4 m且流量或单宽功率较小时，可选用单戗立堵进占的截流方式。当龙口水流较大且流速较大时，应制备特殊抛投材料。

（二）戗堤要求

（1）截流戗堤宽度应根据抛投强度、行车密度和抛投方式确定，宜取10～25 m；为提高抛投强度或实施宽戗截流时，可适当加宽。

（2）戗堤上、下游坡度比分别不宜陡于1∶1.3和1∶1.5。戗堤顶部纵坡不宜陡于8%。

（3）戗堤在进占过程中严禁漫顶。4、5级围堰的截流戗堤安全超高不应小于1 m，3级围堰的截流戗堤安全超高不应小于1.5 m。

（4）采用宽戗堤截流时，戗堤顶宽与龙口上游水头的比值宜在3.1～3.7内选择。

（三）龙口宽度

立堵截流的戗堤轴线下游护底长度可按龙口平均水深的2～4倍取值，轴线以上可按最大水深的1～2倍取值。护底顶面高程应在分析水力条件及护底材料后确定。护底宽度可根据最大可能冲刷宽度确定。

（四）束窄口门流速

龙口束窄时口门的流速应不大于4 m/s，落差不大于1 m。

二、截流材料质量标准

（一）截流抛投材料的选择原则

（1）非龙口段及预进占段抛投材料宜利用施工开挖渣料和当地天然材料。截流抛投料大粒径材料宜优先采用钢筋石笼和合金网石兜。护底材料宜选用大块石、钢筋石笼、大块石串或合金网石兜。

（2）截流备料总量可根据截流料物堆存条件、运输条件、可能流失量及戗堤沉陷等因素综合分析，并留适当备用量，备用系数可取1.2～1.5。

（3）龙口段重大抛投材料数量应考虑一定备用数量，备用系数宜取1.5～2.0。

(4)重大抛投体应考虑起吊运输。

(5)裹头施工应在抛投结束后及时进行。裹头的坡比经修整后不宜陡于1∶1.3。先施工上游端头部位。裹头防护材料宜选用大块石、钢筋石笼或大块石串。

(二)常规抛投物料的规格

(1)砂砾石料:干密度为1.98～2.11 g/cm^3;粗料含量为60%～70%;卵石粒径一般为40～200 mm,最大为500 mm。

(2)石渣混合料:干密度为1.86～2 g/cm^3,一般粒径为10～40 cm,含泥量为5%～15%。

(3)块石料:应根据戗堤进占抗冲要求,结合块石料的开采条件确定。

①一般石渣(小石):块石粒径小于0.4 m,质量小于90 kg的块石石渣混合料。

②中等块石(中石):块石粒径为0.4～0.7 m,质量为90～500 kg的块石石渣混合料。

③大块石料(大石):块石粒径大于1 m,质量大于1.4 t的大块体石料。

(三)截流抛投物料的规格

(1)石渣料:粒径为0.5～80 cm,其中粒径20～60 cm块石的含量应大于50%,粒径2 cm以下的含量应小于20%。

(2)中小石:粒径为0.3～0.7 m,备料时应按粒径大于0.4 m,质量大于170 kg的块石含量大于50%石渣料控制。

(3)大块石:粒径为0.7～1.3 m,质量为0.48～3 t的块石。

(4)特大块石:粒径为1.3～1.6 m,质量为3～5 t的块石,串体一般3～5块一串。

(5)钢筋石笼:常用的形式有正六面体、条形六面体、扁形六面体等,其规格如表2-1所示。

(6)预制混凝土块体:常用的形式有六面体、四面体、四脚体、钢筋混凝土构架等。

表2-1　钢筋石笼规格

<table>
<tr><th rowspan="2">形状</th><th rowspan="2">编号</th><th colspan="3">边长(m)</th><th rowspan="2">体积(m^3)</th><th rowspan="2">质量(t)</th></tr>
<tr><th>长轴</th><th>中轴</th><th>短轴</th></tr>
<tr><td rowspan="7">正六面体</td><td>Z1</td><td colspan="3">1.00</td><td>1.00</td><td>2.00</td></tr>
<tr><td>Z2</td><td colspan="3">1.25</td><td>1.95</td><td>3.91</td></tr>
<tr><td>Z3</td><td colspan="3">1.50</td><td>3.38</td><td>6.75</td></tr>
<tr><td>Z4</td><td colspan="3">1.75</td><td>5.36</td><td>10.72</td></tr>
<tr><td>Z5</td><td colspan="3">2.00</td><td>8.00</td><td>16.00</td></tr>
<tr><td>Z6</td><td colspan="3">2.25</td><td>11.39</td><td>22.78</td></tr>
<tr><td>Z7</td><td colspan="3">2.50</td><td>15.63</td><td>31.25</td></tr>
<tr><td rowspan="5">条形六面体</td><td>T1</td><td>2.00</td><td>2.00</td><td>2.00</td><td rowspan="10">8.00</td><td rowspan="10">16.00</td></tr>
<tr><td>T2</td><td>2.25</td><td>2.00</td><td>1.78</td></tr>
<tr><td>T3</td><td>2.50</td><td>2.00</td><td>1.60</td></tr>
<tr><td>T4</td><td>2.75</td><td>2.00</td><td>1.45</td></tr>
<tr><td>T5</td><td>3.00</td><td>2.00</td><td>1.33</td></tr>
<tr><td rowspan="5">扁形六面体</td><td>B1</td><td>2.00</td><td>2.00</td><td>2.00</td></tr>
<tr><td>B2</td><td>2.25</td><td>2.25</td><td>1.58</td></tr>
<tr><td>B3</td><td>2.50</td><td>2.50</td><td>1.28</td></tr>
<tr><td>B4</td><td>2.75</td><td>2.75</td><td>1.26</td></tr>
<tr><td>B5</td><td>3.00</td><td>3.00</td><td>0.89</td></tr>
</table>

第二节 导流挡水建筑物

一、土石围堰

(一)基本要求

1. 围堰材料质量要求

(1)土石围堰的填料,除淤泥、沼泽土外,任何土砾料都可用作围堰填料。

(2)干填碾压防渗土料的质量应符合表2-2的规定。

表2-2 干填碾压防渗土料的质量

项目	指标		说明
黏粒含量	均质围堰	以10%~30%为宜	—
	斜墙或心墙围堰	以15%~30%为宜	大于50%~60%的重黏土不宜使用
塑性指数	均质围堰	7~20	—
	斜墙或心墙围堰	10~25	大于30时,其黏粒含量太高,不宜使用
渗透系数	均质围堰	小于1×10^{-4} cm/s	—
	斜墙或心墙围堰	小于1×10^{-5} cm/s	—
天然含水量	最好接近最优含水量或塑限		一般以不偏离最优含水量的1%~2%为宜

(3)水中抛填土料的质量应符合表2-3的规定。

表2-3 水中抛填土料的质量

项目	指标	说明
宜用土料	砂质黏土或砂壤土	—
黏粒含量	以15%~25%为宜	黏粒含量大于40%~50%的黏土,浸水后不易崩解,不宜采用
渗透系数	$1\times10^{-6}\sim1\times10^{-4}$cm/s	—
天然含水量	6%~i	i为1.2倍塑限
崩解性能	良好	30 min崩解50%~70%,24 h完全崩解

(4)反滤料应采用级配性能较好的天然砂砾石料。粒径小于0.1 mm含量的颗粒不宜大于5%~10%,渗透系数应大于被保护土渗透系数的50~100倍。对于砂砾石与块石之间的过渡层,可采用竹席、柴排与土工织物等达到反滤目的。

(5)土石围堰堰体防渗包括黏土心墙与斜墙、均质土、复合土工膜等形式。在挡水水头不超过35 m时,土石围堰堰体防渗材料宜优先采用土工膜。

(6)当采用铺盖防渗时,堰基覆盖层渗透系数与铺盖土料渗透系数的比值宜大于50,铺盖土料渗透系数宜小于1×10^{-4} cm/s,铺盖厚度不宜小于2 m。

(7)心墙或斜墙土石围堰堰壳填筑料渗透系数宜大于1×10^{-3} cm/s,宜采用天然石料,砂卵、石渣等均可采用，但应尽可能利用开挖弃料。

(8)围堰堆石体水下部分宜采用软化系数大于0.7的石料。

2. 围堰宽度应满足的规定

(1)堰顶宽度应满足施工和防汛抢险要求，土石围堰宜为4～12 m。

(2)堰高超过10 m时，堰顶最小宽度不应小于3 m。

(3)堰高超过20～30 m时，堰顶宽度一般为4～6 m。

(4)堰顶需要通行大型车辆时，其宽度应符合交通要求。

(5)土石围堰的边坡应根据土石料的性质、压实程度及地基的承载能力等因素确定。

(二)不过水土石围堰

(1)不过水土石围堰宜在流水中、深水中、岩基或有覆盖层的河床上修建。

(2)填筑材料应采用当地材料，可就地取材或充分利用开挖的弃料。

①若当地有足够数量的渗透系数小于1×10^{-4} cm/s的防渗材料，可采用心墙式或斜墙带水平铺盖式结构。

②若当地没有足够数量的防渗料或覆盖层较厚，可采用垂直防渗墙式或帷幕灌浆式结构，用混凝土防渗墙、高喷墙、自凝灰浆墙或帷幕灌浆来解决基础和堰身的防渗问题。

(3)土石围堰的断面较大，一般用于横向围堰；在宽阔河床的分期导流中，由于围堰束窄河床增加的流速不大，也可作为纵向围堰，但需注意防冲设计，以保证围堰安全。

(4)土石围堰水下部分的施工，石渣、堆石体的填筑可采用进占法，也可采用各种驳船抛填水下材料。

(5)土石围堰水上部分的施工与一般土石坝相同，可采用分层填筑、碾压施工的方法，并适时安排防渗墙施工。

(6)不过水围堰堰顶安全加高下限值应满足表2-4的规定。

表2-4　不过水围堰堰顶安全加高下限值　(单位：m)

围岩类型	围堰级别	
	3	4～5
土石围堰	0.7	0.5
混凝土围堰、浆砌石围堰	0.4	0.3

(7)土石围堰防渗体顶部安全加高值：斜墙式防渗体为0.6～0.8 m，心墙式防渗体为0.3～0.6 m。

(三)过水土石围堰

(1)在山区河流中，当洪枯流量和水位变幅均较大时，宜采用过水土石围堰。

(2)过水土石围堰的挡水标准必须综合各方面的因素，经比较论证后才能合理选定。

(3)要求堰体必须允许过水时，若土石围堰是散粒体结构，则不允许堰体溢流。

(4)对不利的遗留情况，可通过有效措施改善其流态及上、下游水面衔接，并可采取下列防护措施：

①过水前向基坑充水形成水垫，基坑边坡覆盖层预先做好反滤压坡。

②土石围堰溢流面形式和防冲材料宜进行方案比较；过水围堰的溢流面经常采取大块

石护面、钢筋石笼护面、加筋护面及混凝土板护面等保护措施，并设置反滤垫层。

③可在堰脚岩基上设重力式镇墩，也可在堰脚覆盖层上设置柔性保护结构，保护堰体坡脚和堰后基础。

④过水围堰堰顶横河向宜做成两岸高、中间低的断面形式，并在两岸接头处采取防止岸坡冲刷的措施，保证过水水流位于主河道，以减少水流对两岸接头及堰后岸坡的冲刷破坏。

(5)混凝土护面板的安装或浇筑应错缝、跳仓，其施工顺序应从下游面坡脚向堰顶进行。

(6)混凝土护面板与围堰下游坡之间一般需设置垫层，以削减板下水流压强，以利于面板的平整与稳定。

(7)加筋过水土石围堰应在围堰的下游坡面上铺设钢筋网，在下游部分堰体内埋设水平向主锚筋，以防止坡面块石被冲走。

(8)钢筋网由纵向主筋、横向构造筋及横向加筋组成。纵向主筋Φ6～Φ30，间距为100～450 mm；横向构造筋Φ8～Φ25，间距为150～225 mm；横向加筋Φ20～Φ30，间距为1 500～3 000 mm。

①横向加筋应放置在纵向加筋的下面，以防止钢筋网隆起，被水流挟带的杂物所切断。

②水平向立锚筋应安置在堰体内，一般采用Φ20～Φ38，其垂直间距为1 500～3 000 mm，水平间距为230～1 500 mm。水平向立锚筋可事先预制，然后在现场进行装配。

(9)对过水土石围堰的下游坡面及堰脚应采取可靠的加固保护措施。

(10)土石横向围堰与混凝土纵向围堰的接头，一般采用刺墙形式，以增加绕流渗径，防止引起有害的集中渗漏。

二、混凝土围堰

(一)基本要求

(1)混凝土围堰宜修建在岩基上，适用于基础覆盖层薄的河床。

(2)混凝土围堰宜优先采用重力式碾压混凝土结构形式。河谷狭窄且地质条件适宜时宜采用拱式碾压混凝土结构形式。工程环境条件不理想时，也可采用重力式常态混凝土围堰和拱式常态混凝土围堰。

(3)混凝土围堰易与永久建筑物结合，并且堰顶可溢流。

(二)重力式混凝土围堰

1. 重力式混凝土围堰的基本断面形式

重力式混凝土围堰的基本断面为三角形，其断面尺寸的确定应遵循以下要求：

(1)采用的基本断面为上游面垂直时，下游面坡度为1:0.6～1:0.8。

(2)为利用水重，上游面的中下部可做成1:0.1～1:0.25的折坡，折坡的起点一般在1/3～2/3堰高处，且尽量避开水平布置有管道、洞室、排水孔等相对薄弱的层面。

(3)纵向围堰两侧交替挡水，其基本断面尺寸宜为等腰三角形或近似于等腰三角形。过水围堰的断面形式还应结合过水时的流态及消能方式确定。

(4)碾压混凝土重力围堰的断面形式在体形和构造方面力求简单，便于施工。混凝土和浆砌石围堰堰顶宽度宜为3～7 m。上游面宜采用铅直或斜面，应尽量避免折面。

2. 堰体廊道

堰体廊道有纵向廊道和横向廊道两种。当堰体较高时，纵向廊道可设几层。其检查要求如下：

(1)廊道内应有适宜的通风条件，每隔一定距离应设置竖井通至堰顶或下游堰外，否则应配备人工通风系统。

(2)廊道上游侧面至堰体上游面的距离一般为该处堰面水头的7%～10%，且不小于3 m。

(3)廊道的断面应按其用途确定，一般采用城门洞形。一般基础灌浆廊道宽度为2.5～3 m，高度为3～3.5 m；基础排水廊道宽度为1.5～2.5 m，高度为2.2～3.5 m；交通廊道及其他廊道最小尺寸为宽1.2 m、高2.2 m。

(4)较长的基础灌浆廊道，每隔50～100 m宜设置灌浆泵房，其纵向坡度应缓于45°；当岸坡基础陡于45°时，灌浆廊道可分层布置，用竖井连接。

(5)廊道底脚按需要设置排水沟，一般排水沟宽度为20～25 cm，深20～30 cm，排水沟通至集水井，排水沟底坡不应缓于1.5‰。

(6)廊道周边一般浇筑厚1～2 m的常态钢筋混凝土。

3. 堰体止水的检查要求

(1)碾压混凝土围堰横缝止水一般采用一道塑料止水带，对于高堰可加设一道止水带(紫铜片或塑料止水带)。

(2)当孔洞穿过堰体永久横缝时应设一圈塑料止水带。

(3)止水设置位置应距上游堰面0.5～2 m，在寒冷地区可适当远些。

(4)当岸坡堰段基础开挖成陡于1∶1的陡坡时，应设陡坡止水。

(5)当止水槽深0.4～0.6 m、宽1～2 m时，应设锚筋进行加固，并和预埋止水片与横缝止水对应。

(6)对于特别重要的围堰，两道止水片之间还应设排水槽，止水片下游宜设排水孔，以利于排除渗水。

4. 堰体排水系统的检查要求

(1)堰体竖向排水系统的排水管应设置在堰体上游防渗层后面。排水管顶部按需要通至堰顶或堰体某一高程，其底部通至排水廊道、基础灌浆廊道内。

(2)碾压混凝土围堰排水管一般为预制的无砂混凝土管，亦可采用钻孔或拔管等方法形成，管距为2～3 m，内径为15～20 cm。常态混凝土围堰排水管内径为15～25 cm。

5. 堰体分缝分块的检查要求

(1)碾压混凝土围堰一般不设置纵缝。对于分期施工的堰体，如温控措施较复杂，可将堰体改为常态混凝土浇筑，并按要求设置纵缝和缝槽，对纵缝应进行接缝灌浆，并采取必要的并缝措施。

(2)碾压混凝土围堰堰段间设置横缝，横缝间距宜为20～50 m。

①若横缝为非暴露平面的连续缝，可由切缝嵌金属片或用其他材料进行人工埋设造缝。

②若横缝为非暴露平面的不连续诱导缝，可采用钻孔、切缝、预埋等方法形成，但应严格控制缝距、方向及斜度。

6. 堰体混凝土分区的检查要求

(1)碾压混凝土的抗压强度一般采用 90 ~ 180 d 龄期,当堰体开始承受荷载时间早于 90 ~ 180 d 时,应进行核算,必要时可缩短龄期或调整强度等级。

(2)堰体内部混凝土强度等级应相同。不同强度等级的混凝土,其分区宽度应根据堰体受力状态、构造要求和施工条件确定。

(3)碾压混凝土垫层必须采用常态混凝土,其厚度一般为 1 ~ 1.5 m。

(4)碾压混凝土围堰上游堰面防渗层采用常态混凝土或富胶凝材料的碾压混凝土。防渗层最小的有效厚度一般为堰面水头的 1/30 ~ 1/15,但不宜小于 1 m。防渗层混凝土抗渗强度等级的最小允许值为:

①当水头 $H<30$ m 时为 W4;

②当水头 $H=30\sim60$ m 时为 W6;

③当水头 $H=60\sim120$ m 时为 W8;

④当水头 $H>120$ m 时,应进行专门试验论证。

(5)为确保防渗可靠,碾压混凝土围堰上游堰面应涂刷防渗材料。

(6)结合当地材料分部、地区环境和施工特点,低水头围堰可采用浆砌石、钢筋石笼等围堰形式。在泄水建筑物孔口或闸室前缘可采用混凝土叠梁和其他特种钢围堰。

(三)拱形混凝土围堰

(1)拱形混凝土围堰应修建在岸坡稳定、岩石坚硬完整的地基上,适用于两岸陡峻、岩石坚实的山区河流。

(2)拱形混凝土围堰适用的体形:

①$L/H\leqslant1.5\sim2.0$ 时,适宜于拱形(L 为堰顶的河谷宽度、H 为最大堰高);

②$L/H\leqslant3.0\sim3.5$ 时,适宜于重力拱形;

③$L/H>3.5\sim4.0$ 时,不宜采用拱形结构。

(3)拱形围堰有薄拱形、拱形和重力拱形三种,常采用拱形或重力拱形。拱形混凝土围堰适用的体形:

①$T/H<0.1$ 时,为薄拱形(T 为堰体底厚、H 为堰体高度);

②$T/H=0.1\sim0.4$ 时,为拱形;

③$T/H=0.4\sim0.6$ 时,为重力拱形;

④$T/H=0.6\sim0.8$ 时,为重力式。

(4)围堰的拱座应修筑在枯水期的水面以上。

(5)进行基础处理时,若河床的覆盖层较薄,应进行水下清基;若覆盖层较厚,则应灌注水泥浆防渗加固。

(6)围堰堰身的混凝土浇筑宜进行水下施工;在拱基两侧应回填部分砂砾料,以利于灌浆,形成阻水帷幕。

(7)混凝土围堰水下施工时,其检查要求是:

①对于浅水,在混凝土模袋或清基立模后,直接浇筑混凝土。

②对于深水,其工艺流程为测量放样、水下清基、立模就位、清仓堵漏、水下混凝土浇筑及模板拆除等,均应符合相关工艺要求。

(8)水下清基应采用空气吸砂器和人工水下装吊两种方法进行。小颗粒砂砾,应用吸砂器吸出;30 ~40 cm 的中块石,由潜水员将石块装入钢筋笼内吊出;50 ~60 cm 的大块石,则套扎钢丝绳直接吊出运走;遇更大的巨石,需进行水下爆破后清除。

(9)钢围檩模板组装、沉放到位后,潜水员应进行清仓封堵,并清除靠近模板处的残留渣物,堵塞模板与基岩间不密合的缝隙。

(10)采用导管法进行水下混凝土浇筑时,导管应高出水面 1 ~2 m;浇筑混凝土时,导管埋入混凝土的深度应在 50 cm 以上,其扩散半径约为 3 m。导管不宜埋置过深,宜控制在 1.5 m 以内。

(11)混凝土应具有良好的流动性和泌水性,应采用坍落度为 15 ~20 cm、水灰比为 0.5 ~0.6 的混凝土。

(12)边墩施工时,当流速在 0.5 m/s 以内时,可采用潜水员水下立模、导管浇筑混凝土的方法。在浅水部位,可采用以混凝土赶水的直接浇筑方法。

(13)中墩施工时,当流速为 1 ~1.5 m/s,无法进行水下立模时,宜采用在中墩左右两侧各用钢围檩组装模板下沉定位,然后进行清仓、堵漏,并用导管浇筑混凝土。

(14)闸孔段水下混凝土浇筑时,为保护混凝土,使底槛表面平整,可在人字梁上嵌有厚 10 mm 的钢板盖。盖板上设有浇筑孔,导管通过浇筑孔插入仓内,进行水下混凝土浇筑。

(15)深槽段水下混凝土施工时,应在深槽上、下游侧采用两道钢围檩框架格栅沉放,然后在两围檩间抛石截流,再插入钢筋混凝土预制模板。

由于插板间缝隙较大,可用悬挂帆布将模板包住,抛填黏土闭气,然后在围檩框架内浇筑混凝土,并对填石体进行灌浆,形成注浆混凝土。

(四)碾压混凝土围堰

(1)碾压混凝土宜采用干硬性混凝土,水泥用量 85 ~120 kg/m^3,掺和料 30% ~40%,骨料最大粒径以不超过 8 cm 为宜。

(2)围堰碾压混凝土可由自卸汽车直接入仓,因场地和运输条件的制约,也可采用塔机吊运入仓、皮带机直接入仓。

(3)根据围堰施工强度与运输道路的布置,仓内宜分成两个工作面。自卸汽车采用左右两侧进入仓内,并在专人指挥下有序倒料,及时摊铺和碾压。

(4)通仓薄层应连续浇筑,混凝土拌和料从出机口到平仓面碾压完毕应控制在 2 h 以内。

(5)应控制摊铺厚度,以减少骨料分离。铺层厚度一般为 30 ~40 cm,最大不宜超过 80 cm。

(6)自卸汽车铺料后,应由推土机将骨料推到适宜厚度,再用振动碾进行碾压,切割机切缝。

(7)仓内大面积碾压作业时,宜采用自重和激振力较大、频率较高而振幅相对较低的双轮自行式振动碾;在仓内边角部位,可选用手扶式小型振动碾压实。

(8)仓面进行薄层连续浇筑时,铺料、平仓、碾压作业应在整个仓面分条带进行。条带的方向应平行于围堰轴线,上下层的条带应错开。

(9)层间间隔宜大于 8 ~12 h。冬季气温较低时,可延长至 14 ~16 h,否则应进行铺砂浆等处理。

(10)碾压混凝土 4 ~5 月施工时,应采用预冷混凝土。为防止混凝土表面出现干燥而产生裂缝,仓内应备有喷雾设施,也可配备洒水车进行喷雾处理。

(11)模板应能适应堰体的上升速度和振动压实力的特点;模板支撑围檩应有足够的刚度。

(12)若需设置伸缩缝,应在浇筑后 1.5 ~ 3 h 内,用切缝机切出永久缝,缝内插入塑料板。

三、草土围堰

(一)基本要求

1. 围堰材料

(1)草料一般为麦草、稻草或其他柔软性山草,要求柔软、干燥、不腐烂、新旧不限。单支草茎长在 0.5 m 以上。使用时,应经过打场碾压。

(2)除纯砂土和纯黏土外,一般土壤均可用作土料,但不允许用冻土。土内不应含有石子、大量的砂砾及植物根茎等杂物。

(3)草土用量的比例关系应根据施工条件、施工时的水深和流速等因素确定。

(4)制作草捆时,应将麦草或稻草做成长 1.2 ~ 1.8 m、直径 0.5 ~ 0.7 m、重约 10 kg 的单个草捆,然后将两个草捆靠齐压扁,再用长 6 ~ 8 m、直径 4 ~ 5 cm 的粗草绳系紧。

2. 围堰断面应满足的规定

(1)草土围堰的断面尺寸应满足抗滑、抗渗、抗倾覆等要求,同时应满足堰顶运草及运土等要求。

(2)围堰的断面一般为矩形或梯形,其边坡坡度宜为 1∶0.2 ~ 1∶0.3。在岩基河床上,草土围堰的宽度比为 2 ~ 3;在软基河床上,围堰宽度比为 4 ~ 5。

(3)草土围堰与混凝土等建筑物的接头布置宜选择在具有坡面的位置,使草土体沉陷后可自然压紧。

(4)草土围堰的水深与顶宽比一般为 1∶2 ~ 1∶2.5。在堰顶有压重和施工质量较好的情况下,且地基为岩石时,水深与顶宽比为 1∶1.5。转弯部分堰体应适当加宽堰顶高程,应比运用期间的最高水位高出 1 ~ 1.5 m。

(5)围堰内侧应留有 5 ~ 10 m 的余地,以便于堵漏和排水。围堰与岸边接头应选择在岸坡小于 45°的缓坡处。

(二)捆草法水中填筑

(1)采用捆草法修建围堰时,应先将草料做成草捆,然后一层草捆一层土料进占而成。

(2)进占前,应先清理岸边,铺填一层土料,然后将草捆垂直岸边并排沉放。

(3)第一排草捆沉入水中 1/3 ~ 1/2 草捆长时,应将草绳拉直固定在岸边,以便与后铺的草捆互相连接。

(4)在第一层草捆上后退压放第二层草捆,两层草捆搭接长度一般为 1/3 ~ 1/2 草捆长,当压草层数较多时,搭接长度可适当减少。

(5)随着草捆的逐层压放,形成一个 30° ~ 40°的斜坡,直到满足所需层数为止(斜坡长度不小于 1.5 倍水深)。

(6)当草捆压好后,再铺一层厚约 30 cm 的散草,填补捆草间的空隙。同时盖住草绳,使其随草捆下沉。

(7)铺草完成后应洒水润湿草料,以便于下沉和压实。然后在散草上铺土,铺土厚度为30～35 cm。

(8)铺好的土层应踩实或加夯压实。当第一层草土填筑完成时,再进行第二层草土填筑,逐渐向前进占。

(9)随着草土的不断循环填筑,堰体不断向前进占。当堰体高出水面后,应立即铺土夯实,并将围堰加高至设计高程。

(10)若施工期水位与围堰运用期的最高水位相差较大,则可将堰体填筑分两次完成。先将堰体填筑至施工水位以上1 m左右,待合龙后再加高水上部分的堰体。

(11)填筑时应超过设计高程一定高度:水中填筑的沉陷超高为堰高的8%～10%;干地填筑的沉陷超高为堰高的10%～12%。

(三)围堰防渗要求

(1)草土围堰与河岸接头处,基岩面上的覆盖层应清除干净,其清除范围应与围堰底部同宽。

(2)在软基上修建的草土围堰,当地基渗透系数较大时,应对地基进行灌浆。

①钻孔灌浆工作应在堰顶进行。

②灌浆材料应采用水泥、黏土等;当渗水量很大时可用水泥砂浆,或掺入一定数量的掺和料。

③灌浆孔应沿围堰中心线布置,并根据承受水头和地基性质确定灌浆孔的孔距和排数。

(3)当围堰外侧为静水区或缓流区时,堰外应用草土做外围墙,中间填以黏土。

四、木笼围堰

(1)木笼结构应采用横木和直木交叉搭叠成框格,其节点应用栓钉连接。框格内应填块石,临水面应设置阻水面板。

(2)木笼断面尺寸:对于宽型木笼,其高宽比为1:1.0～1:1.5;窄型木笼的高宽比为1:0.6。

(3)单只木笼的宽度应为5～7 m,框格尺寸必须与高度相适应;较低的木笼,框格可适当大些。布置框格时,应将较小的格子布置在临水面及背水面。

(4)横直木交叉处应用穿透3层木料的钢栓钉销合。栓钉直径不宜过大。

(5)阻水面板应由2层木板夹2层油毛毡组成,并用铁钉、夹木和螺栓固定在木笼临水面横木上。

(6)木笼之间的接头应采用橡皮止水。橡皮的厚度和宽度应符合要求,两侧应用压木钉在木笼面板上。

(7)在木笼临水面一格浇筑水下混凝土进行封底。封底混凝土的高度应为1～1.5 m。为抵抗填石冲击力,封底混凝土浇筑3～4 d后才能回填框格。

(8)过水木笼混凝土顶盖的外形轮廓,有交通要求时应做成平顶,无交通要求时可做成斜面或曲面。为加强顶盖与框格之间的连接,框格应伸入混凝土顶盖内0.3～0.5 m。

(9)填料时,应采用内摩擦角大、压实性好的砾石料,块石级配应良好。

五、钢板桩格形围堰

(1)格形围堰应修建在岩基上或软基上。对于软基,板桩必须具有一定的入土深度或打到岩层内。钢板桩格形围堰按照施工方法可分为装配式和打入式,使用范围如下:

①装配式钢板桩格形围堰适于在岩石地基或混凝土基座上建造,其最大挡水水头不宜大于 30 m;

②打入式钢板桩格形围堰适用于细砂砾石地基,其最大挡水水头不宜大于 20 m。

(2)若地基上有大量漂砾的覆盖层,为减少打桩进尺,打桩前应将漂砾部分清除。

(3)格体钢板桩的锁口应互相扣接,形成封闭空间,封闭空间内应回填砂砾石料。

(4)格体内应填充透水性强的填料(常用的有砂、砂卵石或石渣等)。填料必须耐冲刷,并具有很高的抗剪强度和抗滑重度。

(5)向格体内填料时,应保持各格体内填料均衡上升,避免出现高差变化太大的现象。

(6)格形围堰施工时,其定位、打设模架支柱、模架就位、安插钢板桩、打设钢板桩、填充料渣、取出模架及支柱等,均应符合相关规定。

(7)圆筒形格体的直径 D 应为挡水高度 H 的 0.9 ~ 1.4 倍,平均宽度 B 为 0.85D。圆筒形格体钢板桩围堰适用的挡水高度应不超过 15 ~ 18 m。

(8)圆筒形格体围堰施工时,每个格体应单独回填;已建格体应作为相邻格体的施工平台,在急流中随建随填。

(9)鼓形格体应通过延长隔墙的方式来增加围堰的有效高度,但每个格体不能单独稳定,也不能单独回填,可在平衡的水流中使用。

(10)花瓣形格体本身应用十字隔墙加固,每个格体应单独稳定。

(11)格体本身不需采取专门的防渗措施,迎水面板桩打进基岩内的深度应控制在 0.3 ~ 0.6 m。迎水侧板桩外面应浇 0.5 m 厚的水下混凝土或用水泥砂袋封底。

(12)格体内应采取排水措施,背水侧板桩上开直径 30 mm 的排水孔。排水孔垂直间距为 0.5 ~ 1 m,水平间距为 1.2 ~ 2 m。格体填料的透水性较差时,应采取强制性排水措施,排水层应设置在填料底部。

六、围堰拆除

(1)围堰的拆除应符合设计要求。拆除前,应认真分析水文资料,制订严密的施工计划,分期进行施工。

(2)围堰拆除工作应尽量安排在阶段工程即将完成的最后一个枯水期内。

(3)土石围堰的拆除工作常采用挖土机或爆破开挖的方法。拆除工作应逐层依次进行。拆除过程中,所残留的断面应能继续挡水和维持稳定。

(4)拆除中,若遇到岩石、混凝土或钢构件等,应采用爆破方案。

(5)拆除时,在规定的时段内,应按设计要求的剖面开挖到位,应尽量采取措施减少水下挖方。

(6)草土围堰拆除时,其水上部分应用人工拆除;水下部分可在堰体开挖缺口,让其过水冲毁或用爆破法拆除。

(7)混凝土围堰应用爆破法拆除。爆破时,应保证主体建筑物或其他设施不受爆破危害。

(8)钢板桩格形围堰拆除时应先用抓斗或吸石器将填料清除,然后用拔桩机拔出钢板桩。

第三节　导流泄水建筑物

一、导流明渠

(1)渠身轴线要伸出上下游围堰外坡脚,水平距离要满足防冲要求,一般为 50～100 m。

(2)明渠进出口轴线与河道主流方向的夹角以小于 30°为宜。

(3)为保证水流畅通,明渠转弯半径不宜小于 3 倍明渠底宽。

(4)进出口最小安全距离的要求如下:

①无保护措施的土石围堰取 30～50 m。

②有保护措施的土石围堰或混凝土围堰取 10～20 m。

③进出口高程、底宽、水流流态应满足施工期航运、排冰等各项要求。

(5)明渠断面应满足以下规定:

①明渠断面一般为梯形,为达到截流和通航的不同目的,也可采用复式梯形。渠底为坚硬基岩时,可为矩形。

②明渠断面尺寸应根据导流设计流量及其允许抗冲流速等条件确定。

③明渠断面尺寸与上游围堰高度应通过技术经济比较确定。

④明渠衬护的范围和方式可根据地质和水力条件等,通过技术经济比较确定。

⑤明渠开挖坡度需根据地质条件确定。当坡高超过 15～20 m 时,应设置马道。

⑥边坡稳定的加固措施有:设置排水设施,锚杆和锚索锚固,采用重力式挡墙等。

⑦渠岸顶高与围堰计算相同,对于有通航要求的明渠,还需考虑船行波的上卷高度。

⑧对于无通航要求的明渠,在渠内流速允许时,可采用陡坡,以降低围堰和渠岸高程。

二、导流隧洞

(1)隧洞轴线宜按直线布置。当隧洞轴线为曲线时,其弯曲半径不宜小于 5 倍洞径(洞宽),转角不宜大于 60°,曲线两端宜设置不小于 5 倍洞径(洞宽)的直线段。

(2)相邻两隧洞间岩体厚度一般不应小于 2 倍洞径(洞宽);岩体较好时,并辅以合理的施工措施,可放宽到 1 倍洞径(洞宽)。

(3)目前国内单洞断面尺寸都在 200 m^2以内,泄流量不超过 2 000～2 500 m^3/s。

(4)洞内采用喷射混凝土支护结构时,设计流速宜小于 12 m/s。

(5)对隧洞洞身的检查,主要是糙率的检查。一般混凝土衬砌的糙率为 0.014～0.017;不衬砌隧洞的糙率:光面爆破时为 0.025～0.032,一般浅孔爆破时为 0.035～0.044。

三、导流涵管

(一)适用条件

(1)涵管导流一般修筑在土坝、堆石坝工程中,涵洞(管)埋入坝下。

(2)涵管布置在河岸岩滩上,且位于枯水位以上。

(3)涵洞结构除进出口暴露部分外,其结构强度和稳定要求应与大坝同等。

(二)布置形式

(1)涵管应布置在良好的地基上,一般应坐落在岩基上。位于软基上的涵管,应对管道结构和基础采取加固措施。为避免导流涵管产生不均匀沉陷和温度应力引起裂缝,应分段设置伸缩缝。

(2)涵管应尽量采用明流泄水,避免出现明满流交替流态;若必须采用有压泄流,应采取适当措施,以消除振动和负压影响。

(3)涵管轴线宜顺直,进口要求与导流隧洞进口要求相同。当水头大于 20 m 时,不允许设置弯道。

(4)进水口的形式应具有良好的进水条件,进口曲线一般应采用 1/4 椭圆,并具有良好的渐变段。

(5)出口必须有消能措施和可靠的防冲保护,其高程和底坡应符合设计要求。

(6)当水头不高时,导流涵洞可与永久建筑物结合。

(三)其他检查事项

(1)在建筑物基岩中开挖沟槽,必要时予以衬砌,然后封上混凝土或钢筋混凝土顶盖,形成涵管。

(2)为了防止涵管外壁与坝身防渗体之间的渗流,应在外壁每隔一定距离设置截流环。

(3)要严格检查涵管外壁防渗体的压实质量。防渗体的压实质量应符合设计要求。

(4)涵管管身的温度缝或沉陷缝中的止水应符合设计要求。

四、分段围堰导流

(1)河床束窄程度常用河床束窄系数表示。河床束窄系数一般为 40% ~60%,覆盖层较厚时为 30% ~50%,低水头河床式电站的河床束窄系数一般控制在 60%。

(2)坝体缺口导流多适用于混凝土坝。采用不同高程的缺口时,高低缺口的高差以不超过 4 ~6 m 为宜。

(3)坝体泄洪缺口或梳齿应设在主河床部位,避免下泄水流冲刷岸坡。利用未形成溢流面的坝段泄流时,当空蚀指数小于 0.3 时,应采取掺气措施降低坝面负压值。

(4)底孔的布置应满足下列原则:

①宜布置在近河道主流位置,以利于泄流顺畅;

②宜与永久泄水建筑物结合布置;

③导流底孔宽度不宜超过该坝段宽度的 1/2,并宜骑缝布置;

④应考虑下闸和封堵施工方便。

(5)底孔检查的内容包括:

①底孔应修建在混凝土坝体内;

②底孔的尺寸、数目和布置应与水力学计算确定的标准相适应;

③临时底孔的布置应满足截流、围堰工程及其封堵等要求;

④永久性底孔的布置应满足泄水和防洪要求;

⑤封堵底孔时,应从高程最低的底孔开始。

第四节　基坑排水

基坑排水包括初期排水和经常性排水两部分。初期排水是指围堰合龙闭气后,以排除基坑积水为主的排水。经常性排水是指在基坑积水排完后,以保持施工基坑干燥为主要目的的排水。

一、基本要求

(一)初期排水的规定

1. 初期排水总量的组成

(1)围堰闭气后的基坑积水量。

(2)抽水过程中围堰及地基的渗水量。

(3)堰身及基坑覆盖层中的含水量。

(4)可能的降水量(采用排水时段的多年日平均降水量计算)。

2. 初期排水要求

(1)对于土质围堰或覆盖层边坡应做限制性排水要求,其基坑水位下降速度必须控制在允许的范围内:

①开始排水时以 0.5 ~0.8 m/s 为宜;

②接近排干时可允许达到 1 ~1.5 m/s;

③其他形式围堰,基坑水位降速一般不是控制因素。

(2)排水时间的确定,应考虑基坑工期的紧迫程度、基坑水位允许下降的速度、各期抽水设备及相应用电负荷的均匀性等因素,进行比较后选定。一般情况下:

①大型基坑可采用 5 ~7 d;

②中型基坑可采用 3 ~5 d。

(二)经常性排水的规定

(1)经常性排水总量的组成:

①在设计水头下围堰和地基的渗流量(根据围堰形式、防渗方式、堰基情况、地质资料、渗流水头等因素分析确定);

②覆盖层中的含水量(根据基坑覆盖层的体积、孔隙率、天然容重和天然含水量等计算);

③排水时的降水量(按多年日平均降水量计算);

④施工弃水量(根据用水项目、设备及施工强度,结合当地的气象条件确定)。

(2)经常性排水最大流量取下列三种组合水量的最大值:

①基坑渗水加降雨汇水(降雨汇水按排水时段多年日最大降水量在当天抽干计算);

②基坑渗水加施工弃水;

③基坑渗水加覆盖层含水量。

(3)各泵站的排水强度应分区、分月计算,取最大值作为泵站设计流量。

(4)各泵站汇水区内基坑渗水主要包括各泵站汇水区内对应围堰堰身、堰基及岸坡渗水。

(5)施工弃水量宜按实测确定，当无实测资料时，可按用水量的 60% ~80% 估算。施工弃水宜按每月施工或生产强度分别进行计算，并折算成小时强度。

二、设备选择原则

(1)排水设备选择主要根据小时排水量及排水扬程来确定。水泵设计扬程由水泵的吸水高度和压水高度，以及吸水管路和出水管路中的水头损失，再考虑富余水头组成。

(2)水泵选型的要求如下：

①应满足泵站设计流量、设计扬程及不同时期排水的要求；

②宜在水泵高效运行区；

③宜优先选用卧式离心泵或潜水泵。

(3)排水设备数量应根据不同排水阶段排水强度确定，宜使各个排水时期所选泵型一致，排水设备容量组合协调。水泵的种类不宜太多，其中关键设备应考虑有必要的备用量。

(4)初期排水泵站宜选择流量扬程性能曲线较陡的水泵。

(5)由起始泵站、转输泵站及终点泵站中的两组及以上泵站组成的排水系统的水泵选型，宜相互匹配。

(6)串联运行的水泵流量应接近，串联运行水泵台数不宜超过 2 台。

(7)备用水泵的数量应根据泵站汇水区域内设施的重要性确定：

①工作水泵在 3 台及以下时，宜备用 1 台。

②工作水泵在 3 台以上时，宜备用 2 台。

(8)终点泵站的水泵宜选用统一型号，数量应不少于 2 台。若为不同型号的水泵并联运行，则其设计扬程应接近，且并联运行数量不宜超过 4 台。

(9)转输泵站及起始泵站应设置不少于 2 台。当来水量增大时，可增设水泵。

(10)在组织基坑排水时，扬程一般不超过 15 ~ 20 m。如果基坑排水长度在 30 ~ 500 m，应在下游侧设置一些排水点。

(11)为了汇集基坑中的渗水，应设置专门的排水深井，深井前方接排水沟。井内放入几组吸水管。在采用大功率水泵时，集水井的最小深度应不低于 2 ~ 2.5 m，井的平面尺寸以 1.5 m × 1.5 m ~ 2 m × 2 m 为宜。井的总容积应能保证水泵运行 3 ~ 5 min。

(12)过水围堰的基坑排水设备选择时，应配备一定数量的排沙泵。

三、排水系统布置要求

(1)排水系统布置包括排水泵站、排水管道、集水井及排水沟渠等的布置。经常性排水系统布置应考虑与初期排水系统结合，并避免与基坑开挖和建筑物施工的相互干扰。

(2)起始泵站、转输泵站及终点泵站的设置要求如下：

①当基坑规模较小，基坑排水量和基坑深度不大时，可只设单机排水泵站；

②当基坑规模较大，有多处分散的集水坑时，可分别设置起始泵站和转输泵站或终点泵站。

(3)在实际排水时，泵站根据水泵的位置可分为固定式泵站和浮式泵站。

①当岸坡条件较好时，可采用固定式泵站；

②对于移装次数较多的起始泵站、转输泵站，宜采用组合整体浮式泵站或潜水泵站。

(4)固定式泵站的布置要求如下：

①宜采用单排布置。

②水泵的间距应满足最小间距的要求。

③每台泵应有独立的进水管。出水管可单设。

④水泵安装高程应满足不同工况下水泵的允许吸出真空高度或必需汽蚀余量的要求。

⑤吸水管喇叭口最小淹没深度应不小于0.5 m。

⑥集水坑内不应产生有害的漩涡。

(5)浮式泵站的布置要求如下：

①宜布置在集水坑或岸坡较陡一侧。

②采用单个浮箱时应设置水密隔舱。

③在风荷载作用下，泵站的横倾角应小于7°。

④泵站宜采用岸边锚固。

(6)排水泵站布置要注意能排除基坑最低处积水，尽可能缩短排水管道，避免与基坑施工发生干扰，初期与后期要尽可能结合，要布置较好的出水通道。

(7)立式泵站选用深井泵时，第一级叶轮宜浸入供水以下2~3 m，且应不小于1 m。

(8)采用抽水泵时，淹没深度宜不小于0.5 m。

(9)水泵机组的布置宜紧凑、整齐，不宜过于分散。

(10)泵站宜采用双回路供电，或有备用动力系统供电。

第三章　地基处理与基础工程

第一节　灌浆工程

一、灌浆材料质量要求

灌浆材料主要可分为两类:一类是固体颗粒的灌浆材料,如水泥、黏土、砂等;另一类是化学灌浆浆材,如环氧树脂、聚氨酯、甲凝等。

(一)灌浆用水泥

(1)灌浆工程所采用的水泥品种,应根据灌浆目的、地质条件和环境水的侵蚀作用等因素确定。可采用硅酸盐水泥、普通硅酸盐水泥或复合硅酸盐水泥。当有抗侵蚀或其他要求时,应使用特种水泥。

(2)使用矿渣硅酸盐水泥或火山灰质硅酸盐水泥灌浆时,浆液水灰比不宜大于1。

(3)灌浆用水泥应为新鲜水泥,受潮结块的禁止使用。灌浆用水泥应具备的主要条件是强度、细度和耐蚀性。对于强度和细度,技术规范中有明确规定:

①回填灌浆、固结灌浆和帷幕灌浆所用水泥的强度等级可为32.5或以上。

②坝体接缝灌浆、各类接触灌浆所用水泥的强度等级可为42.5或以上。

③帷幕灌浆、坝体接缝灌浆和各类接触灌浆所用水泥的细度宜为通过80 μm方孔筛的筛余量不大于5%。

④当坝体接缝张开度小于5 m时,对水泥细度的要求为通过71 μm方孔筛的筛余量不应大于2%。

(4)对小于0.2 m宽度的细微裂隙,应采用磨细水泥或超细水泥,即将普通硅酸盐水泥通过各种方法研磨成颗粒更细的水泥。

①磨细水泥的最大粒径D_{max}在35 μm以下,平均粒径D_{50}为6~10 μm。

②超细水泥的最大粒径D_{max}在12 μm以下,平均粒径D_{50}为3~6 μm。

(5)灌浆用水泥应妥善保存,严格防潮并缩短存放时间。不应使用受潮结块的水泥。

(二)灌浆用砂

(1)在灌注大裂隙和溶洞时,为了避免浆液扩散流失过大和节省水泥,在浆液中常加入砂,制成水泥砂浆或水泥黏土砂浆。

(2)灌浆采用的砂应为质地坚硬的天然砂或人工砂。一般要求灌浆用砂的粒径不大于1.5 mm。

(3)在实际工程中,通常砂的要求是:粒径不宜大于2.5 mm,细度模数不宜大于2,SO_3含量宜小于1%,含泥量不宜大于3%,有机物含量不宜大于3%。

（三）灌浆用粉煤灰

（1）粉煤灰是在煤粉炉中燃烧煤时从烟道气体中收集到的细颗粒粉末。粉煤灰按煤种分为F类和C类：

①F类是由无烟煤或烟煤煅烧收集的粉煤灰；

②C类是由褐煤或次烟煤煅烧收集的粉煤灰。

（2）拌制混凝土和砂浆用粉煤灰分为3个等级：Ⅰ级、Ⅱ级、Ⅲ级。

（3）拌制混凝土和砂浆用粉煤灰必须满足的技术要求如表3-1所示。

表3-1　拌制混凝土和砂浆用粉煤灰必须满足的技术要求

序号	指标		级别		
			Ⅰ	Ⅱ	Ⅲ
1	细度（0.045 mm方孔筛余量）	F类粉煤灰	≤12%	≤25%	≤45%
		C类粉煤灰			
2	需水量	F类粉煤灰	≤95%	≤105%	≤115%
		C类粉煤灰			
3	烧失量	F类粉煤灰	≤5%	≤8%	≤15%
		C类粉煤灰			
4	含水量	F类粉煤灰	≤1%		
		C类粉煤灰			
5	三氧化硫	F类粉煤灰	≤3%		
		C类粉煤灰			
6	游离氧化钙	F类粉煤灰	≤1%		
		C类粉煤灰	≤4%		
7	安定性（雷氏夹沸煮后增加距离）	C类粉煤灰	≤5.0 mm		

（4）灌浆用粉煤灰等级应根据灌浆目的和对浆液的要求而定，一般宜采用Ⅰ级或Ⅱ级。水泥粉煤灰浆中使用的粉煤灰细度应小于水泥的细度。

（5）根据规定，F类粉煤灰的最大掺量如表3-2所示。

（四）灌浆用黏土、膨润土和水

1. 黏土的质量要求

（1）为了改善浆液性能和节约水泥，在帷幕灌浆，特别是在砂砾石地基帷幕灌浆的浆液中，常常加入黏土。黏土类型有高岭黏土、蒙脱黏土、伊利黏土。

表 3-2　F 类粉煤灰的最大掺量　（%）

混凝土种类		硅酸盐水泥	普通硅酸盐水泥	矿渣硅酸盐水泥（P. S. A）
重力坝碾压混凝土	内部	70	65	40
	外部	65	60	30
重力坝常态混凝土	内部	55	50	30
	外部	45	40	20
拱坝碾压混凝土		65	60	30
拱坝常态混凝土		40	35	20
结构混凝土		35	30	—
面板混凝土		35	30	—
抗磨蚀混凝土		25	20	—
预应力混凝土		20	15	—

注：1. 本表适用于 F 类Ⅰ、Ⅱ级粉煤灰，F 类Ⅲ级粉煤灰的最大掺量应适当降低，降低幅度应通过试验论证确定。

2. 中热硅酸盐水泥混凝土、低热硅酸盐水泥混凝土的粉煤灰最大掺量与硅酸盐水泥混凝土的相同；低热矿渣硅酸盐水泥混凝土、火山灰质硅酸盐水泥混凝土、粉煤灰硅酸盐水泥混凝土的粉煤灰掺量与矿渣硅酸盐水泥（P. S. A）混凝土的相同。

3. 本表所列的粉煤灰最大掺量不包含代砂的粉煤灰。

（2）黏土的塑性指数大于 14；黏粒（粒径小于 0.005 mm）含量大于 25%；含砂量小于 5%；有机物含量小于 3%。

2. 膨润土的质量要求

灌浆所用膨润土的质量标准可参照石油天然气行业标准 GB/T 5005《钻井液材料规范》，将膨润土分为 3 个级别，一般可采用二级膨润土。

（1）膨润土一般为白色，淡黄色，因其含铁量不同又呈浅灰、淡绿粉红、褐红、黑杂等色。膨润土有的松散如土，也有的致密坚硬。

（2）膨润土的主要化学组分是二氧化硅（SiO_2）、三氧化二铝（Al_2O_3）和水（H_2O）。氧化铁和氧化镁含量有时也较高，钙、钠、钾等常以不同含量存在于膨润土中。膨润土中的氧化钠（Na_2O）和氧化钙（CaO）含量对膨润土的物理化学性能和工艺技术性能影响颇大。

（3）膨润土具有极强的吸湿性，吸水后膨胀，膨胀数可达 30 倍。在水介质中能分散成胶体悬浮液，这种悬浮液具有一定的黏滞性、触变性和润滑性。它和水、泥或砂等细碎屑物质的掺和物有可塑性和黏结性。有较强的阳离子交换能力。对各种气体、液体、有机物质有一定的吸附能力，最大吸附量可达其重量的 5 倍，具有表面活性的酸性漂白土能吸附有色物质。

3. 水的质量要求

制浆用的水，其品质应符合拌制混凝土用水的要求。通常饮用的自来水及清洁不浊且无显著酸性反应的天然水，均可作为制浆用水。

（五）外加剂

1. 速凝剂

速凝剂可以加速水泥水化作用的发生，缩短产生水化热的时间，增进早期强度。在灌浆工程中，当需要水泥浆早期很快凝结时，可视具体情况在浆液中掺加一定量的速凝剂。速凝剂适宜的掺量，应通过试验确定。在水泥浆中，一般常用的速凝剂有氯化钙、硫酸钠、水玻璃（硅酸钠）等。

2. 减水剂

减水剂是一种亲水性表面活性的化学剂，其主要作用是可以改善浆体的流动性和分散性。拌制细水泥浆和稳定浆液应加入减水剂和采用高速搅拌机。诸多浆液的室内试验资料和工地施工实践表明，减水剂对改善浆液性能确实起到了很好的作用。在水泥浆中，一般常用的有木质素磺酸盐类减水剂、萘系高效减水剂和聚羧酸类高效减水剂。

3. 稳定剂

经常用的稳定剂是膨润土。作为附加剂用的膨润土，颗粒愈细愈好，一般黏粒含量宜在40%以上，塑性指数宜在40以上。根据对浆液的要求和需要，有时还常掺入其他高塑性黏土。在使用外加剂时需注意，为保证外加剂的使用品质，凡能溶于水的宜以水溶液状态加入，膨润土宜加水润胀后再加入。

（六）灌注浆液

1. 黏土浆

（1）泥浆固壁要求浆液具有一定的黏性，黏土颗粒越多越好，一般用纯黏土和膨润土。

（2）充填和劈裂灌浆以及黏土防渗墙以防渗为目的，用一般黏土（黏粒含量≥30%总干土重），也可以采用壤土（黏粒含量占10%～30%总干土重）。

（3）提高泥浆黏度的措施，主要通过使用高分散度泥浆（细分散泥浆）、增加泥浆中的黏土含量、加入有机或无机增黏剂等措施来实现。细分散泥浆是含盐量小于1%，含钙量小于0.012%，不含抑制性高聚物的分散型泥浆。其组成除黏土、碳酸钠（Na_2CO_3）和水外，为了满足钻孔需要，往往加有提黏剂、降失水剂和防絮凝剂（稀释剂）。

（4）黏土浆的主要性能指标。黏土浆的性能根据不同的用途、不同的地层和不同的施工情况，对其指标有不同的要求。黏土浆的类型主要有普通泥浆、黏土泥浆和膨润土泥浆，性能指标分别如表3-3～表3-5所示。

（5）黏土浆的配合比。在水泥黏土浆中，水泥与土料的比例为1∶1～1∶4，浆液稠度一般规定水和干料的比例为1∶1～6∶1。在实际工程中，干土配置泥浆时，应考虑干土的物理力学性能通过试验确定配合比，如表3-6所示。

表 3-3 泥浆的主要性能指标

状态	项目	单位	泥浆固壁	灌浆		防渗墙
				劈裂灌浆	充填灌浆	
流动	密度	g/cm^3	1.0～1.2	1.4～1.6	1.4～1.6	1.8～2.3
	黏度	s	18～90	30～60	30～100	60～100
	静切力	Pa	2.0～5.0	—	—	—
	旋转静切力	Pa	1.4～2.0	—	—	—
	失水量	mL	≤20～30	10～30	10～30	≤20
	稳定性	g/cm^3	≤0.03	≤0.15	≤0.15	≤0.15
	胶体率	%	≥96	≥90	≥90	≥90
	含砂量	%	≤1～5	<30	≤20	>35
	pH 值	—	7～12	8～10	8～10	7～12
凝结	干密度	g/cm^3	—	1.3～1.55	1.2～1.5	1.6～2.1
	抗压强度	MPa	—	>1.0	>0.5	≤2～10
	弹性模量	MPa	—	10^2～10^3	10～10^2	≤10^3～10^4
	压缩系数	MPa^{-1}	—	0.1～0.5	0.5	0.1～0.5
	渗透系数	cm/s	—	≤10^{-7}	≤10^{-6}	≤10^{-8}
	破坏坡降	—	—	≥500	≥300	≥500

表 3-4 新制黏土浆液性能指标

项目	单位	各阶段性能指标		试验仪器
		新制	供重复使用	
密度	g/cm^3	1.03～1.08	<1.15	泥浆比重秤
漏斗黏度	s	35～55	32～70	马氏漏斗
塑性黏度	MPa · s	≥8	—	旋转黏度计
动切力	Pa	≥6	—	旋转黏度计
静切力	Pa	≥9	—	旋转黏度计
失水量	mL/30 min	<18	<40	失水量仪
泥饼厚	mm	<2.5	—	失水量仪
10 min 静切力	Pa	1.4～10.0	—	静切力计
pH 值	—	7.5～10.5	8～11	pH 试纸或电子 pH 计

表 3-5　膨润土浆液性能指标

项目	单位	性能指标	试验仪器
密度	g/cm^3	1.15～1.25	泥浆比重秤
漏斗黏度	s	18～25	500/700 漏斗
含砂量	%	≤5	含砂量测定仪
胶体率	%	≥96	量筒
稳定性	g/cm^3	≤0.03	量筒、泥浆比重秤
失水量	mL/30 min	<30	失水量仪
泥饼厚	mm	2～4	失水量仪
1 min 静切力	Pa	2.0～5.0	静切力计
pH 值	—	7.0～9.5	pH 试纸或电子 pH 计

表 3-6　干土配制泥浆每立方米泥浆用量

泥浆密度 (g/cm^3)	水土比（以水为 1）	水土比（以土为 1）	含水量（%）	1 m^3 泥浆干料重（10 kN）	1 m^3 泥浆水重（10 kN）
1.20	1:0.357	2.800:1	280.0	0.316	0.881
1.25	1:0.461	2.170:1	217.0	0.394	0.856
1.30	1:0.573	1.750:1	175.0	0.473	0.827
1.35	1:0.692	1.450:1	145.0	0.551	0.799
1.40	1:0.821	1.220:1	122.0	0.631	0.769
1.45	1:0.960	1.041:1	104.1	0.710	0.740
1.50	1:1.110	0.900:1	90.0	0.789	0.711
1.55	1:1.272	0.787:1	78.7	0.867	0.683
1.60	1:1.450	0.690:1	69.0	0.947	0.653
1.65	1:1.642	0.609:1	60.9	1.025	0.625
1.70	1:1.856	0.539:1	53.9	1.104	0.596
1.75	1:2.090	0.478:1	47.8	1.183	0.567
1.80	1:2.345	0.427:1	42.7	1.260	0.540
1.85	1:2.630	0.380:1	38.0	1.340	0.510
1.90	1:2.960	0.338:1	33.8	1.420	0.480

注：表中黏土颗粒密度为 2.72 g/cm^3，土重为干重。若采用湿土，应考虑含水量和湿土重。

2. 纯水泥浆

纯水泥浆是以水泥为主料，用水或根据需要添加一定量的附加剂调剂而成的浆液，是目前工程中最常用的灌浆材料。纯水泥浆的基本性能要求如下：

(1)配制水泥浆一般按照重量比例配制。水和水泥的配制比例(水灰比)变化范围较大，水泥浆的基本性能变化也很大。

①水灰比越小，水泥浆的黏度、密度、结石率、抗压强度越大，凝结时间越短。

②水灰比越大，水泥浆的黏度、密度、结石率、抗压强度越小，凝结时间越长。

(2)一般状态下，水泥浆的水灰比为 0.75 ~ 1.5 比较适宜。水灰比过小太稠，过大太稀，只有在特殊情况下才应用，如基岩灌浆开始用稀浆，孔隙比较大时用稠浆。

(3)纯水泥浆起始水灰比如表 3-7 所示。一般采用先灌稀浆，后灌浓浆。岩层灌浆水灰比变化范围较大，土层中灌浆水灰比变化范围较小，一般为 2:1 ~0.5:1。

表 3-7 纯水泥浆起始水灰比

单位吸水率 [L/(min · m · m)]	起始水灰比	
	破碎岩石	集中漏水
0.01 以下	10:1	6:1
0.01 ~0.1	8:1	4:1
0.1 ~0.5	6:1	2:1
0.5 ~2	4:1	1:1
2 以上	2:1	0.8:1

(4)水泥黏土浆。在水泥中加黏土和水拌制或黏土浆中加水泥配制成水泥黏土浆。黏土掺量视工程实际情况而定，一般黏土掺量占水泥重大于 10%，有时黏土掺量是水泥量的 3 ~4 倍。水泥黏土浆兼有黏土浆与水泥浆的优点，并且优缺点能得到一定程度的互补。

3. 化学灌浆

(1)化学灌浆抗渗性好，强度较高，多用于坝基处理及建筑物的防渗、堵漏、补强和加固。

(2)在灌浆区或岩石缝隙很小，颗粒材料难以灌入或防渗加固要求较高的地方，应采用化学灌浆。

(3)化学灌浆材料的品种很多，应根据工程处要求进行选用：

①丙烯酰胺类浆液的黏度很小，与水接近，可灌性好，适用于细微裂隙和孔隙的地层进行防渗堵漏处理。

②水玻璃胶凝体的强度较低，在干燥环境下有干缩现象，只适用于岩基、砂层水下部位的防渗堵漏处理。

③木质素浆液胶凝体的抗渗性较强，但强度低，多用于砂基的防渗帷幕灌浆。

④聚氨酯类的品种较多，能配制出多种不同特性的聚氨酯浆材：油溶性聚氨酯灌浆材料主要用于岩基防渗帷幕和有特殊要求地段的固结灌浆；水溶性聚氨酯灌浆材料主要用于地基帷幕防渗处理、变形缝的防渗堵漏、岩基的防渗堵漏等。

⑤环氧树脂类灌浆材料常用于岩基固结灌浆、加固地基和处理混凝土裂缝等。

⑥甲基丙烯酸酯类多用于地下水位以上的混凝土细缝补强。

(七)灌浆设备和制浆要求

1. 灌浆设备

(1)制浆机的技术性能应与所搅拌浆液的类型、特性相适应,保证能均匀、连续地拌制浆液。高速制浆机的搅拌转速应不小于 1 200 r/min。

(2)灌浆泵的技术性能应与所灌注的浆液的类型、特性相适应。额定工作压力应大于最大灌浆压力的 1.5 倍,压力波动范围宜小于灌浆压力的 20%,排浆量能满足灌浆最大注入率的要求。为减少灌浆泵输出压力的波动,宜配置空气蓄能器。

(3)灌浆管路应保证浆液流动畅通,并应能承受 1.5 倍的最大灌浆压力。灌浆泵到灌浆孔口的输浆管长度不宜大于 30 m。

(4)灌注膏状浆液和沥青等高凝聚力浆液时,宜根据浆液特性选择制浆与灌浆设备。灌浆管路直径宜大,长度宜短。

(5)灌浆塞应与所采用的灌浆方法、灌浆压力、灌浆孔孔径及地质条件相适应,可选用挤压膨胀式橡胶灌浆塞或液(气)压式胶囊灌浆塞。灌浆塞应有良好的膨胀和耐压性能,在最大灌浆压力下能可靠地封闭灌浆孔段,并应易于安装和拆卸。

(6)灌浆管路阀门应采用可承受高压水泥浆液冲蚀的耐磨灌浆阀门。

(7)灌浆泵出浆口和灌浆孔孔口处均应安设压力表。灌浆压力表的量程最大标值宜为最大灌浆压力的 2~2.5 倍,压力表与管路之间的隔浆装置传递压力应灵敏无碍。

(8)灌浆记录仪应能自动测量记录灌浆压力和注入率。灌浆记录仪的技术性能和安装使用的基本要求应符合工程需要以及 DL/T 5237《灌浆记录仪技术导则》的规定。灌浆记录仪的校验应遵循 SL 509《灌浆记录仪校验方法》的规定。

(9)集中制浆站的制浆能力应满足灌浆高峰期所有机组用浆需要,并应配备防尘设施。当浆液中需加入掺和料或外加剂时,应增设相应的设备。

(10)所有灌浆设备应注意维护保养,保证其正常工作状态,并应有备用量。

(11)灌浆用的计量器具,如钻孔测斜仪、压力表、灌浆记录仪(包括流量计、压力计等),以及其他监测试验仪表,应定期进行校验或检定,保持量值准确。

2. 制浆要求

(1)制浆材料应按规定的浆液配比计量,计量误差应小于 5%。水泥等固相材料宜采用质量(重量)称量法计量。

(2)膨润土、黏土加入制浆前宜进行浸泡、润胀,或强力高速搅拌,充分分散黏土颗粒。

(3)水泥浆液宜采用高速搅拌机进行拌制,水泥浆液的搅拌时间不宜少于 30 s。拌制水泥黏土(膨润土)浆液时宜先加水,再加水泥拌成水泥浆,最后加黏土浆液搅拌。加黏土浆液后的拌制时间不宜少于 2 min。当使用黏土(膨润土)直接搅拌成浆时,应先制成黏土(膨润土)浆液,再加入水泥充分搅拌细水泥浆液和稳定浆液(应使用高速搅拌机拌制并加入减水剂,搅拌时间不宜少于 60 s)。膏状浆液应使用大扭矩的搅拌机,搅拌时间应结合浆液配比,通过试验确定。沥青等其他浆液的搅拌设备和搅拌时间应通过试验确定。

(4)各类浆液应搅拌均匀,使用前应过筛。浆液自制备至用完的时间,细水泥浆液不宜大于 2 h,水泥浆不宜大于 4 h,水泥黏土浆不宜大于 6 h,其他浆液的使用时间应根据浆液的性能通过试验确定。

(5)浆液宜采用集中制浆站拌制,可集中拌制最浓一级的浆液,输送到各灌浆地点调配使用。输送浆液的管道流速宜为1.4～2 m/s。各灌浆地点应测定从制浆站或输浆站输送来的浆液密度,然后调制使用。

(6)应对浆液密度等性能指标进行定期检查或抽查,保持浆液性能符合工程要求。

(7)寒冷季节施工应做好机房和灌浆管路的防寒保暖工作,炎热季节施工应采取防晒和降温措施。浆液温度宜保持在5～40 ℃。

(8)灌浆浆液在施工现场应定期进行温度、密度、析水率和漏斗黏度等性能的检测。

二、岩石地基帷幕灌浆

(一)质量检查

(1)水库蓄水前,应完成蓄水初期最低库水位以下的帷幕灌浆并检查合格;水库蓄水或阶段蓄水过程中,应完成相应蓄水位以下的帷幕灌浆并检查合格。

(2)帷幕灌浆工程质量的评价应以检查孔压水试验成果为主要依据,结合施工成果资料和其他检验测试资料,进行综合分析确定。

(3)帷幕灌浆检查孔应在分析施工资料的基础上,在下列部位布置:

①帷幕中心线上。

②基岩破碎、断层与裂隙发育等地质条件复杂的部位。

③末序孔注入量大的孔段附近。

④钻孔偏斜过大、灌浆过程不正常等经分析资料认为可能对帷幕质量有影响的部位。

⑤防渗要求高的重点部位。

(4)帷幕灌浆检查孔数量可按灌浆孔数的一定比例确定:

①单排孔帷幕时,检查孔的数量可为灌浆孔总数的10%左右。

②多排孔帷幕时,检查孔的数量可为主排孔数的10%左右。一个坝段或一个单元工程内,至少应布置一个检查孔。

(5)帷幕灌浆检查孔应采取岩芯,绘制钻孔柱状图。岩芯应全部拍照,重要岩芯应长期保留。

(6)帷幕灌浆的检查孔压水试验应在该部位灌浆结束14 d后进行,检查孔应自上而下分段钻进、分段阻塞、分段压水试验,宜采用单点法。

(7)搭接帷幕灌浆的检查孔压水试验可在搭接帷幕施工完成7 d后,或搭接帷幕和主帷幕灌浆全部完成后一并进行,检查孔的数量可为搭接帷幕灌浆总孔数的3%～5%。

(8)帷幕灌浆孔封孔质量应进行孔口封填外观检查和钻孔取芯抽样检查,封孔质量应满足设计要求。

(二)施工质量控制

(1)岩石地基帷幕灌浆按一个坝段(块)或相邻的10～20个孔划分为一个单元工程;对于3排以上帷幕,宜沿轴线相邻不超过30个孔划分为一个单元工程。

(2)岩石帷幕灌浆单孔施工工序分为钻孔(包括冲洗和压水试验)、灌浆(包括封孔)2个工序,其中灌浆为主要工序。

(3)岩石地基帷幕灌浆单孔施工质量标准如表3-8所示。

(4)岩石地基帷幕灌浆单孔施工质量验收评定标准应符合下列规定:

表 3-8　岩石地基帷幕灌浆单孔施工质量标准

工序	项次		检测项目	质量要求	检验方式	检验数量
钻孔	主控项目	1	孔深	不小于设计孔深	测绳或钢尺测钻杆、钻具	逐孔
		2	孔底偏差	符合设计要求	测斜仪量测	
		3	孔序	符合设计要求	现场查看	逐段
		4	施工记录	齐全、准确、清晰	查看	抽查
	一般项目	1	孔位偏差	≤100 mm	钢尺量测	逐孔
		2	终孔孔径	≥46 mm	测量钻头直径	
		3	冲洗	沉积厚度小于 200 mm	测绳量测孔深	逐段
		4	裂隙冲洗和压水试验	符合设计要求	目测和检查记录	
灌浆	主控项目	1	压力	符合设计要求	压力表或记录仪检测	逐段
		2	浆液及变换	符合设计要求	比重秤、记录仪等检测	
		3	结束标准	符合设计要求	体积法或记录仪检测	
		4	施工记录	齐全、准确、清晰	查看	抽查
	一般项目	1	灌浆段位置及段长	符合设计要求	测绳或钢尺测钻杆、钻具	抽查
		2	灌浆管口距灌浆段距离(仅用于循环式灌浆)	≤0.5 m	钻杆、钻具、灌浆管量测或钢尺、测绳量测	逐段
		3	特殊情况处理	处理后符合设计要求	现场查看、记录检查	逐项
		4	抬动观测值	符合设计要求	千分表等量测	逐段
		5	封孔	符合设计要求	现场查看或探测	逐孔

注:本质量标准适用于自上而下循环式灌浆和孔口封闭灌浆法,其他灌浆方法可参照执行。

①工序施工质量验收评定全部合格,该孔评定合格;

②工序施工质量验收评定全部合格,其中灌浆工序达到优良,该孔评定优良。

(5)岩石地基帷幕灌浆单元工程施工质量验收评定标准应符合下列规定:

①在单元工程帷幕灌浆效果检查符合设计和规范要求的前提下,灌浆孔 100% 合格,优良率小于 70%,单元工程评为合格;

②在单元工程帷幕灌浆效果检查符合设计和规范要求的前提下,灌浆孔 100% 合格,优良率不小于 70%,单位工程评为优良。

三、岩石地基固结灌浆

(一)质量检查

(1)固结灌浆工程的质量检查宜采用检测岩体弹性波速度的方法,检测可在灌浆结束 14 d 后进行。检查孔的数量和布置、岩体弹性波速度提高的程度应按设计规定执行。

(2)固结灌浆工程的质量检查也可采用钻孔压水试验的方法,检测时间可在灌浆结束7 d或3 d后进行,检查孔的数量不宜少于灌浆孔总数的5%,压水试验应采用单点法。工程质量合格标准为:单元工程内检查孔各段的合格率应达85%以上,不合格孔段的透水率值不超过设计规定值的150%,且不集中。

(3)声波测试孔、压水试验检查孔完成检测工作后,应采用全孔灌浆法进行灌浆和封孔,对检查不合格的孔段,应根据工程要求和不合格程度确定是否需对相邻部位进行补充灌浆和检查。

(二)施工质量控制

(1)岩石地基固结灌浆按混凝土浇筑块(段)划分,或按施工分区划分为一个单元工程。

(2)岩石地基固结灌浆单孔施工工序宜分为钻孔(包括冲洗)、灌浆(包括封孔)2个工序,其中灌浆为主要工序。

(3)岩石地基固结灌浆单孔施工质量标准如表3-9所示。

表3-9　岩石地基固结灌浆单孔施工质量标准

<table>
<tr><th>工序</th><th colspan="2">项次</th><th>检测项目</th><th>质量要求</th><th>检验方法</th><th>检验数量</th></tr>
<tr><td rowspan="7">钻孔</td><td rowspan="3">主控项目</td><td>1</td><td>孔深</td><td>不小于设计孔深</td><td>测绳或钢尺测钻杆、钻具</td><td rowspan="2">逐孔</td></tr>
<tr><td>2</td><td>孔序</td><td>符合设计要求</td><td>现场查看</td></tr>
<tr><td>3</td><td>施工记录</td><td>齐全、准确、清晰</td><td>查看</td><td>抽查</td></tr>
<tr><td rowspan="4">一般项目</td><td>1</td><td>终孔孔径</td><td>符合设计要求</td><td>卡尺或钢尺测量钻头</td><td rowspan="4">逐孔</td></tr>
<tr><td>2</td><td>孔位偏差</td><td>符合设计要求</td><td>现场钢尺量测</td></tr>
<tr><td>3</td><td>钻孔冲洗</td><td>沉积厚度小于200 mm</td><td>测绳量测</td></tr>
<tr><td>4</td><td>裂隙冲洗和压水试验</td><td>回水变清或符合设计要求</td><td>目测和计时</td></tr>
<tr><td rowspan="7">灌浆</td><td rowspan="5">主控项目</td><td>1</td><td>压力</td><td>符合设计要求</td><td>压力表或记录仪检测</td><td rowspan="4">逐孔</td></tr>
<tr><td>2</td><td>浆液及变换</td><td>符合设计要求</td><td>比重秤或重量配比等检测</td></tr>
<tr><td>3</td><td>结束标准</td><td>符合设计要求</td><td>体积法或记录仪检测</td></tr>
<tr><td>4</td><td>抬动观测值</td><td>符合设计要求</td><td>千分表等量测</td></tr>
<tr><td>5</td><td>施工记录</td><td>齐全、准确、清晰</td><td>查看</td><td>抽查</td></tr>
<tr><td rowspan="2">一般项目</td><td>1</td><td>特殊情况处理</td><td>处理后符合设计要求</td><td>现场查看、记录检查分析</td><td>逐项</td></tr>
<tr><td>2</td><td>封孔</td><td>符合设计要求</td><td>现场查看</td><td>逐孔</td></tr>
</table>

注:本质量标准适用于全孔一次灌浆,分段灌浆方法可参照帷幕灌浆的质量标准执行。

(4)岩石地基固结灌浆单孔施工质量验收评定标准应符合下列规定:

①工序施工质量验收评定全部合格,该孔评定合格。

②工序施工质量验收评定全部合格,其中灌浆工序达到优良,该孔评定优良。

(5)岩石地基固结灌浆单元工程施工质量验收评定标准应符合下列规定:

①在单元工程固结灌浆效果检查符合设计和规范要求的前提下,灌浆孔100%合格,优

良率小于70%，单元工程评为合格。

②在单元工程固结灌浆效果检查符合设计和规范要求的前提下，灌浆孔100%合格，优良率不小于70%，单位工程评为优良。

四、覆盖层地基灌浆

（一）套阀管灌浆法

(1)灌浆孔可采用冲击回转跟管钻进或泥浆护壁回转钻进。

(2)灌浆孔钻进结束后，应使用马氏漏斗黏度为31～36 s的稀泥浆清孔，孔底沉淀厚度不宜大于20 cm。

(3)灌浆孔位与设计孔位的偏差不应大于10 cm，终孔孔径不宜小于91 mm，孔深应符合设计规定，孔底偏斜率不应大于2.5%。应严格控制孔深20 m以内的孔斜率。

(4)灌浆孔清孔完成后，可立即灌注填料。压注填料的时间不宜超过1 h。当孔口返出填料的密度与压注前填料密度差不超过0.02 g/cm^3并确定灌满后，方可结束填料灌注。

(5)套阀管管体可由钢管或聚乙烯(PE)管等制成，内壁应光滑，内径不宜小于56 mm。

(6)沿套阀管轴向每隔30～50 cm可设一环出浆孔。每环2～5个孔，孔径可为8～15 mm。

(7)套阀管底端与灌浆孔底距离不应大于20 cm。

(8)套阀管下设完成后宜待凝3 d以上。

(9)灌浆前应先进行开环。开环可采用水固比8∶1～4∶1的稀黏土水泥浆或清水，开环后持续灌注5～10 min，然后换用灌浆浆液进行灌浆。

(10)开环和灌浆压力以灌浆孔孔口处进浆管路上的压力表读数和传感器测值为准。开环压力可为1～6 MPa，灌浆压力可为2～4 MPa。

(11)灌浆浆液由稀至浓分为3级或4级，以稀浆开灌。灌浆压力应由小到大逐级增加。

(12)灌浆浆液应按下列原则逐级变换：

①当灌浆压力保持不变、注入率持续减小时，或注入率不变而灌浆压力持续增大时，不应改变浆液比级。

②当某级浆液灌入量达到1 000～1 500 L或灌注时间已达30 min，而灌浆压力和注入率均无改变或改变不显著时，应变浓一级。

③当注入率大于30 L/min时，可变浓一级。

(13)达到下列条件之一时，可结束灌浆：

①在最大灌浆压力下，注入率不大于2 L/min，并已持续灌注20 min。

②单位注入量达到设计规定最大值。边排孔单位注入量一般不大于3 t/m或5 t/m。

(14)封孔采用导管注浆法，封孔浆液为最浓一级水泥黏土浆。

（二）孔口封闭灌浆法

(1)孔口管可采用无缝钢管，管径应大于灌浆孔直径2级，长度不宜小于2 m，管口应高出地面10～20 cm，埋设应正直、坚固。孔位偏差不应大于10 cm。

(2)灌浆孔宜采用回转式钻机与合金钻头或金刚石钻头钻进。终孔孔径不宜小于56 mm。

(3)钻孔护壁宜采用膨润土泥浆,也可使用黏土泥浆或黏土水泥浆。黏土塑性指数宜大于25,黏粒含量宜大于50%,含砂量宜小于5%,有机物含量不宜大于3%。

(4)灌浆孔孔深应符合设计规定,孔底偏斜率不应大于2.5%。应严格控制孔深20 m以内的孔斜率。

(5)孔底沉淀厚度不宜大于20 cm。

(6)灌浆应自孔口向孔底逐段进行,应采用循环式灌浆方式。

(7)孔口管以下5 m或10 m范围内,段长宜为1~2 m;以下各段段长宜为2~5 m。

(8)灌浆管的外径宜小于灌浆孔孔径10~20 mm。

(9)各段灌浆时灌浆管底口离孔底的距离不应大于50 cm。

(10)各灌浆孔的第1灌浆段灌浆结束并镶铸孔口管后应待凝72 h,其余灌浆段灌浆结束后可不待凝。

(11)在规定的灌浆压力下,注入率不大于2 L/min后继续灌注30 min,可结束灌浆。

(12)各灌浆孔灌浆结束后,应以最稠一级的浆液采用全孔灌浆法进行封孔。

(三)沉管、打管、套管灌浆法

1. 沉管灌浆法的规定

(1)沉管灌浆法适用于松散覆盖层孔深15 m以内、压力较低的灌浆。

(2)沉管灌浆宜使用单一比级的稠浆灌注。

(3)沉管灌浆达到下列条件之一时,可以结束:

①注入量或单位注入量达到规定值。注入量规定值应根据地质情况和工程要求确定;

②在规定的灌浆压力下,注入率不大于2 L/min,延续灌注10 min。

2. 打管灌浆法的规定

(1)灌浆管采用厚壁无缝钢管,直径可为50~75 mm。

(2)灌浆管下部应设花管,末端带锥尖。花管段长1~2 m,出浆孔呈梅花形排列,环距20~30 cm,每环2~3孔,孔径10 mm。

3. 套管灌浆法的规定

(1)宜采用液压跟管钻机和扩孔钻头套管护壁钻孔,套管直径宜为89~146 mm,套管护壁深度不应小于设计孔深。

(2)将护壁套管内冲洗干净,起拔套管1~2 m。

(3)在套管内下入浆塞,安放在套管底端,灌浆塞射浆管口距孔底不大于20 cm,进行纯压式灌浆。

(4)自下而上分段提升护壁套管和灌浆,分段灌浆,直至全孔灌浆完成。分段提升和灌浆的长度视地层的稳定情况而定,宜为1~2 m。

覆盖层灌浆可采用模袋封隔灌浆法、细砂封隔灌浆法、稠浆封隔灌浆法,以及挤密灌浆法等。灌浆分段段长、灌浆浆液配比、灌浆压力、结束条件等可参照沉管灌浆法执行。

(四)循环钻灌法和预埋花管法

(1)在砂、砾(卵)石等覆盖层地基的灌浆工程中,在新技术、新工艺方面采用较为广泛的是循环钻灌法和预埋花管法。

(2)覆盖层地基灌浆宜按一个坝段(块)或相邻的20~30个灌浆孔划分为一个单元工程。

(3)循环钻灌法单孔施工工序分为钻孔(包括冲洗)、灌浆(包括灌浆准备、封孔)2个工序,其中灌浆为主要工序。

(4)预埋花管法单孔施工工序分为钻孔(包括清孔)、花管下设(包括花管加工、花管下设及填料)、灌浆(包括注入填料冲洗钻孔、封孔)3个工序,其中灌浆为主要工序。

(5)循环钻灌法灌浆单孔施工质量标准如表3-10所示。

表3-10　循环钻灌法灌浆单孔施工质量标准

工序	项次		检测项目	质量要求	检验方法	检验数量
钻孔	主控项目	1	孔序	符合设计要求	现场查看	逐孔
		2	孔底偏差	符合设计要求	测斜仪量测	
		3	孔深	不小于设计孔深	测绳或钢尺测钻杆、钻具	
		4	施工记录	齐全、准确、清晰	查看	抽查
	一般项目	1	孔位偏差	≤100 mm	钢尺量测	逐孔
		2	终孔孔径	符合设计要求	测量钻头直径	
		3	护壁泥浆密度、黏度、含砂量、失水量	符合设计要求	比重秤、漏斗、含砂量测量仪、失水量测量仪	逐段或定时
灌浆	主控项目	1	灌浆压力	符合设计要求	压力表、记录仪检测	逐段
		2	灌浆结束标准	符合设计要求	体积法或记录仪检测	
		3	施工记录	齐全、准确、清晰	查看	抽查
	一般项目	1	灌浆段位置及段长	符合设计要求	测绳或钻杆、钻具量测	逐段
		2	灌浆管口距灌浆段底距离	符合设计要求	钻杆、钻具量测	
		3	灌浆浆液及变换	符合设计要求	比重秤或记录仪检测	
		4	灌浆特殊情况处理	处理后符合设计要求	现场查看、记录检测	逐项
		5	灌浆封孔	符合设计要求	现场查看或探测	逐孔

(6)预埋花管法灌浆单孔施工质量标准如表3-11所示。

(7)覆盖层地基灌浆单孔施工质量验收评定标准应符合下列规定:

①工序施工质量验收评定全部合格,该孔评定合格;

②工序施工质量验收评定全部合格,其中灌浆工序达到优良,该孔评定优良。

(8)覆盖层地基灌浆单元工程施工质量验收评定标准应符合下列规定:

①在单元工程灌浆效果检查符合设计要求的前提下,灌浆孔100%合格,优良率小于70%,单元工程评为合格;

②在单元工程灌浆效果检查符合设计要求的前提下,灌浆孔100%合格,优良率不小于70%,单位工程评为优良。

表 3-11　预埋花管法灌浆单孔施工质量标准

工序	项次		检测项目	质量要求	检验方法	检验数量
钻孔	主控项目	1	孔序	符合设计要求	现场查看	逐孔
		2	孔深	不小于设计孔深	测绳或钢尺测钻杆、钻具	
		3	孔底偏差	符合设计要求	测斜仪量测	
		4	施工记录	齐全、准确、清晰	查看	抽查
	一般项目	1	孔位偏差	不大于孔排距的 3% ~5%	钢尺量测	逐孔
		2	终孔孔径	≥110 mm	测量钻头直径	
		3	护壁泥浆密度	符合设计要求	比重秤检测	逐段或定时
		4	洗孔	孔内泥浆黏度 20 ~ 22 s，沉积厚度小于 200 mm	量测孔内泥浆黏度和孔深	逐孔
花管下设	主控项目	1	花管下设	符合设计要求	钢尺量测，现场查看	逐孔
		2	施工记录	齐全、准确、清晰	查看	抽查
	一般项目	1	花管加工	符合设计要求	钢尺量测，现场查看	逐孔
		2	周边填料	符合设计要求	检查配合比	
灌浆	主控项目	1	开环	符合设计要求	压力表、比重秤、计时表或记录仪检测	逐段
		2	灌浆压力	符合设计要求	记录仪、压力表检测	
		3	灌浆结束标准	符合设计要求	体积法或记录仪检测	
		4	施工记录	齐全、准确、清晰	查看	抽查
	一般项目	1	灌浆塞位置及灌浆段长	符合设计要求	量测钻杆、钻具和灌浆塞	逐段
		2	灌浆浆液及变换	符合设计要求	比重秤或记录仪检测	
		3	灌浆特殊情况处理	处理后符合设计要求	现场查看、记录检测	逐项
		4	灌浆封孔	符合设计要求	现场查看或探测	逐孔

五、隧洞灌浆

(一)基本要求

(1)回填灌浆工程质量的检查，可采用检查孔注浆试验或取芯检查的方法，检查时间分别在该部位灌浆结束 7 d 或 28 d 以后，检查孔应布置在顶拱中心线、脱空较大和灌浆情况异常的部位，孔深应穿透衬砌深入围岩 10 cm。压力隧洞每 10 ~ 15 m 宜布置 1 个或 1 对检查孔，无压隧洞的检查孔可适当减少。

(2)回填灌浆工程质量检查应满足下列合格标准，根据工程条件可选用其中一种或两种检查方法。对于不要求将空腔填满的部位，浆液充填厚度应满足设计要求：

①单孔压浆试验。向检查孔内注入水灰比为2的水泥浆，压力与灌浆压力相同，初始10 min内注入浆量不大于10 L为合格。

②双孔连通试验。在指定部位布置2个间距为2 m的检查孔，向其中一孔注入水灰比为2的水泥浆，压力与灌浆压力相同，若另一孔出浆流量小于1 L/min为合格。

③检查孔及芯样检查。探测钻孔及观察岩芯，浆液结石充填饱满、密实，满足设计要求为合格。

(3)围岩固结灌浆工程质量的检查，应以测定灌后岩体弹性波波速为主、压水试验透水率为辅。弹性波测试宜采用声波法或地震波法。压水试验为单点法。

(4)围岩弹性波波速测试，应在该部位灌浆结束14 d后进行，其检查孔的布置、测试仪器的选用和合格的标准，应按设计规定执行。

(5)固结灌浆压水试验检查的时间宜在该部位灌浆结束3 d以后，检查孔的数量不宜少于灌浆孔总数的5%。合格标准为85%以上试段的透水率不大于设计规定，其余试段的透水率不超过设计规定值的150%，且分布不集中。

(6)钢衬接触灌浆工程质量检查应在灌浆结束7 d后进行，采用敲击法或其他方法，钢板脱空范围和程度应满足设计要求。

(7)隧洞封堵段采用钻孔灌浆方式的回填灌浆、接缝灌浆或接触灌浆工程质量检查，可采用检查孔注浆试验或取芯检测方法。采用预埋灌浆管路方式的回填灌浆、接触灌浆或接缝灌浆工程质量，可通过分析灌浆施工成果资料进行评定，必要时可根据工程条件布置检查孔(槽)进行检查。

(8)隧洞灌浆的各类检查孔、测试孔在检查工作结束以后，采用全孔灌浆法或导管注浆法封孔，孔口空余部分用干硬性砂浆填实抹平。

(二)隧洞回填灌浆

1. 基本规定

(1)顶拱回填灌浆应分成区段进行，每区段长度不宜大于3个衬砌段。

(2)灌浆孔应布置在隧洞顶拱中心线上和顶拱中心角90°~120°范围内。灌浆孔排距可为3~6 m，每排可布置1~3孔。

(3)钻孔孔径不宜小于38 mm，孔深应钻透空腔或进入围岩10 cm。

(4)灌浆管路和排气管路的数量不应少于2个，其位置在现场确定。

(5)灌浆采用纯压式灌浆法，宜分为两个次序进行，后序孔应包括顶孔。

(6)回填灌浆施工应自较低的一端开始，向较高的一端推进。

(7)浆液的水灰比可采用1、0.5两个比级，一序孔可直接灌注0.5级浆液。空隙大的部位应灌注水泥基混合浆液或回填高流态混凝土，使用水泥砂浆时掺砂量不宜大于水泥重量的200%。全强风化或松散软弱岩体中隧涵的回填灌浆，宜采用水泥黏土浆液或其他复合浆液灌浆。

(8)灌浆压力应按混凝土衬砌厚度和配筋情况等确定：

①在素混凝土衬砌中可采用0.2~0.3 MPa；

②在钢筋混凝土衬砌中可采用0.3~0.5 MPa。

(9)在规定的压力下，灌浆孔停止吸浆，延续灌注10 min即可结束。

(10)灌浆孔灌浆完成后，应使用水泥砂浆将钻孔封填密实，孔口压抹齐平。

2. 质量标准

(1)隧洞回填灌浆单元工程以施工形成的区段划分,按 50 m 区段划分为一个单元工程。

(2)隧洞回填灌浆单孔施工工序宜分为灌浆区(段)封堵与钻孔或对预埋管进行扫孔、灌浆(包括封孔)2 个工序,其中灌浆为主要工序。

(3)隧洞回填灌浆单孔施工质量标准如表 3-12 所示。

表 3-12　隧洞回填灌浆单孔施工质量标准

<table>
<tr><th>工序</th><th colspan="2">项次</th><th>检测项目</th><th>质量要求</th><th>检验方法</th><th>检验数量</th></tr>
<tr><td rowspan="5">封堵与钻孔</td><td rowspan="3">主控项目</td><td>1</td><td>灌区封堵</td><td>密实不漏浆</td><td>通气检查、观测</td><td>分区</td></tr>
<tr><td>2</td><td>钻孔或扫孔深度</td><td>进入基岩不小于 100 mm</td><td>观察岩屑</td><td rowspan="2">逐孔</td></tr>
<tr><td>3</td><td>孔序</td><td>符合设计要求</td><td>现场查看</td></tr>
<tr><td rowspan="2">一般项目</td><td>1</td><td>孔径</td><td>符合设计要求</td><td>测量钻头直径</td><td rowspan="2">逐孔</td></tr>
<tr><td>2</td><td>孔位偏差</td><td>≤100 mm</td><td>钢尺量测</td></tr>
<tr><td rowspan="7">灌浆</td><td rowspan="4">主控项目</td><td>1</td><td>灌浆压力</td><td>符合设计要求</td><td>现场查看、压力记录仪记录</td><td>逐孔</td></tr>
<tr><td>2</td><td>浆液水灰比</td><td>符合设计要求</td><td>比重秤检测</td><td>抽查</td></tr>
<tr><td>3</td><td>结束标准</td><td>符合规范要求</td><td>现场查看、查看记录仪记录</td><td>逐孔</td></tr>
<tr><td>4</td><td>施工记录</td><td>齐全、准确、清晰</td><td>查看</td><td>抽查</td></tr>
<tr><td rowspan="3">一般项目</td><td>1</td><td>特殊情况处理</td><td>处理后不影响质量</td><td>现场查看、记录检查</td><td>逐段</td></tr>
<tr><td>2</td><td>变形观测</td><td>符合设计要求</td><td>千分表等量测</td><td rowspan="2">逐孔</td></tr>
<tr><td>3</td><td>封孔</td><td>符合设计要求</td><td>目测或探测</td></tr>
</table>

注:本质量标准适用于钻孔回填灌浆施工法,预埋管路灌浆施工法可参照执行。

(4)隧洞回填灌浆单孔施工质量验收评定标准应符合下列规定:

①工序施工质量验收评定全部合格,该孔评定合格;

②工序施工质量验收评定全部合格,其中灌浆工序达到优良,该孔评定优良。

(5)隧洞回填灌浆单元工程施工质量验收评定标准应符合下列规定:

①在单元工程回填灌浆效果检查符合设计和规范要求,灌区封堵密实不漏浆的前提下,灌浆孔 100% 合格,优良率小于 70%,单元工程评为合格;

②在单元工程回填灌浆效果检查符合设计和规范要求,灌区封堵密实不漏浆的前提下,灌浆孔 100% 合格,优良率不小于 70%,单元工程评为优良。

(三)隧洞固结灌浆

(1)灌浆孔可采用风钻或其他形式钻机钻孔,终孔直径不宜小于 38 mm。

(2)灌浆在喷混凝土衬砌内进行时,喷混凝土强度等级可为 C15 ~ C20,厚度不宜小于 10 cm。

(3)灌浆孔在灌浆前应用压力水进行裂隙冲洗,冲洗时间不大于 15 min 或至回水清净时,冲洗压力可为灌浆压力的 80%,并不大于 1 MPa。

(4)可在各序孔中选取约 5% 的灌浆孔进行灌前简易压水试验,简易压水可结合裂隙冲洗进行。

(5)灌浆可采用纯压式灌浆法,按环间分序、环内加密的原则进行:

①Ⅳ级、Ⅴ级围岩环间宜分为二序或三序。

②Ⅱ级、Ⅲ级围岩环间可不分序。

③竖井或斜井固结灌浆环间可不分序。

④环内各孔可分为两序。

(6)灌浆宜采用单孔灌浆的方法。采用并联灌浆的孔数不宜多于3个,孔位宜保持对称。

(7)灌浆孔基岩段长小于6 m时,可全孔一次灌浆。当地质条件不良或有特殊要求时,可分段灌浆。

(8)一般隧洞灌浆压力可为0.3 ~2 MPa。

(9)围岩高压固结灌浆应由浅入深分段灌浆,灌浆段的划分、灌浆压力的使用、灌浆设备和灌浆工艺的选择应通过灌浆试验确定。

(10)灌浆孔灌浆结束后,应排除钻孔内的积水和污物,采用全孔灌浆法或导管注浆法封孔,孔口空余部分用干硬性砂浆填实抹平。

(四)钢衬接触灌浆

1.基本规定

(1)钢衬接触的区域和灌浆孔的位置可在现场经敲击检查确定。面积大于0.5 m^2的脱空区宜进行灌浆,每一个独立的脱空区布孔不应少于2个,最低处和最高处都应布孔。

(2)钢衬接触灌浆孔在钢板上预留孔内宜有丝扣,在预留孔钢衬外侧宜补焊加强钢板。灌浆短管与钢衬间可采用丝扣连接,也可焊接。

(3)在钢衬的加劲环上应设置连通孔,孔径不宜小于16 mm,以便于浆液流通。

(4)在钢衬上钻灌浆孔宜采用磁座电钻,孔径不宜小于12 mm,每孔宜测记钢衬与混凝土的间隙尺寸。

(5)灌浆前应使用洁净的压缩空气检查缝隙串通情况,并吹除空隙内的污物和积水。风压应小于灌浆压力。

(6)灌浆压力应以控制钢衬变形不超过设计规定值为准,可根据钢衬的形状、厚度、脱空大小以及脱空的程度等情况确定,不宜大于0.1 MPa。

(7)灌浆浆液水灰比可采用0.8、0.5两个比级,浆液中宜加入减水剂。

(8)灌浆应自低处孔开始,并在灌浆过程中敲击震动钢衬,待各高处孔分别排出浓浆后,依次将其孔口阀门关闭,同时应测量和记录各孔排出的浆量和浓度。

(9)在设计规定压力下灌浆孔停止吸浆,延续灌注5 min,即可结束灌浆。

(10)灌浆孔灌浆结束后应用丝堵加焊或焊补法封孔,孔口用砂轮磨平。

2.质量标准

(1)钢衬接触灌浆按50 m一段钢管划分为一个单元工程。

(2)钢衬接触灌浆单孔施工工序分为钻(扫)孔(包括清洗)、灌浆2个工序,其中灌浆为主要工序。

(3)钢衬接触灌浆单孔施工质量标准如表3-13所示。

(4)钢衬接触灌浆单孔施工质量验收评定标准应符合下列规定:

①工序施工质量验收评定全部合格,该孔评定合格;

表 3-13　钢衬接触灌浆单孔施工质量标准

工序	项次		检测项目	质量要求	检验方法	检验数量
钻孔	主控项目	1	孔深	穿过钢衬进入脱空区	用卡尺测量脱空间隙	逐孔
		2	施工记录	齐全、准确、清晰	查看	抽查
	一般项目	1	孔径	≥12 mm	卡尺测量钻头	逐孔
		2	清洗	使用清洁压缩空气检查缝隙串通情况，吹除空气内的污物和积水	压力表检测风压，现场查看	
灌浆	主控项目	1	灌浆顺序	自低处孔开始	现场查看	逐孔
		2	钢衬变形	符合设计要求	千分表等量测	
		3	灌注和排出的浆液浓度	符合设计要求	比重秤或记录仪检测	
		4	施工记录	齐全、准确、清晰	查看	抽查
	一般项目	1	灌浆压力	≤0.1 MPa，或符合设计要求	压力表或记录仪检测	逐孔
		2	结束标准	在设计灌浆压力下停止吸浆，并延续灌注 5 min	体积法或记录仪检测	
		3	封孔	丝堵加焊或焊补法，焊后磨平	现场查看	

②工序施工质量验收评定全部合格，其中灌浆工序达到优良，该孔评定优良。

(5)钢衬接触灌浆单元工程施工质量验收评定标准应符合下列规定：

①在单元工程接触灌浆效果检查符合设计和规范要求的前提下，灌浆孔 100% 合格，优良率小于 70%，单元工程评为合格。

②在单元工程接触灌浆效果检查符合设计和规范要求的前提下，灌浆孔 100% 合格，优良率不小于 70%，单元工程评为优良。

(五)隧洞封堵灌浆

(1)与防渗帷幕相交的大型导流洞封堵段应按顺序进行回填灌浆、接缝灌浆或接触灌浆；封堵段围岩应进行固结灌浆和搭接帷幕灌浆。各种灌浆均应在混凝土堵头挡水前完成，其他隧洞封堵段应根据其运行条件和围岩地质条件设置及实施所需的灌浆工程。

(2)大型导流洞封堵段混凝土结构中宜设置小型灌浆廊道，廊道断面尺寸不应小于 2.2 m×2.5 m(宽×高)。

(3)隧洞封堵段顶拱空腔和接缝灌浆、接触灌浆灌区应埋设灌浆管路系统，分别进行回填灌浆、接缝灌浆或接触灌浆。

(4)当具备条件时，封堵段回填灌浆、接缝灌浆或接触灌浆可在灌浆廊道中通过钻孔进行。

(5)封堵段围岩固结灌浆、搭接帷幕灌浆和导流洞下部帷幕灌浆施工宜在导流洞过水前完成，也可在导流洞封堵后在堵头灌浆廊道内施工。当采取后种安排时，应满足下列要求：

①适当调整下部帷幕灌浆孔的布置，以确保大坝防渗帷幕底部的连续性和整体性。

②钻孔灌浆施工中应注意保护好埋设的接缝灌浆系统和灌浆缝面。

(6)工程需要时,隧洞封堵段灌浆也可通过上层邻近隧洞进行,其灌浆孔的布置和施工组织应根据工程具体情况和设计要求确定。

六、劈裂灌浆

(1)劈裂灌浆主要用于土坝与土堤的灌浆。

(2)土坝灌浆应进行灌浆过程质量检查和灌浆最终质量检查。

(3)过程质量检查的主要内容:灌浆孔孔位、孔深,灌浆浆液性能,灌浆过程控制情况,各孔段灌浆结束条件,特殊情况处理等。

(4)最终质量检查的主要内容:坝面裂缝、浸润线出逸点和渗流量变化情况,必要时应检查泥墙厚度、密度、连续性、均匀性,对坝体密实性的改善情况等。

(5)最终质量检查方法应以分析灌浆过程资料和施工监测成果为主,必要时可结合分析钻孔、探井取样等其他检查资料,进行综合评定。

(6)劈裂灌浆宜按沿坝(堤)轴线相邻的10~20个灌浆孔划分为一个单元工程。

(7)劈裂灌浆单孔施工工序宜分为钻孔、灌浆(包括多次复灌、封孔)2个工序,其中灌浆为主要工序。

(8)劈裂灌浆单孔施工质量标准如表3-14所示。

表3-14　劈裂灌浆单孔施工质量标准

<table>
<tr><th>工序</th><th colspan="2">项次</th><th>检测项目</th><th>质量要求</th><th>检验方法</th><th>检验数量</th></tr>
<tr><td rowspan="5">钻孔</td><td rowspan="3">主控项目</td><td>1</td><td>孔序</td><td>按先后排序和孔序施工</td><td>现场查看</td><td rowspan="2">逐孔</td></tr>
<tr><td>2</td><td>孔深</td><td>符合设计要求</td><td>钢尺量测钻杆或测绳量测</td></tr>
<tr><td>3</td><td>施工记录</td><td>齐全、准确、清晰</td><td>查看</td><td>抽查</td></tr>
<tr><td rowspan="2">一般项目</td><td>1</td><td>孔位偏差</td><td>≤100 mm</td><td>钢尺量测</td><td rowspan="2">逐孔</td></tr>
<tr><td>2</td><td>孔位偏差</td><td>不大于孔深的2%</td><td>测斜仪量测</td></tr>
<tr><td rowspan="10">灌浆</td><td rowspan="5">主控项目</td><td>1</td><td>灌浆压力</td><td>符合设计要求</td><td>压力表或记录仪检测</td><td rowspan="2">逐孔</td></tr>
<tr><td>2</td><td>浆液浓度</td><td>符合设计要求</td><td>比重秤或记录仪检测</td></tr>
<tr><td>3</td><td>灌浆量</td><td>符合设计要求</td><td>体积法或记录仪检测</td><td rowspan="2">每次逐孔</td></tr>
<tr><td>4</td><td>灌浆间隔时间</td><td>≥5 d</td><td>现场查看时间</td></tr>
<tr><td>5</td><td>施工记录</td><td>齐全、准确、清晰</td><td>查看</td><td>抽查</td></tr>
<tr><td rowspan="5">一般项目</td><td>1</td><td>结束标准</td><td>符合设计要求</td><td>压力表、钢尺或记录仪检测</td><td>逐孔</td></tr>
<tr><td>2</td><td>横向水平位移与裂缝开展宽度</td><td>允许量均小于30 mm,且停灌后能基本复原</td><td>钢尺量测</td><td>每天</td></tr>
<tr><td>3</td><td>泥墙厚度</td><td>符合设计要求</td><td>钢尺量测或体积计算</td><td rowspan="2">抽查</td></tr>
<tr><td>4</td><td>泥墙干密度</td><td>1.4~1.6 g/cm^3</td><td>取样检验</td></tr>
<tr><td>5</td><td>封孔</td><td>符合设计要求</td><td>现场查看,比重秤检测</td><td>逐孔</td></tr>
</table>

(9)劈裂灌浆单孔施工质量验收评定标准应符合下列规定：

①工序施工质量验收评定全部合格，该孔评定合格；

②工序施工质量验收评定全部合格，其中灌浆工序达到优良，该孔评定优良。

(10)劈裂灌浆单元工程施工质量验收评定标准应符合下列规定：

①在单元工程劈裂灌浆效果检查符合设计要求的前提下，灌浆孔100%合格，优良率小于70%，单元工程评为合格。

②在单元工程劈裂灌浆效果检查符合设计要求的前提下，灌浆孔100%合格，优良率不小于70%，单元工程评为优良。

七、混凝土坝接缝灌浆

(一)基本要求

(1)接缝灌浆工程质量应以分析灌浆施工记录成果资料为主，结合钻孔取芯、压浆试验和槽检等测试资料，综合进行评定。

(2)钻孔取芯、压浆试验和缝面凿槽检查应选择有代表性的灌区进行，检查时间在灌浆结束28 d以后，检查数量不宜超过灌区总数的10%，重点宜放在根据灌浆施工资料分析情况异常的灌区。

(3)根据灌浆施工资料和钻孔、压浆、凿槽检查成果分析，若满足下列条件之一，灌区灌浆质量可评定为合格：

①施工资料表明，坝块混凝土温度达到设计规定，2根排气管排浆密度已达到1.5 g/cm^3以上，且压力达到设计值的50%以上，其他情况基本符合要求。

②钻孔取芯检查，斜穿缝面检查孔在缝面处取出较完整的有一定黏结强度的水泥结石；骑缝检查孔芯样缝面上水泥结石填充面积达70%以上。

③钻孔压浆试验，采用与接缝灌浆相同的压力，向检查孔内注入水灰比为2的水泥浆。例如，斜穿孔在初始10 min内，单孔注浆量不超过10 L，或两孔不串浆为合格。骑缝孔的合格标准参照斜穿孔确定或由有关单位商定。

④凿槽检查，直观接缝内填充有水泥结石或缝面呈闭合状态。

(4)接缝灌浆灌区的合格率应在85%以上，不合格的灌区分布不应集中，且每一坝段内纵缝灌区的合格率不低于80%，每条横缝内灌区的合格率不低于80%，接缝灌浆工程质量可评为合格。

(5)对质量检查不合格的灌区应进行补充灌浆，最终的质量等级应根据补充灌浆效果另行评定。

(6)检查工作结束后，检查孔和检查槽应封填密实。

(二)施工质量控制

(1)混凝土坝坝体接缝灌浆工程以设计、施工确定的灌浆区(段)划分，每一灌浆区(段)为一个单元工程。

(2)混凝土坝坝体接缝灌浆单元工程分为灌浆前检查和灌浆2个工序，其中灌浆工序宜为主要工序。

(3)灌浆前的准备工作完成后应及时灌浆，避免灌缝及管路污染或堵塞。灌浆用水、水泥和外加剂等材料的质量标准应符合设计和相关产品质量标准的要求。效果检查(如钻孔取芯及压水试验检查）应符合设计要求。

（4）当坝体温度达到设计规定的温度时，方可进行灌浆。

（5）灌浆前检查质量标准如表3-15所示。

（6）灌浆施工质量标准如表3-16所示。

表3-15　灌浆前检查质量标准

项次		检测项目	质量要求	检验方法	检验数量
主控项目	1	灌浆系统	埋设、规格、尺寸、进回浆方式等符合设计要求	观察、尺量	逐区
	2	灌浆管路通畅情况	灌区至少应有一套灌浆管路畅通，其流量宜大于30 L/min	通水试验，测量出水量	
	3	缝面畅通情况	2根排气管的单开出水量均宜大于25 L/min	采用单开通水检查方法	
	4	灌区封闭情况	缝面漏水量宜小于15 L/ min	通水试验	
	5	灌区两侧坝块及压重块混凝土的温度	符合设计要求	充水闷管测温法或设计规定的其他方法	
一般项目	1	灌浆前接缝张开度	符合设计要求，灌浆前接缝张开度宜大于0.5 mm	测缝计、孔探仪或厚薄规量测等	逐区
	2	管路及缝面冲洗	冲洗时间和冲洗压力符合设计要求，回水清净	检查冲洗记录，查看压力表压力和回水	

表3-16　灌浆施工质量标准

项次		检测项目	质量要求	检验方法	检验数量
主控项目	1	排气管管口压力或灌浆压力	符合设计要求	压力表量测	逐区
	2	浆液浓度变换及结束标准	符合设计要求	查看记录用比重秤、自动记录仪及量浆尺检测	
	3	排气管出浆密度	2根排气管均应出浆，其出浆密度均大于1.5 g/cm^3	观察、比重秤量测	
	4	灌浆记录	接缝灌浆施工全过程各项指标均应详细记录，原始记录应真实、齐全、完整。记录人、检验人等相关责任人均应签字并注明时间	查阅原始记录	全面
一般项目	1	灌浆过程中接缝张开度变化	符合设计要求	千（百）分表量测	逐区
	2	灌浆中有无串漏	应无串漏，或虽稍有串漏，但经处理后不影响灌浆质量	观察、测量和分析	
	3	灌浆中有无中断	应无中断，或虽有中断但处理及时，措施合理，经检查分析不影响灌浆质量	根据施工记录和实际情况检查	

八、岸坡接触灌浆

(一)基本要求

(1)混凝土坝坝肩岸坡或坝基齿槽的坡度陡于50°,且坡面高差大于3 m时,应布置接触灌浆。处于灌浆帷幕范围的岸坡部位可不设接触灌浆。

(2)当岸坡既有接触灌浆又有固结灌浆时,应根据工程具体情况和设计要求,选择相适应的灌浆方法,以减少两种灌浆的施工干扰。

(3)当岸坡坝段既有接触灌浆又设有横向排水孔(幕)时,应先完成接触灌浆再进行排水孔的施工。

(4)岸坡接触灌浆应待坝块混凝土的温度达到设计规定值后方可进行。

(5)岸坡接触灌浆可采用钻孔埋管灌浆法,也可采用预埋管灌浆法或直接钻孔灌浆法。

(6)钻孔埋管灌浆法施工质量要求如下:

①接触灌浆孔位应靠近岩石面,上下层错开,孔向斜穿混凝土深入岩石0.2~0.5 m。每孔控制灌浆面积宜为6 m^2。

②接触灌浆系统应由进浆主管、回浆主管、灌浆支管、钻孔及排气设施组成。灌浆支管插入钻孔应牢固,四周应封闭,并应与灌浆主管连接。灌浆主管就近引向廊道或坝后平台。灌区顶部可单独设一排钻孔埋管作为排气设施。

③当岸坡高度超过12 m时,应分灌区埋设灌浆系统,灌区之间应设置止浆片。

④灌浆系统的维护、通水检查、测温应符合有关规定要求。

⑤灌浆施工参数应根据岸坡灌区规模、坝块混凝土压重厚度等条件拟定,通常进浆管压力不宜大于0.5 MPa或0.6 MPa,排气管控制压力不宜大于0.2 MPa或0.3 MPa,浆液水灰比可采用3、2、1、0.6四级。

⑥灌浆时,除顶层留作排气外,可将各层的进浆主管、回浆主管分别并联后进行灌注。

⑦灌浆结束条件:当排气管排浆达到或接近最浓级浆液,且管口压力达到或接近设计值时,缝面注入率不大于0.4 L/min,持续20 min,灌浆即可结束。

⑧当进浆或排浆不畅时,可在顺灌结束后即刻进行倒灌。

(7)预埋管灌浆法施工质量要求如下:

①根据岸坡建基面情况应分成若干封闭灌区,每个灌区面积不宜大于200 m^2,四周应设止浆片。各个灌区设有进浆管、回浆管、配浆支管、出浆盒(孔)和排气设施。

②出浆盒埋设。应先在岩石面上按2~3 m孔、排距呈梅花形布设定位孔,孔深入岩0.2~0.5 m。出浆盒应稳固地埋设在定位孔上,盒盖四周用砂浆封闭。每层灌浆支管与出浆盒相接后,两端与进浆主管、回浆主管联通。进浆主管、回浆主管应就近引向廊道或坝后平台。

③止浆片埋设。应先在岩石面上掏槽、插筋,浇筑混凝土隔墩,在隔墩上埋入止浆片。

④排气设施的埋设。应在灌区顶部混凝土隔墩上预埋三角形排气槽,从槽两端引出排气管,形成排气系统。

⑤灌浆系统的维护、灌前准备工作及灌浆施工应符合有关规定要求。

(8)直接钻孔灌浆法施工质量要求如下:

①钻孔的布设及深度可按照钻孔埋管灌浆法的规定执行。

②钻孔灌浆宜从灌区边缘开始,之后再自下而上分层分序施工。其他技术要求可参照岩石固结灌浆的有关规定。

③若岸坡岩体固结灌浆孔兼作接触灌浆时,灌浆应在坝块混凝土温度达到接触灌浆设计要求后进行,接触段和岩石段分别灌注,先灌接触段后灌岩石段。

(二)质量检查

(1)当采用钻孔埋管灌浆法和预埋管灌浆法进行岸坡接触灌浆时,可参照混凝土坝接缝灌浆的规定进行灌浆工程质量的检查和评定。

(2)当采用直接钻孔灌浆法进行岸坡接触灌浆时,可参照基岩固结灌浆的规定进行灌浆工程质量的检查和评定。

第二节　防渗墙工程

一、混凝土防渗墙工程

(一)质量检查

(1)防渗墙质量检查程序应包括工序质量检查和墙体质量检查。

(2)工序质量检查应包括造孔、终孔、清孔、接头处理、混凝土浇筑(包括钢筋笼、预埋件、观测仪器安装埋设)等检查。

(3)各工序检查合格后,应签发工序质量检查合格证。上道工序未经检查合格,不应进行下道工序施工。

(4)槽孔建造的终孔质量检查应包括下列内容:

①孔深、槽孔中心偏差、孔斜率、槽宽和孔形。

②基岩岩样与槽孔嵌入基岩深度。

③一期、二期槽孔间接头的套接厚度。

(5)槽孔的清孔质量检查应包括下列内容:

①接头孔刷洗质量。

②孔底淤积厚度。

③孔内泥浆性能(包括密度、黏度、含砂量)。

(6)混凝土浇筑质量检查应包括下列内容:

①导管布置。

②导管埋深。

③浇筑混凝土面的上升速度。

④钢筋笼、预埋件、观测仪器安装埋设。

⑤混凝土面高差。

(7)墙体材料检查应遵循下列规定:

①混凝土成型试件应在槽孔口现场取样。

②抗压强度试件每个墙段至少成型1组,大于500 m^3的墙段至少成型2组;抗渗性能试件每8~10个墙段成型1组。

③薄墙抗压强度试件每5个墙段成型1组,抗渗性能试件每20个墙段成型1组。

④固化灰浆和自凝灰浆应进行抗压及抗渗试验，试验组数根据工程规模确定。

⑤确需进行弹性模量试验时，弹性模量试件数量根据需要确定。

(8)墙体质量检查应在成墙后 28 d 进行，检查内容为必要的墙体物理力学性能指标、墙段接缝和可能存在的缺陷。检查可采用钻孔取芯、注水试验或其他检测等方法。检查孔的数量宜为每 15～20 个槽孔一个位置，应具有代表性。遇有特殊要求时，可酌情增加检测项目及检测频率，固化灰浆和自凝灰浆的质量检查可在合适龄期进行。

(9)防渗墙单项工程的竣工质量应包括以下内容：

①设计图纸、说明书、技术要求、设计变更及补充文件。

②竣工报告、竣工总平面图及剖面图。

③施工原始记录、工序质量检查资料、原材料检验资料、墙体材料及泥浆试验资料、墙内观测仪器的预埋和初期观测资料、施工期地下水位和坝体观测资料、墙体检查孔成果资料、重大事故报告。

④有关的专题试验研究报告等。

⑤工程建设大事记。

(10)防渗墙单项工程的竣工验收，应按照 SL 223《水利水电建设工程验收规程》的规定执行。

(11)应做好防渗墙施工记录和资料统计分析整理工作。

(二)施工质量控制

(1)混凝土防渗墙宜以每一个槽孔划分为一个单元工程。

(2)混凝土防渗墙施工工序宜分为造孔、清孔(包括接头处理)、混凝土浇筑(包括钢筋笼、预埋件、观测仪器安装埋设)3 个工序，其中混凝土浇筑为主要工序。

(3)混凝土防渗墙单元工程施工质量验收评定，应在工序施工质量验收评定合格的基础上进行。

(4)混凝土防渗墙施工质量标准如表 3-17 所示。

(5)混凝土防渗墙单元工程施工质量验收评定标准应符合下列规定：

①如果进行了墙体钻孔取芯和其他无损检测等方式检查，则在其检查结果符合设计要求的前提下，工序施工质量验收评定全部合格，该单元工程评定合格。

②如果进行了墙体钻孔取芯和其他无损检测等方式检查，则在其检查结果符合设计要求的前提下，工序施工质量验收评定全部合格，其中 2 个及以上工序达到优良，并且混凝土浇筑工序达到优良，该单元工程评定优良。

二、高压喷射灌浆防渗墙工程

高压喷射灌浆(简称高喷灌浆或高喷)是采用钻孔，将装有特制合金喷嘴的注浆管下到预定位置，然后用高压水泵或高压泥浆泵(20～40 MPa)将水或浆液通过喷嘴喷射出来，冲击破坏土体，使土粒在喷射流束的冲击力、离心力和重力等综合作用下，冲击、切割、破碎地层土体，并以水泥基质浆液充填、掺混其中，形成桩状或板墙状的凝结体，用以提高地基防渗或承载能力的施工技术。高压喷射灌浆防渗和加固技术适用于淤泥质土、粉质黏土、粉土、砂土、砾石、卵石等松散透水地基或填筑体内的防渗工程。对于含有较多漂石或块石的地层，应进行现场高压喷射灌浆试验，以确定其适用性。

表 3-17　混凝土防渗墙施工质量标准

工序	项次		检测项目		质量要求	检验方法	检验数量
造孔	主控项目	1	槽孔孔深		不小于设计深度	钢尺或测量绳测量	逐槽
		2	孔斜率		符合设计要求	重锤法或测井法量测	逐孔
		3	施工记录		齐全、准确、清晰	查看	抽查
	一般项目	1	孔槽中心偏差		≤30 mm	钢尺量测	逐孔
		2	孔槽宽度		符合设计要求(包括接头搭接厚度)	测井仪或量测钻头	逐槽
清孔	主控项目	1	接头刷洗		符合设计要求,孔底淤积不再增加	查看,测绳测量	逐槽
		2	孔底淤积厚度		≤100 mm	测绳测量	
		3	施工记录		齐全、准确、清晰	查看	
	一般项目	1	孔内泥浆密度	黏土	$\leq 1.30\ g/cm^3$	比重秤量测	逐槽
				膨润土	根据地层情况或现场试验确定		
		2	孔内泥浆黏度	黏土	≤30 s	500 mL/700 mL 漏斗量测	
				膨润土	根据地层情况或现场试验确定	马氏漏斗量测	
		3	孔内泥浆含砂量	黏土	≤10%	含砂量测量仪量测	
				膨润土	根据地层情况或现场试验确定		
混凝土浇筑	主控项目	1	导管埋深		≥1 m,不宜大于 6 m	测绳测量	逐槽
		2	混凝土上升速度		≥2 m/h	测绳测量	
		3	施工记录		齐全、准确、清晰	查看	
	一般项目	1	钢筋笼、预埋件、观测仪器安装埋设		符合设计要求	钢尺测量	逐项
		2	导管布置		符合规范或设计要求	钢尺或测绳测量	逐槽
		3	混凝土面高差		≤0.5 m	测绳测量	
		4	混凝土最终高度		不小于设计高程 0.5 m	测绳测量	
		5	混凝土配合比		符合设计要求	现场试验	逐批
		6	混凝土扩散度		34～40 cm	现场试验	逐槽或逐批
		7	混凝土坍落度		18～22 cm,或符合设计要求	现场试验	
		8	混凝土抗压强度、抗渗等级、弹性模量等		符合抗压、抗渗、弹性模量等设计要求	室内试验	
		9	特殊情况处理		处理后符合设计要求	现场查看,记录检查	逐项

（一）基本要求

（1）喷射灌浆的基本方法如下：

①单管法：灌浆泵以 20～25 MPa 的压力灌注浆液，浆液与土体上剥落的土石混合形成凝结体，一般桩径为 0.5～0.9 m，板状凝结体的延伸长度可达 1～2 m。

②二管法：灌浆泵以 20～25 MPa 的压力灌注浆液，用 0.7～0.8 MPa 的压力压缩空气，浆液和空气通过 2 根独立的喷管喷出，浆液与冲击破坏土石混合形成凝结体，一般桩径为 0.8～1.5 m。

③三管法：从内喷嘴中喷射出压力为 20～50 MPa 的超高压水流，从外喷嘴中喷射出压力为 0.7～0.8 MPa 的圆状气流，由灌浆泵灌注压力为 0.2～0.7 MPa、浆量 80～100 L/min、密度 1.6～1.8 g/cm^3 的水泥浆液进行充填置换形成凝结体。一般桩径为 1～2 m。

（2）高喷墙的适用条件如下：

①定喷和小角度摆喷适用于粉土和砂土地层；大角度摆喷和旋喷适用于各种地层。

②承受水头较小的或历时较短的高喷墙，可采取摆喷折接或对接、定喷折接形式。

③在卵（碎）砾石地层的适用条件有：深度小于 20 m 时，可采取摆喷对接或折接形式，对接摆角不宜小于 60°，折接摆角不宜小于 30°；深度为 20～30 m 时，可采取单排或双排旋喷套接、旋摆搭接形式；当深度大于 30 m 时，宜采取两排或三排旋喷套接形式或其他形式。

（3）在不同地层中的高喷墙墙体的渗透系数和抗压强度如表 3-18 所示。

表 3-18　在不同地层中的高喷墙墙体的渗透系数和抗压强度

地层	渗透系数 K（cm/s）	抗压强度 R_{28}（MPa）
粉土层	$i \times 10^{-6}$	0.5～3
砂土层	$i \times 10^{-6}$	1.5～5
砾石层	$i \times 10^{-6} \sim i \times 10^{-5}$	3～10
卵（碎）石层	$i \times 10^{-5} \sim i \times 10^{-4}$	3～12

注：1. $i = 1 \sim 9$。

2. 渗透系数 K 为现场指标，凝结体抗压强度为室内试验指标。单管法和二管法 K 取低值，R_{28} 取高值；三管法 K 取高值，R_{28} 取低值。

（4）对重要工程的高喷墙应进行渗透稳定和结构安全的计算。

（5）封闭式高喷墙的钻孔宜深入基岩或相对不透水层 0.5～2 m。

（6）高喷灌浆孔的排数、排距和孔距，应根据对高喷墙的工程要求、地层情况、所采取的结构形式及施工参数，通过现场试验或工程类比确定。

（二）浆液质量要求

（1）高喷灌浆浆液宜采用普通硅酸盐水泥，其强度等级可为 32.5 级或以上。

（2）高喷灌浆浆液的水灰比可为 1.5∶1～0.6∶1，密度 1.4 ～1.7 g/cm^3。有特殊要求时，可加入下列掺和料：

①膨润土。其质量标准应满足设计要求。

②黏性土。塑性指数不宜小于 14。

③粉煤灰。其质量标准可参照 DL/T 5055《水工混凝土掺用粉煤灰技术规范》。

④砂。宜为质地坚硬的天然砂或人工砂，最大粒径不宜大于 2 mm。

（三）高喷灌浆施工参数

（1）高喷灌浆应在钻孔施工完成，且检验合格后进行。

（2）当地层中水流速度过大时，应先进行堵水处理，而后再进行高喷灌浆。

（3）高喷灌浆常用施工参数如表 3-19 所示。

表 3-19　高喷灌浆常用施工参数

<table>
<tr><th colspan="3">项目</th><th>单管法</th><th>二管法</th><th>三管法</th></tr>
<tr><td rowspan="4">水</td><td colspan="2">压力（MPa）</td><td>—</td><td>—</td><td>35～40</td></tr>
<tr><td colspan="2">流量（L/min）</td><td>—</td><td>—</td><td>70～80</td></tr>
<tr><td colspan="2">喷嘴数量（个）</td><td>—</td><td>—</td><td>2</td></tr>
<tr><td colspan="2">喷嘴直径（mm）</td><td>—</td><td>—</td><td>1.7～1.9</td></tr>
<tr><td rowspan="4">气</td><td colspan="2">压力（MPa）</td><td>—</td><td>0.6～0.8</td><td>0.6～0.8</td></tr>
<tr><td colspan="2">流量（L/min）</td><td>—</td><td>0.8～1.2</td><td>0.8～1.2</td></tr>
<tr><td colspan="2">气嘴数量（个）</td><td>—</td><td>2 或 1</td><td>2</td></tr>
<tr><td colspan="2">环状间隙（mm）</td><td>—</td><td>1～1.5</td><td>1～1.5</td></tr>
<tr><td rowspan="6">浆</td><td colspan="2">压力（MPa）</td><td>25～40</td><td>25～40</td><td>0.2～1</td></tr>
<tr><td colspan="2">流量（L/min）</td><td>70～100</td><td>70～100</td><td>70～80</td></tr>
<tr><td colspan="2">密度（g/cm^3）</td><td>1.4～1.5</td><td>1.4～1.5</td><td>1.4～1.7</td></tr>
<tr><td colspan="2">浆嘴数量（个）</td><td>2 或 1</td><td>2 或 1</td><td>2</td></tr>
<tr><td colspan="2">浆嘴直径（mm）</td><td>2～3.2</td><td>2～3.2</td><td>6～12</td></tr>
<tr><td colspan="2">回浆密度（g/cm^3）</td><td>≥1.3</td><td>≥1.3</td><td>≥1.2</td></tr>
<tr><td rowspan="4">提升速度 v^a
（cm/min）</td><td colspan="2">粉土层</td><td colspan="3">10～20</td></tr>
<tr><td colspan="2">砂土层</td><td colspan="3">10～25</td></tr>
<tr><td colspan="2">砾石层</td><td colspan="3">8～15</td></tr>
<tr><td colspan="2">卵（碎）石层</td><td colspan="3">5～10</td></tr>
<tr><td>旋喷</td><td colspan="2">转速[b]（r/min）</td><td colspan="3">（0.8～1）v</td></tr>
<tr><td rowspan="3">摆喷</td><td colspan="2">摆速（次/min）</td><td colspan="3">（0.8～1）v</td></tr>
<tr><td rowspan="2">摆角</td><td>粉土、砂土</td><td colspan="3">15°～30°</td></tr>
<tr><td>砾石、卵（碎）石</td><td colspan="3">30°～90°</td></tr>
</table>

注：a. 对于振孔高喷，提升速度可为表列数据的 2 倍。

b. 单程为一次。

（四）质量检查

（1）施工过程中应对高喷灌浆材料、浆液和各道工序的质量进行控制和检查，并做记录。

（2）高喷墙的防渗性能应根据墙体结构形式和深度选用围井、钻孔或其他方法进行检查。

(3)高喷墙质量检查宜在以下重点部位进行:

①地层复杂的部位。

②漏浆严重的部位。

③可能存在质量缺陷的部位。

(4)围井检查法适用于所有结构形式的高喷墙,并应符合以下要求:

①可在井内开挖进行直观检查和取样,并做注水或抽水试验;亦可在围井中心处钻孔,做注水或抽水试验。

②每3~5个单元工程宜布置一个围井;少于3个单元的工程,至少应布置一个围井。

③围井各面墙体轴线围成的弧面面积,砂土、粉土层中不宜小于3 m^2,砾石、卵(碎)石层中不宜小于4.5 m^2。

④围井边墙与被检查墙体的技术条件应一致。

⑤悬挂式高喷墙围井底部应进行封闭。

⑥注水水位高于围井顶部时,围井顶部应予以封闭。

(5)厚度较大的和深度较小的高喷墙可选用钻孔检查法,并应符合以下要求:

①每个单元工程可布置1个检查孔。

②检查孔孔位宜布置在墙体中心线上的相邻两孔高喷凝结体的搭接处,宜自上而下分段钻孔、取芯和进行静水头压水试验。

(6)围井检查宜在围井的高喷灌浆结束7 d后进行,如需开挖或取样,宜在14 d后进行;钻孔检查宜在该部位高喷灌浆结束28 d后进行。

(7)高喷墙整体效果的检查可采用以下方法:

①坝(堤)基高喷墙,可在其下游侧布设测压管,观测和对比该测压管与上游水位差;亦可在坝(堤)下游安设量水堰观测和对比施工前、后渗水量,据此分析整体防渗效果。

②围堰堰体和堰基中的高喷墙,可在基坑开挖时测定其渗水量,并检查有无集中渗水点,据以分析整体防渗效果。

(8)高喷墙防渗工程的质量应结合分析施工资料和检查测试成果,综合评定。

(五)施工质量控制

(1)高压喷射灌浆防渗墙宜以相邻的30~50个高喷孔或连续600~1 000 m^2的防渗墙体划分为一个单元工程。

(2)高压喷射灌浆防渗墙单元工程施工质量验收评定,应在单孔施工质量验收评定合格的基础上进行。

(3)高压喷射灌浆防渗墙工程单孔施工质量标准如表3-20所示。

(4)高压喷射灌浆防渗墙单孔施工质量验收评定标准应符合下列规定:

①主控项目检验点100%合格,一般项目逐项70%及以上的检验点合格,不合格点不集中分布,且不合格点的质量不超出有关规范或设计要求的限值,该孔评定合格。

②主控项目检验点100%合格,一般项目逐项90%及以上的检验点合格,不合格点不集中分布,且不合格点的质量不超出有关规范或设计要求的限值,该孔评定优良。

(5)高压喷射灌浆防渗墙单元工程施工质量验收评定标准应符合下列规定:

①在单元工程效果检查符合设计要求的前提下,高喷孔100%合格,优良率小于70%,单元工程评定合格。

②在单元工程效果检查符合设计要求的前提下，高喷孔 100% 合格，优良率不小于 70%，单元工程评定优良。

表 3-20 高压喷射灌浆防渗墙工程单孔施工质量标准

项次		检验项目	质量要求	检验方法	检验数量
主控项目	1	孔位偏差	≤50 mm	钢尺量测	逐孔
	2	钻孔深度	大于设计墙体深度	测绳或钻杆、钻具量测	
	3	喷射管下入深度	符合设计要求	钢尺或测绳量测喷管	
	4	喷射方向	符合设计要求	罗盘量测	
	5	提升速度	符合设计要求	钢尺秒表量测	
	6	浆液压力	符合设计要求	压力表量测	
	7	浆液流量	符合设计要求	体积法	
	8	进浆密度	符合设计要求	比重秤量测	
	9	摆动角度	符合设计要求	角度尺或罗盘仪量测	
	10	施工记录	齐全、准确、清晰	查看	抽查
一般项目	1	孔序	按设计要求	现场查看	逐孔
	2	孔斜率	≤1%或符合设计要求	测斜仪、吊线量测	
	3	摆动速度	符合设计要求	秒表量测	
	4	气压力	符合设计要求	压力表量测	
	5	气流量	符合设计要求	流量表量测	
	6	水压力	符合设计要求	压力表量测	
	7	水流量	符合设计要求	流量表量测	
	8	回浆密度	符合设计要求	比重秤量测	
	9	特殊情况处理	符合设计要求	根据实际情况定	

注：1. 本质量标准适用于摆喷施工法，其他施工法可调整检验项目。

2. 使用低压浆液时，“浆液压力”为一般项目。

三、水泥土搅拌防渗墙工程

（一）质量检验

（1）水泥土搅拌桩的质量控制应贯穿于施工的全过程，并应坚持全程的施工监理。施工过程中必须随时检查施工记录和计量记录，并对照规定的施工工艺对每根桩进行质量评定。检查重点是：水泥用量、桩长、搅拌头转数和提升速度、复搅次数和复搅深度、停浆处理方法等。

（2）水泥土搅拌桩的施工质量检验可采用以下方法：

①成桩 7 d 后，采用浅部开挖桩头（深度宜超过停浆面下 0.5 m），目测检查搅拌的均匀性，量测成桩直径。检查量为总桩数的 5%。

②成桩后 3 d 内,可用轻型动力触探检查每米桩身的均匀性。检验数量为施工总桩数的 1%,且不少于 3 根。

(3)竖向承载水泥土搅拌桩地基竣工验收时,承载力检验应采用复合地基载荷试验和单桩载荷试验。

(4)载荷试验必须在桩身强度满足试验荷载条件时,并宜在成桩 28 d 后进行。检验数量为桩总数的 0.5% ~1%,且每项单体工程不应少于 3 点。经触探试验和载荷试验检验后对桩身质量有怀疑时,应在成桩 28 d 后,用双管单动取样器钻取芯样做抗压强度检验,检验数量为施工总桩数的 0.5%,且不少于 3 根。

(5)对相邻桩搭接要求严格的工程,应在成桩 15 d 后选取数根桩进行开挖,检查搭接情况。

(6)基槽开挖后,应检验桩位、桩数与桩顶质量。

(二)施工质量控制

(1)水泥土搅拌防渗墙宜沿轴线每 20 m 划分为一个单元工程。

(2)水泥土搅拌防渗墙单元工程施工质量验收评定,应在单桩施工质量验收评定合格的基础上进行。

(3)水泥土搅拌防渗墙工程单桩施工质量标准如表 3-21 所示。

表 3-21 水泥土搅拌防渗墙工程单桩施工质量标准

项次		检验项目	质量要求	检验方法	检验数量
主控项目	1	孔位偏差	≤20 mm	钢尺量测	逐桩
	2	孔深	符合设计要求	钻杆量测	
	3	孔斜率	符合设计要求	钢尺或测绳量测	
	4	输浆量	符合设计要求	体积法	
	5	桩径	符合设计要求	钢尺测量搅拌头	
	6	施工记录	齐全、准确、清晰	查看	查看
一般项目	1	水灰比	符合设计要求	比重秤量测或体积法	逐桩
	2	搅拌速度	符合设计要求	秒表量测	
	3	提升速度	符合设计要求	秒表、钢尺等	
	4	重复搅拌次数和深度	符合设计要求	查看	
	5	桩顶标高	超出设计桩顶 0.3 ~0.5 m	钢尺量测	
	6	特殊情况处理	不影响质量	现场查看	

注:1. 本质量标准适用于单头搅拌机施工法,多头搅拌机施工法可参照执行。

2. 本表适用于湿法施工工艺,干法施工工艺的检验项目可适当调整。

(4)水泥土搅拌防渗墙单桩施工质量验收评定标准应符合下列规定:

①主控项目检验点 100% 合格,一般项目逐项 70% 及以上的检验点合格,不合格点不集中分布,且不合格点的质量不超出有关规范或设计要求的限值,该桩评定合格。

②主控项目检验点100%合格,一般项目逐项90%及以上的检验点合格,不合格点不集中分布,且不合格点的质量不超出有关规范或设计要求的限值,该桩评定优良。

(5)水泥土搅拌防渗墙单元工程施工质量验收评定标准应符合下列规定:

①在单元工程效果检查符合设计要求的前提下,水泥搅拌桩100%合格,优良率小于70%,单元工程评定合格。

②在单元工程效果检查符合设计要求的前提下,水泥搅拌桩100%合格,优良率不小于70%,单元工程评定优良。

第三节　地基排水工程

一、排水孔排水工程

(1)排水孔排水主要用于坝肩、坝基、隧洞及需要降低渗透水压力工程部位的岩体排水。

(2)单元工程宜按排水工程的施工区(段)划分,每一区(段)或20个孔左右划分为一个单元工程。

(3)排水孔单孔施工工序宜分为钻孔(包括清洗)、孔内及孔口装置安装(需设置孔内、孔口保护和需孔口测试时)、孔口测试(需孔口测试时)3个工序,其中钻孔为主要工序。

(4)排水孔排水单元工程施工质量验收评定,应在单孔施工质量验收评定合格的基础上进行;单孔施工质量验收评定应在工序施工质量验收合格的基础上进行。

(5)地基排水孔单孔施工质量标准如表3-22所示。

(6)排水孔单孔施工质量验收评定标准应符合下列规定:

①工序施工质量验收评定全部合格,该孔评定合格。

②工序施工质量验收评定全部合格,其中2个及以上工序达到优良,并且钻孔工序施工质量达到优良,该孔评定优良。

(7)排水孔排水单元工程施工质量验收评定标准应符合下列规定:

①排水孔100%合格,优良率小于70%,单元工程评定合格。

②排水孔100%合格,优良率不小于70%,单元工程评定优良。

二、管(槽)网排水工程

(1)管(槽)网排水主要用于透水性较好的覆盖层地基、岩石地基的排水工程。

(2)管(槽)网排水宜按每一施工区(段)划分为一个单元工程。

(3)管(槽)网排水施工工序分为铺设基面处理、管(槽)网铺设及保护2个工序,其中管(槽)网铺设及保护为主要工序。

(4)管(槽)网排水单元工程施工质量验收评定,应在工序施工质量验收合格的基础上进行。

表 3-22　地基排水孔单孔施工质量标准

工序	项次		检验项目	质量要求	检验方法	检验数量
钻孔	主控项目	1	孔径	符合设计要求	钢尺测量	逐孔
		2	孔深	符合设计要求	测绳量测或测量钻杆	
		3	孔位偏差	≤100 mm	钢尺量测	
		4	施工记录	齐全、准确、清晰	查看	抽查
	一般项目	1	钻孔孔斜	符合设计要求	测斜仪测量	逐孔
		2	钻孔清洗	回水清净，孔底沉淀小于 200 mm	测量绳测量，查看施工记录	
		3	地质编录	符合设计要求	查看资料图纸	
孔内及孔口装置安装	主控项目	1	孔内保护结构材质、规格	符合设计要求	查对设计图纸，对照地质编录图，查看施工记录	逐孔
		2	孔内保护结构	符合设计要求		
		3	孔内保护结构安放位置	符合设计要求		
		4	孔口保护结构	符合设计要求		
		5	施工记录	齐全、准确、清晰	查看	抽查
	一般项目	1	测渗系统设备安装位置	符合设计要求	现场检测	指定孔
孔口测试	主控项目	1	排水孔渗压，渗流量观测	具有渗压、渗流量初始值，验收移交前的观测资料准确、齐全	现场检查，检查观测记录	逐孔或指定孔

(5)地基管(槽)网排水施工质量标准如表 3-23 所示。

(6)地基管(槽)网排水单元工程施工质量验收评定标准应符合下列规定：

①在地基管(槽)网排水系统通水检验合格的前提下，工序施工质量验收评定全部合格，单元工程评定合格。

②在地基管(槽)网排水系统通水检验合格的前提下，工序施工质量验收评定全部合格，其中管(槽)网铺设及保护工序达到优良，单元工程评定优良。

表 3-23　地基管(槽)网排水施工质量标准

工序	项次		检验项目	质量要求	检验方法	检验数量
铺设基面处理	主控项目	1	铺设基础面平面布置	符合设计要求	对照图纸、测量	全面检查
		2	铺设基础面高程	符合设计要求	对照图纸、测量	
	一般项目	1	铺设基础面平整度、压实度	符合设计要求	现场检测	抽查
		2	施工记录	齐全、准确、清晰	查看	
管(槽)网铺设及保护	主控项目	1	排水管(槽)网材质、规格	符合设计要求	检查合格证、现场测试	抽查
		2	排水管(槽)网接头连接	严密,不漏水	现场通水检查	逐个检查
		3	保护排水管(槽)网的材料材质	耐久性、透水性、防淤堵性能满足设计要求	检查合格证、现场测试	抽查
		4	管(槽)与基岩接触	严密,不漏水,管(槽)内干净	现场检查	全面检查
		5	施工记录	齐全、准确、清晰	查看	抽查
	一般项目	1	排水管网的固定	符合设计要求	现场检查	全面检查
		2	排水系统的引出	符合设计要求	现场检查	

第四节　锚喷支护和预应力锚索加固工程

一、基本要求

(1)注浆锚杆安装后 72 h 内,不应敲击、碰撞或悬挂重物,使用速凝剂材料而有特殊说明的除外。

(2)预应力锚束制作完成应进行外观检验,验收合格且签发合格证、编号挂牌后,方可使用。

(3)预应力锚杆施加预应力设备、锚索张拉设备应经有资质的检定机构按期检定,并应经过监理单位和建设单位的认可。

二、锚喷支护

(1)锚喷支护主要用于锚杆、喷射混凝土以及锚杆与喷射混凝土组合的支护工程。

(2)锚喷支护工程宜以每一施工区(段)划分为一个单元工程。

(3)锚喷支护单元工程施工工序宜分为锚杆(包括钻孔)、喷射混凝土(包括钢筋网制安)2 个工序,其中锚杆为主要工序。

(4)锚喷支护单元工程施工质量验收评定,应在工序施工质量验收评定合格的基础上进行。

(5)锚喷支护施工质量标准如表 3-24 所示。

表 3-24　锚喷支护施工质量标准

工序	项次		检验项目	质量要求	检验方法	检验数量
锚杆	主控项目	1	锚杆材质和胶结材料性能	符合设计要求	抽检,查看试验资料	按批抽查
		2	孔深偏差	≤50 mm	钢尺、测杆量测	抽查 10% ~15%
		3	锚孔清理	孔内无岩粉、无积水	观察、检查	
		4	锚杆抗拔力(无损检测)	符合设计和规范要求	查看试验记录	每 300 根抽 3 根
			预应力锚杆张拉力	符合设计和规范要求	查看试验记录	
	一般项目	1	锚杆孔位偏差	≤150 mm(预应力锚杆:≤200 mm)	钢尺、仪器量测	抽查 10% ~15%
		2	锚杆钻孔方向偏差	符合设计要求(预应力锚杆:≤3%)	罗盘仪、仪器量测	
		3	锚杆钻孔孔径	符合设计要求	钢尺量测	
		4	锚杆长度偏差	≤5 mm	钢尺量测	
		5	锚杆孔注浆	符合设计和规范要求	现场检查	
		6	施工记录	齐全、准确、清晰	查看	抽查
喷射混凝土	主控项目	1	喷射混凝土性能	符合设计要求	抽检,查看试验资料	每 100 m^3 不少于 2 组
		2	喷层均匀性	个别处有夹层,包沙	现场取样	按规范要求抽查
		3	喷层密实度	无滴水、个别点渗水	现场观察	全面检查
		4	喷层厚度	符合设计和规范要求	针探、钻孔	按规范要求抽查
	一般项目	1	喷射混凝土配合比	满足规范要求	查看试验资料	每个作业班检查 2 次
		2	受喷面清理	符合设计和规范要求	现场观察	全面检查
		3	喷层表面整体性	个别处有微细裂缝	观察、检查	
		4	喷层养护	符合设计和规范要求	观察,查施工记录	
		5	钢筋(丝)网格间距偏差	≤20 mm	钢尺量测	按批抽查
		6	钢筋(丝)网安装	符合设计和规范要求	现场检查,钢尺量测	全面检查
		7	施工记录	齐全、准确、清晰	查看	

(6)锚喷支护单元工程施工质量验收评定标准应符合下列规定:

①工序施工质量验收评定全部合格,该单元工程评定合格。

②工序施工质量验收评定全部合格,其中锚杆工序施工质量达到优良,该单元工程评定优良。

③当只有一个工序时,工序施工质量即为单元工程质量。

三、预应力锚索加固

(1)预应力锚索主要用于加固岩土边坡或洞室围岩,加固混凝土结构物工程。

(2)单根预应力锚索设计张拉力大于或等于 500 kN 的,每根锚索划分为一个单元工程;单根预应力锚索设计张拉力小于 500 kN 的,以 3 ~ 5 根锚索划分为一个单元工程。

(3)预应力锚索单根锚索施工工序宜分为钻孔、锚束制作安装、外锚头制作和锚索张拉锁定(包括防护)4 个工序,其中锚索张拉锁定为主要工序。

(4)预应力锚索加固单元工程施工质量验收评定,应在单根锚索施工质量验收评定合格的基础上进行,单根锚索施工质量验收评定应在工序验收合格的基础上进行。

(5)预应力锚索单根施工质量标准如表 3-25 所示。

表 3-25　预应力锚索单根施工质量标准

工序	项次		检验项目	质量要求	检验方法	检验数量
钻孔	主控项目	1	孔径	不小于设计值	钢尺量测	逐孔
钻孔	主控项目	2	孔深	不小于设计值,有效孔深的超深不大于 200 mm	钢尺配合钻杆量测	逐孔
钻孔	主控项目	3	机械式锚固段超径	不大于孔径的 3%,且不大于 5 mm	钢尺配合钻杆量测	逐孔
钻孔	主控项目	4	孔斜率	不大于 3%,有特殊要求的不大于 0.8%	测斜仪量测	逐孔
钻孔	主控项目	5	钻孔围岩灌浆	符合设计和规范要求	压水试验等	逐孔
钻孔	主控项目	6	孔轴方向	符合设计要求	罗盘仪、测量仪器检测	逐孔
钻孔	主控项目	7	内锚头扩孔	符合设计和规范要求	查看施工记录	逐孔
钻孔	一般项目	1	孔位偏差	≤100 mm	钢尺量测	逐孔
钻孔	一般项目	2	钻孔清洗	孔内不应残留废渣、岩芯	观察	逐孔
钻孔	一般项目	3	施工记录	齐全、准确、清晰	查看	逐孔

续表 3-25

工序	项次		检验项目	质量要求	检验方法	检验数量
锚束制作安装	主控项目	1	锚束材质、规格	符合设计和规范要求	室内试验、现场查看	抽样
		2	注浆浆液性能	符合设计和规范要求	室内试验、现场检查	
		3	编束	符合设计和工艺操作要求	钢尺量测	逐根
		4	锚束进浆管、排气管	通畅，阻塞器完好	现场观察、检查	逐项
		5	锚束安放	锚束应顺直，无弯曲、扭转现象	现场观察、检查	逐根
		6	锚固端注浆	符合设计要求	现场观察、检查	
	一般项目	1	锚束外观	无锈、无油污、无残缺、防护涂层无损伤	现场观察、检查	逐根
		2	锚束堆放	符合设计要求	现场观察、检查	
		3	锚束运输	符合设计要求	现场观察、检查	
		4	施工记录	齐全、准确、清晰	查看	
外锚头制作	主控项目	1	垫板承压面与锚孔轴线夹角	90° ±0.5°	测量仪器测量	逐孔
	一般项目	1	混凝土性能	符合设计要求	现场取样试验	逐根
		2	基面清理	符合设计要求	现场检查	
		3	结构与体形	符合设计要求	现场检查，查看资料	
锚索张拉锁定	主控项目	1	锚索张拉程序、标准	符合设计和规范要求	查看施工方案和记录	逐根
		2	锚索张拉	符合设计要求及张拉程序	现场观察	
		3	索体伸长值	符合设计要求	现场检查，查看资料	
		4	锚索锁定	符合设计和规范要求	现场检查	
		5	施工记录	齐全、准确、清晰	查看	
	一般项目	1	锚具外索体切割	符合设计要求	现场检查	
		2	封孔灌浆	密实、无连通气泡、无脱空	现场检查，查看资料	
		3	锚头防护措施	符合设计要求	现场检查	

(6)预应力锚索加固单根锚索施工质量验收评定标准应符合下列规定:

①工序施工质量验收评定全部合格,该锚索评定合格。

②工序施工质量验收评定全部合格,其中3个及以上工序施工质量达到优良,并且锚索张拉锁定工序施工质量达到优良,该锚索评定优良。

(7)预应力锚索加固工程的单元工程施工质量验收评定标准应符合下列规定:

①对于单根锚索为一个单元工程的,按单根锚索施工质量验收评定结果作为单元工程验收评定结果。

②对多根锚索划分为一个单元工程的,应按下列标准进行验收评定:锚索100%合格,优良率小于70%,单元工程评定合格;锚索100%合格,优良率不小于70%,单元工程评定优良。

第五节　钻孔灌注桩工程

一、基本要求

(1)钻孔灌注桩单元工程按柱(墩)基础划分,每一柱(墩)下的灌注桩基础划分为一个单元工程。不同桩径的灌注桩不宜划分为同一单元。

(2)单孔灌注桩单桩施工工序宜分为:钻孔(包括清孔和检查)、钢筋笼制安、混凝土浇筑3个工序,其中混凝土浇筑为主要工序。

(3)钻孔灌注桩单元工程施工质量验收评定,应在单桩施工质量验收评定合格的基础上进行;单桩施工质量验收评定应在工序验收合格的基础上进行。

二、施工质量标准

(1)钻孔灌注桩单桩施工质量标准如表3-26所示。

(2)钻孔灌注桩单元工程施工质量验收评定标准应符合下列规定:

①工序施工质量验收评定全部合格,该桩质量评定为合格。

②工序施工质量验收评定全部合格,其中2个及以上工序达到优良,并且混凝土浇筑工序达到优良,该桩质量评定优良。

(3)钻孔灌注桩单元工程质量验收评定标准应符合下列规定:

①在单元工程实体质量检验符合设计要求的前提下,灌注桩100%合格,优良率小于70%,单元工程质量评定合格。

②在单元工程实体质量检验符合设计要求的前提下,灌注桩100%合格,优良率不小于70%,单元工程质量评定优良。

表 3-26　钻孔灌注桩单桩施工质量标准

工序	项次		检验项目	质量要求	检验方法	检验数量
钻孔	主控项目	1	孔位偏差	符合设计和规范要求	钢尺测量	逐桩
		2	孔深	符合设计要求	核定钻杆、钻具长度，或测绳量测	
		3	孔底沉渣厚度	端承桩不大于 50 mm，摩擦桩不大于 150 mm，摩擦端承桩、端承摩擦桩不大于 100 mm	测锤或沉渣仪测定	
		4	垂直度偏差	<1%	同径测斜工具或钻杆内小口径测斜仪或测井仪测定	
		5	施工记录	齐全、准确、清晰	查看	抽查
	一般项目	1	孔径偏差	≤50 mm	测井仪测定或钻头测量	逐桩
		2	孔内泥浆密度	≤1.25 g/cm³（黏土泥浆） <1.15 g/cm³（膨润土泥浆）	比重秤量测	
		3	孔内泥浆含砂量	≤8%（黏土泥浆） <6%（膨润土泥浆）	含砂量测定仪量测	
		4	孔内泥浆黏度	≤28 s（黏土泥浆）	500 mL/700 mL 漏斗量测	
				<22 s（膨润土泥浆）	马氏漏斗量测	
钢筋笼制安	主控项目	1	主筋间距偏差	≤10 mm	钢尺测量	逐桩
		2	钢筋笼长度偏差	≤100 mm	钢尺测量	
		3	施工记录	齐全、准确、清晰	查看	抽查
	一般项目	1	箍筋间距或螺旋筋螺距偏差	≤20 mm	钢尺测量	逐桩
		2	钢筋笼直径偏差	≤10 mm	钢尺测量	
		3	钢筋笼安放偏差	符合设计和规范要求	钢尺测量	
混凝土浇筑	主控项目	1	导管埋深	≥1 m，且不大于 6 m	测绳测量	逐桩
		2	混凝土上升速度	≥2 m/h，或符合设计要求	测绳测量	
		3	混凝土抗压强度等	符合设计要求	室内试验	
		4	施工记录	齐全、准确、清晰	查看	抽查
	一般项目	1	混凝土坍落度	18 ~ 22 cm	坍落度筒和钢尺测量	逐桩
		2	混凝土扩散度	34 ~ 38 cm	钢尺测量	
		3	浇筑最终高度	符合设计要求	水准仪测量，需扣除桩顶浮浆层	
		4	充盈系数	>1	检查实际灌注量	

第六节　地基加固工程

一、振冲法地基加固工程

(一)质量检查

(1)施工应进行施工质量控制与监测,做好各项施工记录。当处理效果达不到设计要求时,应及时会同设计单位及有关部门研究解决。

(2)加密电流和留振时间应采用自动控制系统控制,并及时检查其准确性。

(3)振冲器的导管应有明显的深度标志。

(4)桩位标识应明显、牢固,在施工中应注意复核,保证其准确度。

(5)填料应经过质量检验方可使用,填料的粒径、含泥量及强度等指标应符合设计要求。

(6)填料应按200～500 m^3 作为一组试样进行质量检验,不足2 000 m^3 时按一批次送检。

(7)对桩体的密实度宜采用重型动力触探试验进行检测,检测时间应在成桩1 d后进行。

(8)对可加密地基土,应对桩间土的加密效果采用重型动力触探试验或标准贯入试验进行检测,根据地基土的性质宜在施工7～15 d后进行。

(9)振冲施工结束后,应对桩的数量、桩径、桩位偏差、桩体密度、桩间土处理效果、复合地基承载力及变形模量等进行检测与验收。

(10)检测试验应在振冲施工结束并达到恢复期后进行,一般砂土恢复期不少于7 d、粉土不少于15 d、黏性土不少于30 d。

(11)桩位偏差应符合下列规定:

①大面积满堂布桩,桩位偏差不应大于桩径的25%。

②条形基础桩位偏差不应大于桩径的20%。

③柱基础边缘桩位偏差不应大于桩径的20%,柱基内部桩位偏差不应大于桩径的25%。

(12)桩体密实度宜采用重型动力触探试验检测,检测数量根据工程重要性和工程地质条件的复杂性宜为总桩数的1%～3%,单项工程不少于3根,触探击数应达到设计要求。桩间土处理效果宜采用标准贯入试验原位测试方法并结合室内土工试验等方法检测。

(13)复合地基承载力的检测应符合下列规定:

①1级、2级建(构)筑物应采用复合地基载荷试验。

②3级及以下建(构)筑物宜采用复合地基载荷试验或单桩、桩间土载荷试验,也可结合当地情况采用其他原位测试方法综合评定。

(14)载荷试验检测点应按下列原则布置:

①具有代表性和均匀性。

②建筑物的重要部位。

③不同工程地质条件的代表性区域、施工中出现异常的地段。

(15)载荷试验检测点数量应为每200～400根桩抽检1点,且检测点的总数不得少于3点。

(16)振冲法地基处理工程,应在检测试验后,根据工程大小及工程需要进行分阶段或一次性验收。

(17)竣工验收时应具备下列文件和资料:

①岩土工程勘察资料;

②工程设计文件、设计变更等;

③施工记录、施工大事记;

④材料试验、施工质量自检及评定记录;

⑤施工质量缺陷记录、缺陷分析及处理结果;

⑥竣工报告及竣工图纸;

⑦工程监理报告;

⑧工程质量检测报告;

⑨其他有关资料。

(二)施工质量控制

(1)振冲法地基加固单元工程宜按一个独立基础、一个坝段或不同要求地基区(段)划分为一个单元工程。

(2)振冲法地基加固单元工程施工质量验收评定,应在单桩施工质量验收评定合格的基础上进行。

(3)振冲法地基加固单桩施工质量标准如表3-27所示。

表3-27　振冲法地基加固单桩施工质量标准

项次		检验项目	质量要求	检验方法	检验数量
主控项目	1	填料质量	符合设计要求	现场检查、试验	按规定的检验批抽查
	2	填料数量	符合设计要求	现场计量,施工记录	
	3	有效加密电流	符合设计要求	电流表读数,施工记录	逐桩
	4	留振时间	符合设计要求	现场检查,施工记录	
	5	施工记录	齐全、准确、清晰	查看	抽查
一般项目	1	孔深	符合设计要求	量测振冲器导杆	逐桩
	2	造孔水压	符合设计要求	压力表量测	
	3	桩径偏差	符合设计要求	钢尺量测	
	4	填料水压	符合设计要求	压力表量测	
	5	加密段长度	符合设计要求	现场检查	
	6	桩中心位置偏差	符合设计和规范要求	钢尺量测	

(4)振冲法地基加固工程单桩施工质量验收评定标准应符合下列规定:

①主控项目检验点100%合格,一般项目逐项70%及以上的检验点合格,不合格点不集中分布,且不合格点的质量不超过有关规范或设计要求的限值,该桩评定合格。

②主控项目检验点100%合格，一般项目逐项90%及以上的检验点合格，不合格点不集中分布，且不合格点的质量不超过有关规范或设计要求的限值，该桩评定优良。

(5)振冲法地基加固单元工程施工质量验收评定标准应符合下列规定：

①在单元工程效果检查符合设计要求的前提下，振冲100%合格，优良率小于70%，单元工程评定合格。

②在单元工程效果检查符合设计要求的前提下，振冲100%合格，优良率不小于70%，单元工程评定优良。

二、强夯法地基加固工程

(一)质量检查

1. 检测方法

(1)强夯地基处理后的地基竣工验收承载力检验，应在施工结束后间隔一定时间进行；碎石土和砂土地基，其间隔时间可取7～14 d；粉土、黏性土地基，其间隔时间可取14～28 d；强夯置换、半置换地基，其间隔时间可取28 d。

(2)强夯地基处理后的地基竣工验收时，承载力检验应采用原位测试和室内土工试验。

(3)湿陷性黄土地基应采用探井取原状土样，土工分析检测土样的含水量、密实度、压缩系数、湿陷系数等指标，并评价黄土地基的湿陷性。

(4)砂土、粉土液化地基应采用标准贯入试验、黏粒含量测定，评价场地均匀性、密实度、承载力、液化消除深度、液化指数等指标。

(5)碎石土、砂石地基及杂填土地基应采用重型动力触探或超重型动力触探、现场密实度检验，评价场地均匀性、密实度及承载力。

(6)对于分层夯实的填土地基，当采用压实度指标控制质量时，对细粒土可采用环刀法，对粗粒土可采用灌砂法、灌水法进行密实度检测，评价地基的均匀性及密实度。对于块石填土地基，应采用固体体积率测试，评价地基的均匀性及密实度。

(7)对不易按常规方法进行检测的碎石土、砂石地基和混合土地基，也可采用面波法进行检测。

2. 检测点位

(1)对于简单场地上的一般建筑物，每个单位工程地基的载荷试验不应少于3点，对于复杂场地或重要建筑地基应增加检验点数。

(2)强夯置换地基载荷试验和置换墩着底情况检验数量均不应少于墩点数的1%，且不应少于3点。

(3)采用静力触探、重型动力触探检测单位工程不应少于3点。1 000 m^2以上、3 000 m^2以下工程，每300 m^2至少应有1点；3 000 m^2以上工程，超出3 000 m^2部分每500 m^2至少应有1点。

(4)采用探井、钻孔取样、标准贯入试验，单位工程不应少于3点；1 500 m^2以上、3 000 m^2以下工程，每500 m^2至少应有1点；3 000 m^2以上工程，超出3 000 m^2部分每600 m^2至少应有1点。

(5)采用环刀法、灌砂法、灌水法进行密实度、固体体积率检测时，单位工程不应少于3点；每100 m^2不应少于1个点；1 000 m^2以上工程，超出1 000 m^2部分每200 m^2至少有1点。

纵向分层检测点的间距应小于 2 m。

(6)采用面波法检测时,每个单位工程不应少于 2 个剖面线。效果评价应采用夯前、夯后原位对照检测的方法进行。

(7)夯后检测面应选在夯后整平面下一定深度(0.5～0.8 m)进行。

(二)施工质量控制

(1)强夯法地基加固按 1 000～2 000 m^2加固面积划分为一个单元工程。

(2)强夯法地基加固施工质量标准如表 3-28 所示。

表 3-28　强夯法地基加固施工质量标准

项次		检验项目	质量要求	检验方法	检验数量
主控项目	1	锤底面积、锤重	符合设计要求,锤重误差为 ±100 kg	查产品说明书、称重	全数
	2	夯锤落距	符合设计要求,误差为 ±300 mm	钢索设标志	抽查
	3	最后两击的平均夯沉量	符合设计要求	水准仪量测	逐点
	4	地基强度	符合设计要求	原位测试,室内土工试验	按设计要求
	5	地基承载力	符合设计要求	原位测试	
	6	施工记录	齐全、准确、清晰	查看	抽查
一般项目	1	夯点的夯击次数	符合设计要求	计数法	逐点
	2	夯击遍数及顺序	符合设计要求	计数法	
	3	夯点布置及夯点间距偏差	≤500 mm	钢尺量测	
	4	夯击范围	符合设计要求	钢尺量测	逐遍
	5	前后两遍间歇时间	符合设计要求	检查施工记录	

(3)强夯法加固地基单元工程施工质量验收评定标准应符合下列规定:

①主控项目检验点 100% 合格,一般项目逐项 70% 及以上的检验点合格,不合格点不集中分布,且不合格点的质量不超出有关规范或设计要求的限值,单元工程评定合格。

②主控项目检验点 100% 合格,一般项目逐项 90% 及以上的检验点合格,不合格点不集中分布,且不合格点的质量不超出有关规范或设计要求的限值,单元工程评定优良。

第四章　土石方工程

第一节　开挖和填筑工程测量

一、开挖工程测量标准

(1)开挖工程测量的内容有:开挖区原始地形图和原始断面图测量,开挖轮廓点放样,开挖竣工地形、断面测量和工程量测算。

(2)开挖工程细部放样方法有:极坐标法、测角前方交会法和后方交会法等。

(3)距离丈量可根据条件和精度要求从下列方法中选择:

①用钢尺或经过比长的皮尺丈量,以不超过一尺段为宜。在高差较大地区,可丈量斜距加倾斜改正。

②用视距法测定,其视距长度不应大于 50 m。预裂爆破放样,不宜采用视距法。

③用视差法测定,端点法线长度不应大于 70 m。

④细部点的高程放样,可采用支线水准、光电测距三角高程或经纬仪置平测高法。

(4)开挖轮廓点的点位中误差应满足表 4-1 的规定要求。

表 4-1　开挖轮廓点的点位中误差

工程单位	点位中误差(mm)		说明
	平面	高程	
主体工程部位的基础轮廓点、预裂爆破孔定位点	±(50~100)	±100	±50 mm 的误差仅指密集钢筋网的部位,点位误差值均相对于邻近控制点或测站点、轴线点而言
主体工程部位的坡顶点、中间点,非主体工程部位的基础轮廓点	±100	±100	
土、砂、石覆盖面开挖轮廓点	±200	±200	

(5)开挖工程放样应测放出设计开挖轮廓点,并用醒目的标志加以标定。

(6)开挖工程动工前,必须实测开挖区的原始断面图或地形图;开挖过程中,应定期测量收方断面图或地形图;开挖工程结束后,必须实测竣工断面图或竣工地形图。

(7)开挖施工过程中,应经常在预裂面或其他适当部位以醒目的标志标明桩号、高程和开挖轮廓点。

(8)开挖部位接近竣工时,应及时测放基础轮廓点和散点高程,并将欠挖部位及尺寸标于实地,必要时,在实地标出适当密度的开挖轮廓点,以备验收。

(9)断面测量可根据用途、工程部位和地形复杂程度在 5~20 m 范围内选择。

(10)断面点间距应以能正确反映断面形状,满足面积计算精度要求为原则。一般为图上 1~3 cm 施测一点。地面变化处应加密测点。断面宽度应超出开挖边线 3~10 m。

(11)开挖工程量的计算中面积计算可采用解析法或图解法。

(12)两次独立测量同一区域的开挖工程量,其差值小于5%(岩石)和7%(土方)时,可取中数作为最后值。

二、填筑工程测量标准

(1)立模与填筑放样的内容:测设各种建筑物的立模或填筑轮廓点,对已架立的模板、预制(埋)件进行形体和位置的检查,测算填筑工程量。

(2)建筑物立模、填筑轮廓点的点位中误差应满足表4-2的规定要求。

表4-2 建筑物立模、填筑轮廓点的点位中误差

建筑材料	建筑物名称	点位中误差(mm)		平面位置误差分配(mm)	
		平面	高程	轴线点或测站点	细部放样
混凝土	各种主要水工建筑物(坝、闸、厂房),船闸及泄水建筑物,坝内正、倒垂孔等	±20	±20	±17	±10
	各种导墙及井、洞衬砌,坝内其他孔洞	±25	±20	±23	±10
	其他(副坝、围堰心墙、护坦、护坡、挡墙等)	±30	±30	±25	±17
土石料	碾压式坝(堤)上、下游边线,心墙,面板堆石坝及各种观测孔位等	±40	±30	±30	±25
	各种坝(堤)内设施定位、填料分界线等	±50	±30	±30	±40

注:点位中误差均相对于邻近控制点或测站点、轴线点而言。

(3)高层建筑物混凝土浇筑及预制构件拼装的竖向测量偏差应满足表4-3的规定要求。

表4-3 高层建筑物混凝土浇筑及预制构件拼装的竖向测量偏差

工程项目	相邻两层对接中心线相对偏差(mm)	相对基础中心线的偏差(mm)	累计偏差(mm)
厂房、开关站等各种构架、支柱	±3	H/2 000	±20
闸墩、栈桥墩、船闸厂房等侧墙	±5	H/1 000	±30

注:H为总高度。

(4)混凝土预制构件拼装及高层建筑物中间平台相对水平度的测量中误差,同一层不应大于± 3 mm。

(5)混凝土建筑物轮廓点放样宜距设计线0.2 ~0.5 m。土石方填筑轮廓点放样以设计位置为宜,放样细部点间距应满足表4-4的规定要求。

表 4-4　放样细部点间距

形状	直线		曲线	
材料	混凝土	土石料	混凝土	土石料
相邻点最大间距(m)	5～8	10～15	4～6	5～10

(6)立模、填筑轮廓点可直接由等级控制点测设，也可由测设的建筑物纵横轴线点测设。轮廓点的放样宜采用下列几种方法：

①由轴线点或测站点放样轮廓点时，宜采用极坐标法。

②在不便丈量距离的部位进行放样时，宜采用短边(200 m 以内)前方交会法。

③在已经精确测定了轴线的部位进行放样时，也可采用轴线交会法。

④在有条件的地方，放样可采用边角前方交会法或边角后方交会法。

⑤有条件的也可使用三维激光扫描后再进行测设。

(7)采用滑升模板浇筑混凝土的建筑场(如闸墩、导墙、栈桥墩等)，放样点的点位中误差应满足表 4-5 的规定要求。

表 4-5　滑升模板放样点的点位中误差

项目		点位中误差(mm)	
		平面	高程
轴线间相对位移		±5	—
垂直度	本层	±3	—
	总高度	H/2 000	
截面尺寸	墙、柱	±5	±3
	梁	±5	
预留孔洞中心位移		±10	±20
预埋件位置		±10	±10

注：1. H 为建筑物总高度。

2. 点位中误差均相对于建筑物的固定轴线。

(8)混凝土建筑物的高程放样，应区别情况采用不同的方法：

①对于连续垂直上升的建筑物，除有结构物的部位(如牛腿、廊道、门洞等)外，高程放样精度可低于平面位置的放样精度。

②对于溢流面、斜坡面及形体特殊部位，其高程放样的精度应与平面位置放样的精度一致。

③对于混凝土抹面层、有金属结构及机电设备埋件的部位，其高程放样的精度应高于平面位置放样的精度。

(9)在厂房进出水口、排砂孔、泄水闸、冲水闸和各种廊道等部位，在混凝土底板即将完工时，应预埋各式测量标志，并及时利用原施工控制点，将其中心线的桩号、高程引测在标志上。

(10)特殊部位的模板架设后，应利用测放的轮廓点进行检查，其偏差应满足表4-6的要求。

表4-6　特殊部位模板偏差

项目	允许偏差(mm)	
	外露表面	隐蔽内部
模板边线与放样轮廓点偏差	±10	±15
结构物水平截面内部尺寸	±20	
预留孔、洞尺寸及位置	±10	

(11)建筑物基础块(第一层)轮廓点的放样，应全部采用相互独立的方法进行校核。放样和校核点之差不应大于$\sqrt{2}m$(m为轮廓点的测量放样中误差)。

(12)重复测设同一部位的轮廓点位置，可采用简易方法校核。

(13)对于形体或结构复杂的建筑物，放样和校核应采用同一组放样测站点。

(14)模板检查验收资料中，若发现与设计有较大偏差或存在系统偏差，则应对可疑部位进行复测。

(15)两次独立测量同一工程，其测算体积之差，在小于该体积的3%时，可取中数作为最后值。

第二节　明挖工程

一、土方明挖

(一)基本要求

(1)土方工程施工前应综合考虑土方量、土方运距、土方施工顺序、地质条件等因素，进行土方平衡，合理调配，减少重复挖运。合理确定土方机械的作业线路、运输车辆的行走路线、弃土地点等。

(2)基坑土方开挖应根据基坑的大小、深度、场地条件，结合环境保护等对象确定开挖的方法和顺序；基坑开挖应综合考虑工程地质与水文地质条件、支护形式、施工方法等因素，编制施工方案；基坑开挖前，支护结构、土体加固、降水应达到设计和施工要求。

(3)平整场地的表面坡度应符合设计要求，如设计无要求，则排水沟方向的坡度应不小于2‰。平整后的场地表面应进行逐点检查，检查点的间距不宜大于20 m。

(4)基坑开挖期间，若周边影响范围内存在桩基、基坑支护、土方开挖、爆破等施工作业，则应根据实际情况合理确定相互之间的施工顺序和方法，必要时应采取可靠的技术措施。

(5)机械挖土时应避免超挖，建基面以上应预留20～30 cm范围内的土方，待基础正式开工时，再采用人工修底的方式挖除。场地边角土方、边坡修整等应采用人工方式挖除。

(6)土质边坡开挖质量控制要求如下：

①土质边坡开挖清理开口线处的植被，其范围不应小于开口线外3 m。

②土质边坡开挖时避免交叉立体作业。

③及时清除坡面松动的土体和浮石，对出露于边坡的孤石，根据嵌入深度确定挖除或采用控制爆破将外露部分爆除，并根据坡面地质情况进行临时支护、防护。

④按照设计要求做好排水设施并及时进行坡面封闭。

⑤根据设计图测放开口点线和示坡线，并对地形起伏较大和特殊体形部位进行加密。开口点线应做明显标识，加强保护，施工过程中应避免移动和损坏。

⑥人工开挖时，梯段高度宜控制在 2 m 以内；机械开挖的梯段高度宜控制在 5 m 以内。

⑦机械开挖时，不应对永久坡面造成扰动；对土夹石边坡，应避免松动较大块石对永久坡面造成扰动。已扰动的土体，应按照设计要求处理。

⑧采用机械削坡，开挖保护层时，不应直接挖装，应先削后装。

⑨削坡过程中应对开挖坡面及时检查，每下降 4 ~ 5 m 检测一次，对于异形坡面，应加密检测。根据测量成果及时调整，改进施工工艺。

⑩雨季施工时应采用彩条布、塑料薄膜或沙(土)袋等材料对坡面进行临时防护。

(二)施工质量控制

1. 基本要求

(1)明挖工程施工应自上而下进行，并分层检查和检测，同时应做好施工记录。

(2)施工中应按施工组织设计要求在指定地点设置弃渣场并弃渣，不应随意弃渣。

(3)开挖坡面应稳定，无松动，且应不陡于设计坡度。

2. 土方开挖

(1)单元工程以工程设计结构或施工检查验收的区、段划分，每一区、段划分为一个单元工程。

(2)土方开挖施工单元工程宜分为表土及土质岸坡清理、软基和土质岸坡开挖 2 个工序，其中软基和土质岸坡开挖为主要工序。

(3)表土及土质岸坡清理施工质量标准如表 4-7 所示。

表 4-7　表土及土质岸坡清理施工质量标准

<table>
<tr><th colspan="2">项次</th><th>检验项目</th><th>质量要求</th><th>检验方法</th><th>检验数量</th></tr>
<tr><td rowspan="3">主控项目</td><td>1</td><td>表土清理</td><td>树木、草皮、树根、乱石、坟墓以及各种建筑物全部清除；水井、泉眼、地道、坑窖等洞穴的处理符合设计要求</td><td rowspan="2">观察，查阅施工记录</td><td rowspan="3">全数</td></tr>
<tr><td>2</td><td>不良土质处理</td><td>淤泥、腐殖质土、泥炭土全部清除；对风化岩石、坡积物、残积物、滑坡体、粉土、细砂等处理符合设计要求</td></tr>
<tr><td>3</td><td>地质坑、孔处理</td><td>构筑物基础区范围内的地质探孔、竖井、试坑的处理符合设计要求；回填材料质量满足设计要求</td><td>观察，查阅施工记录，取样试验等</td></tr>
<tr><td rowspan="2">一般项目</td><td>1</td><td>清理范围</td><td>满足设计要求。长宽边线允许偏差：人工施工 0 ~ 50 cm，机械施工 0 ~ 100 cm</td><td rowspan="2">量测</td><td>每边线测点不少于 5 个点，且点距不大于 20 m</td></tr>
<tr><td>2</td><td>土质岸边坡度</td><td>不陡于设计边坡</td><td>每 10 延米量测 1 处；高边坡需测定断面，每 20 延米测 1 个断面</td></tr>
</table>

(4)软基或土质岸坡开挖施工质量标准如表4-8所示。

表4-8　软基或土质岸坡开挖施工质量标准

<table>
<tr><th colspan="2">项次</th><th>检验项目</th><th colspan="3">质量要求</th><th>检验方法</th><th>检验数量</th></tr>
<tr><td rowspan="3">主控项目</td><td>1</td><td>保护层开挖</td><td colspan="3">保护层开挖方式应符合设计要求,在接近建基面时,宜使用小型机具或人工挖除,不宜扰动建基面以下的原地基</td><td rowspan="3">观察,查阅施工记录</td><td rowspan="3">全数</td></tr>
<tr><td>2</td><td>建基面处理</td><td colspan="3">构筑物软基和土质岸坡开挖面平顺。基岩和土质岸坡与土质构筑物接触时,采用斜面连接,无台阶,急剧变坡和反坡</td></tr>
<tr><td>3</td><td>渗水处理</td><td colspan="3">构筑物基础区及土质岸坡渗水(含泉眼)妥善引排或封堵,建基面清洁无积水</td></tr>
<tr><td rowspan="8">一般项目</td><td rowspan="8">1</td><td rowspan="8">基坑断面尺寸及开挖面平整度</td><td rowspan="4">无结构要求或无配筋</td><td>长或宽不大于10 m</td><td>符合设计要求,允许偏差为 -10 ~ 20 cm</td><td rowspan="8">观察,查阅施工记录</td><td rowspan="8">检测点采用横断面控制,断面间距不大于20 m,各横断面点数间距不大于2 m,局部突出或凹陷部位(面积在0.5 m^2以上者)应增设检测点</td></tr>
<tr><td>长或宽大于10 m</td><td>符合设计要求,允许偏差为 -20 ~ 30 cm</td></tr>
<tr><td>坑(槽)底部标高</td><td>符合设计要求,允许偏差为 -10 ~ 20 cm</td></tr>
<tr><td>垂直或斜面平整度</td><td>符合设计要求,允许偏差为20 cm</td></tr>
<tr><td rowspan="4">有结构要求或有配筋预埋件</td><td>长或宽不大于10 m</td><td>符合设计要求,允许偏差为0 ~ 20 cm</td></tr>
<tr><td>长或宽大于10 m</td><td>符合设计要求,允许偏差为0 ~ 30 cm</td></tr>
<tr><td>坑(槽)底部标高</td><td>符合设计要求,允许偏差为0 ~ 20 cm</td></tr>
<tr><td>垂直或斜面平整度</td><td>符合设计要求,允许偏差为15 cm</td></tr>
</table>

注:"-"表示欠挖。

二、岩石岸坡开挖

(一)基本要求

(1)岩质边坡开挖应遵循的基本程序:开口线外清坡与防护,施工放样,开口处理,开挖,欠挖及危石处理,断面测量,地质编录。

(2)开挖前应做好施工区域内的排水系统。

(3)边坡开挖原则上应采用自上而下分层分区开挖的施工程序。

(4)边坡开挖过程中应及时对边坡进行支护。

(5)边坡开口线、台阶和洞口等部位,应采取"先锁口、后开挖"的顺序施工。

(6)清坡的要求如下:

①清坡应自上而下分区进行。

②清坡开口线外一定范围坡面的危石,必要时采取安全防护措施。

③清除影响测量视野的植被,坡面上的腐殖物、树根等应按照设计要求处理。

④清坡后的坡面应平顺。

(7)边坡开挖梯段高度应根据地质条件、马道设置、施工设备等因素确定,一般不宜大于15 m。

(8)同一梯段的开挖宜同步下挖。当不能同步时,相邻区段的高差不宜大于一个梯段高度。

(9)对不良地质条件和需保留的不稳定岩体部位,应采取控制爆破,及时支护。

(10)设计边坡面的开挖应采用预裂爆破或光面爆破。保护层开挖时,其爆破孔孔径不宜大于50 mm。

(11)分区段爆破时,宜在区段边界采用施工预裂爆破。

(12)紧邻水平建基面、新浇筑大体积混凝土、灌浆区、预应力锚固区、锚喷(喷浆)支护区等部位附近的爆破应按有关规定执行。

(二)爆破开挖质量要求

1. 预裂爆破和光面爆破的基本要求

(1)预裂爆破或光面爆破的最大一段起爆药量宜通过试验确定。

(2)预裂炮孔应比梯段炮孔超钻一定深度,超深值不小于30倍的梯段炮孔的药卷直径。

(3)分区爆破时,预裂范围超出同一高程相邻爆破区的距离不宜小于5 m。

(4)预裂爆破孔和梯段爆破孔若在同一网络中起爆,预裂爆破孔应先于梯段爆破孔起爆,领先时间不小于75 ms。

(5)预裂爆破孔和光面爆破孔孔径不宜大于110 mm。梯段爆破孔孔径不宜大于150 mm。保护层开挖,其爆破孔孔径不宜大于50 mm。

2. 梯段爆破的基本要求

(1)开挖分区应按爆破规模、边坡稳定、岩石特性、梯段高度、开挖强度、周边环境等因素确定。

(2)梯段爆破的最大一段起爆药量由爆破试验决定。

(3)爆破石渣块度和爆堆高度应适合挖装机械作业。

(4)邻近重要建筑物进行爆破施工时,应进行专项设计。

3. 开挖轮廓面的基本要求

(1)开挖轮廓面上残留爆破孔痕迹应均匀分布,残留爆破孔痕迹保存率(半孔率):

①对完整的岩体,应大于85%;

②对较完整的岩体,应大于60%;

③对于破碎的岩体,应达到20%以上。

(2)相邻两残留爆破孔间的不平整度不应大于15 cm。对于不允许欠挖的结构部位应满足结构尺寸的要求。

(3)残留爆破孔壁面不应有明显爆破裂隙。除明显地质缺陷处外,不应产生裂隙张开、错动及层面抬动现象。

4. 钻孔的基本要求

(1)预裂孔钻孔应选用稳定性较好的钻机,钻杆的刚度应满足预裂孔钻孔的要求,并与钻机的压力相适应,不应使用弯曲、变形的钻杆钻孔。

(2)预裂孔钻孔应设置定位导向装置。

(3)钻机架设、钻孔对位、钻孔作业应满足钻孔的精度要求;预裂孔孔位偏差不应大于5 cm;缓冲孔、施工预裂孔孔位偏差不宜大于10 cm。爆破孔孔位偏差不宜大于20 cm。

(4)预裂孔钻孔过程中应对倾角和方位进行检查,开孔及孔口段钻进要加密检查频次。

(5)预裂孔钻孔倾角和方位偏差不宜大于1°,孔深偏差不宜大于5 cm;缓冲孔和施工预裂孔钻孔倾角和方位偏差不宜大于2°,孔深偏差不宜大于20 cm;爆破孔倾角和方位偏差不宜大于2°,孔深偏差不宜大于20 cm。

5.爆破施工的基本要求

(1)装药、网路连接、起爆均应按爆破设计执行。

(2)在爆破后应由爆破专业人员进入爆破现场进行爆后检查,导火索爆破起爆不得早于15 min,电力起爆不得早于5 min。

(3)爆破后应对爆破效果进行分析评价,根据评价结果及时调整爆破参数。

6.特殊部位开挖的基本要求

(1)边坡马道开挖质量要求如下:

①边坡开挖时马道上方宜预留15~25 cm厚保护层,宜采用水平控制爆破,开挖水平预裂孔直径不宜大于50 mm,孔间距不宜大于60 cm。

②马道的锁口锚杆(束)应在保护层开挖爆破前完成。

(2)边坡洞挖质量要求如下:

①对建基面、地质条件复杂或大断面洞(室)等部位宜采用先边坡开挖后洞挖的方式开挖。

②采用先边坡开挖后洞挖时,进洞前先进行洞口锁口支护;洞口段(2倍洞径范围)应采取短进尺、弱爆破等控制爆破措施。

③采用先洞挖后边坡开挖时,洞内应先进行锁口,并在洞内进行辐射状的预裂衔接孔施工,衔接预裂爆破宜先于边坡梯段爆破进行;临洞边坡梯段开挖时,应调整爆破参数,避免破坏已成洞(室)。

(3)坝肩建基面(坝肩槽)开挖质量要求如下:

①坝肩建基面开挖应采用预裂爆破。

②坝肩建基面开挖的爆破梯段高度宜小于10 m。

③当相邻建基面由陡变缓时,预裂孔不应深入设计轮廓线内,且应预留不小于50 cm的安全距离。

④当相邻建基面由缓变陡时,预裂孔按上段边坡轮廓布置。爆破后预裂面与下段边坡轮廓之间的岩体宜采用小直径、小间距的光面爆破开挖。

⑤预裂孔最大单响药量一般不应大于20 kg。

⑥残留爆破孔痕迹保存率(半孔率):对于完整的岩体,应大于85%;对于较完整的岩体,应大于60%;对于破碎的岩体,应达到20%以上。

⑦梯段爆破最大一段起爆药量应通过试验确定,距建基面30 m以外单响药量不宜大于250 kg,15~30 m范围内不宜大于150 kg,15 m以内不宜大于75 kg。

⑧当梯段爆破邻近坝基预裂面时,一次起爆排数不宜超过8排。

⑨爆前、爆后坝基岩体的声波波速衰减率和爆后声波波速值应满足设计要求。

（4）坝基缺陷置换开挖质量要求如下：

①沟槽（坑）爆破应采用小直径炮孔进行分层爆破开挖，应采用先中间后两边的V形起爆方式，周边爆破应采用光面爆破或预裂爆破。

②沟槽两侧的预裂爆破不宜同时起爆，需同时起爆时，其中一侧的预裂爆破应至少滞后100 ms。

③坝基面槽挖预裂孔最大单响药量不应大于20 kg，槽挖最大单响药量及一次总药量最终由爆破试验确定最大单响药量不应大于50 kg。

（三）施工质量控制

1. 基本要求

（1）开工前施工单位应制订工程质量保证措施，对施工人员进行技术交底和技术培训。

（2）质量检查工作，按施工单位建立的检查制度逐级进行，做好质量检查记录。

（3）整修结束后，将基岩面冲洗干净排除积水后，及时安排必要的作业时间，进行工程地质和水文地质情况的复查、基础岩体质量检查的弹性波波速测试。

（4）建基面内无倒坡，无松动岩块、小块悬挂体、陡坎尖角、爆破裂隙，光面、平直，结构面凿毛处理，结构面上的泥土、锈斑、钙膜等必须清除或处理。

2. 质量标准

（1）单元工程宜以施工检查验收的区、段划分，每一区、段为一个单元工程。

（2）岩石岸坡开挖施工单元工程分为岩石岸坡开挖、地质缺陷处理2个工序，其中岩石岸坡开挖工序为主要工序。

（3）岩石岸坡开挖施工质量标准如表4-9所示。

表4-9　岩石岸坡开挖施工质量标准

<table>
<tr><th colspan="2">项次</th><th>检验项目</th><th colspan="2">质量要求</th><th>检验方法</th><th>检验数量</th></tr>
<tr><td rowspan="3">主控项目</td><td>1</td><td>保护层开挖</td><td colspan="2">浅孔、密孔、少药量、控制爆破</td><td>观察、量测、查阅施工记录</td><td>每个单元抽测3处，每处不小于10 m^2</td></tr>
<tr><td>2</td><td>开挖坡面</td><td colspan="2">稳定且无松动岩块、悬挂体和尖角</td><td>观察、仪器测量、查阅施工记录</td><td>全数</td></tr>
<tr><td>3</td><td>岩体的完整性</td><td colspan="2">爆破未损害岩体的完整性，开挖面无明显爆破裂隙，声波降低率小于10%或满足设计要求</td><td>观察、声波检查（需要时采用）</td><td>符合设计要求</td></tr>
<tr><td rowspan="6">一般项目</td><td>1</td><td>平均坡度</td><td colspan="2">开挖坡面不陡于设计坡度，台阶（平台、马道）符合设计要求</td><td rowspan="6">观察、测量、查阅施工记录</td><td rowspan="6">总检测点数量采用横断面控制，断面间距不大于10 m，各横断面沿坡面斜长方向测点间距不大于5 m，且点数不小于6个点；局部突出或凹陷部位（面积在0.5 m^{2}以上者）应增设检测点</td></tr>
<tr><td>2</td><td>坡脚标高</td><td colspan="2">±20 cm</td></tr>
<tr><td>3</td><td>坡面局部超欠挖</td><td colspan="2">允许偏差：欠挖不大于20 cm，超挖不大于30 cm</td></tr>
<tr><td rowspan="3">4</td><td rowspan="3">炮孔痕迹保存率</td><td>节理裂隙不发育的岩体</td><td>>80%</td></tr>
<tr><td>节理裂隙发育的岩体</td><td>>50%</td></tr>
<tr><td>节理裂隙极发育的岩体</td><td>>20%</td></tr>
</table>

三、岩石地基开挖

(一)基本要求

(1)开挖前,施工单位应提出开挖施工计划和技术措施。边坡临时支护应与永久支护统筹考虑,相互结合,合理分期施工。

(2)开挖应采用自上而下、分层进行台阶爆破的施工方法,如果某些部位需上、下同时施工,应进行安全技术论证。不应采用自下而上造成岩体倒悬的开挖方式施工。

(3)设计边坡轮廓面的开挖,应采用预裂爆破或光面爆破。

(4)紧邻水平建基面的开挖,宜优先采用预留保护层的开挖方法;经试验论证,也可采取特殊措施的深孔台阶一次爆破法。

(5)设计边坡开挖前,应做好开挖轮廓线外的危石清理、削坡、加固和排水等工作,并注意保护清理区域范围外的天然植被。

(6)处于不良地质地段的设计边坡,在开挖过程中,应采取有效措施及时进行处理。

(7)边坡开挖,应按设计要求的程序进行;施工中应及时检查、处理和验收,合格后方可进行下一道工序施工。

(8)水下开挖,应另行确定相应的开挖方法。

(9)基础面的开挖偏差,应符合下述规定:

①水平建基面高程的开挖允许超挖 20 cm、欠挖 10 cm。

②设计边坡的整体平均坡度应符合设计要求;每一台阶的开挖允许偏差为其开挖高度的 ±2%。

③对破碎、极破碎和较软岩、软岩及极软岩,不良地质地段的岩体,以及设计另有要求的部位,其开挖偏差应符合设计要求。

(10)基础开挖质量检查要求如下:

①基础检查处理,包括在开挖后对基础面几何尺寸和基础岩体开挖质量的检查与处理。

②对基础的检查处理和质量鉴定,应以设计文件和施工图纸为标准。

③开挖后,应及时对基础进行检查(自检)和处理。

④检查基础岩体开挖质量,宜采用钻孔声波测试法。

(11)基础处理应符合下述要求:

①基础面若有欠挖,应处理到规定要求。

②基础面若有反坡(设计规定者除外),应处理成顺坡。

③基础面若有尖角岩体(块),应处理成钝角或弧形状。

④基础面上的泥土、破碎岩石和松动岩块,应清除或处理。

⑤基础面的地质缺陷和发现新的不良地质因素,以及前期地质勘探或试验中遗留的钻孔、平洞、竖井等,均应处理到符合设计要求。

⑥在外界环境作用下极易风化、软化和冻裂的软弱基础面,若其上部的水工建筑物暂不施工覆盖,应按设计要求进行处理或防护。

⑦基础处理工作完成后,宜采用高压水(风)枪进行基础面的冲洗,直至满足终验要求。但全、强风化岩层的边坡,宜采用清扫和高压风冲洗相结合的方式清理坡面。边坡整修及处

理不应造成岩体进一步的破坏与损伤。

⑧设计规定的其他要求。

(二)爆破开挖质量要求

1. 基本要求

(1)钻孔应符合以下要求:

①钻孔孔径:台阶爆破不宜大于150 mm,紧邻保护层的台阶爆破及预裂爆破、光面爆破不宜大于110 mm,保护层爆破不宜大于50 mm。

②台阶爆破钻孔不宜钻入预留的保护层内。

③无论采用何种开挖爆破方式,钻孔均不应钻入建基面。

(2)在有水或潮湿条件下进行爆破,宜采用抗水爆破器材;若使用不抗水或易潮湿的爆破器材,应采取防水或防潮措施。在寒冷地区的冬季进行爆破,应采用抗冻爆破器材。

(3)紧邻建基面和边坡的开挖爆破应采用毫秒延时起爆网路。

(4)在雷雨季节和多雷地区进行爆破应采用非电起爆网路。雷电来临应停止爆破作业。

(5)对爆破噪声有限制的爆破,地表不宜采用导爆索传爆。

2. 钻爆施工

(1)钻孔爆破施工,应按批准的爆破设计进行。

(2)钻孔质量应符合下述要求:

①钻孔孔位应根据爆破设计进行现场放样。

②钻孔开孔位置与爆破设计孔位的偏差,主爆孔不宜大于孔间排距的5%。

③钻孔角度应符合爆破设计的规定。钻孔角度偏差,一般爆破孔不宜大于2°,预裂爆破孔和光面爆破孔不宜大于1°。

④钻孔孔深应符合爆破设计规定。孔深允许偏差,一般爆破孔宜为0～+20 cm,预裂爆破孔和光面爆破孔宜为±5 cm。

⑤已完成的钻孔,孔内岩粉和积水应予清除,孔口应予以保护。

⑥对于因堵塞无法装药的钻孔,应予以扫孔或重钻。

(3)爆破孔的装药、堵塞、网路的连接以及起爆,应由爆破负责人统一指挥,由爆破员按爆破设计规定实施。

3. 预裂爆破和光面爆破

(1)预裂爆破形成的裂缝面应贯通。

(2)在开挖轮廓面上,残留爆破孔痕迹应均匀分布。残留爆破孔痕迹保存率的规定如下:

①对完整的岩体,应达到85%以上;

②对较完整和较破碎的岩体,应达到60%以上;

③对破碎的岩体,应达到20%以上。

(3)相邻两残留爆破孔间的不平整度不应大于15 cm,对于不允许欠挖的结构部位应满足结构尺寸的要求,残留爆破孔壁面不应有明显爆破裂隙,除明显地质缺陷处外,不应产生裂隙张开、错动及层面抬动现象。

(4)对于台阶状开挖部位,预裂孔孔底与下一台阶面应留有一定的间隔,预裂范围应超出相应台阶爆破区,其间隔距离、超出尺寸及预裂缝宽度应经试验确定。

(5)预裂爆破孔和台阶爆破孔若在同一网路中起爆,预裂爆破孔先于相邻台阶爆破孔起爆的时间不应小于 75 ms。

(6)预裂爆破或光面爆破的最大一段起爆药量不宜大于 50 kg。

(7)需采取分区爆破时,应在分区边界面实施施工预裂爆破。

4. 台阶爆破与缓冲孔爆破

(1)台阶爆破应符合下述要求:

①台阶高度不宜大于 15 m。

②爆破石渣的块度和爆堆,应能适合挖掘机械作业。爆破石渣如需利用,其块度和级配还应符合有关要求。

③爆破对紧邻爆区岩体的破坏范围小,爆区底部炮根少且较为平整。

④爆破振动效应、空气冲击波及噪声强度小。

⑤爆破无飞石或爆破飞石较少,飞散距离较近。

(2)紧邻设计边坡宜设缓冲孔。

(3)台阶爆破的最大一段起爆药量应不大于 300 kg;邻近设计建基面和设计边坡的台阶爆破以及缓冲孔爆破的最大一段起爆药量应不大于 100 kg。在排水洞、竖井、锚喷支护区等附近的台阶爆破,以及在设计另有要求部位的爆破,其最大一段起爆药量应满足设计要求或通过现场试验确认的爆破安全允许标准的要求。

(4)一次爆破排数较多时,宜每隔 4 ~5 排设置一排加密爆破孔。

(5)水工建筑物岩石基础开挖中,不宜采用挤压爆破。

(6)水工建筑物岩石基础开挖,除按要求控制单段爆破药量外,还应控制一次爆破总装药量和起爆排数。

5. 紧邻水平建基面的爆破

(1)紧邻水平建基面的爆破效果,应使水平建基面岩体不致产生大量爆破裂隙,以及不使节理裂隙面、层面等弱面明显恶化,并不损害岩体的完整性。

(2)紧邻水平建基面的岩体保护层厚度,应由爆破试验确定;若无条件进行试验,保护层厚度宜为上一层台阶爆破药卷直径的 25 ~40 倍。

(3)紧邻水平建基面的保护层宜选用下列一次爆破法予以挖除:

①沿建基面采用水平预裂爆破,上部采用水平孔台阶爆破法或浅孔台阶爆破法。

②沿建基面采用水平光面爆破,上部采用浅孔台阶爆破法。

③孔底无水时,可采用垂直(倾斜)浅孔,孔底加柔性或复合材料垫层的台阶爆破法。

以上任一种爆破方法均应经过试验证明可行后才可实施。

(4)经爆破试验证明可行,水平建基面也可采用深孔台阶一次爆破法,该方法应采取以下措施:

①水平建基面应采用水平预裂爆破法。

②台阶爆破的爆破孔底与水平预裂面应有合适距离。

(5)紧邻水平建基面的保护层也可采用分层爆破。

(6)沟槽爆破应采取以下措施:

①宜采用小直径炮孔分层爆破开挖,周边应采用光面爆破或预裂爆破。

②对于宽度小于 4 m 的沟槽,炮孔直径应小于 50 mm,炮孔深度宜小于 1.5 m。

③沟槽两侧的预裂爆破不应同时起爆,若两侧的预裂爆破在同一网路中起爆,则其中一侧应至少滞后 100 ms。

6. 特殊部位附近的爆破

(1)在新浇筑大体积混凝土附近进行爆破,应遵守下述规定:

①新浇筑大体积混凝土基础面上的质点振动速度,不应大于爆破振动安全允许标准。爆破振动安全允许标准应由爆破试验确定。

②钻孔爆破施工中,按照经验公式进行预报和控制。

(2)在灌浆区、预应力锚固区、锚喷(或喷浆)支护区等部位附近进行爆破,应经过爆破试验论证后才能实施。特殊情况下,可按已有工程实例类比法经论证后确定。

7. 爆破试验

(1)爆破试验应包含的内容如下:

①爆破器材性能试验。

②爆破参数试验。

③起爆网路试验。

④爆破影响范围测试。

⑤爆破振动效应测试。

(2)爆破试验采用的方法如下:

①爆破器材性能试验应采用专用仪器测试。

②爆破参数试验应根据设计要求,结合爆破试验效果调整爆破参数。

③起爆网路试验应根据设计进行模拟试验,确定实施起爆网路。

④爆破影响范围应采用钻孔声波法测试及宏观调查确定,宜使用数值计算方法进行对比分析。

⑤现场爆破地震效应试验应采用质点振动速度观测方法。

⑥爆破对边坡的稳定性影响,宜采用通用程序计算并与宏观调查和现场试验成果进行综合分析。

⑦根据各单项试验结果,确定爆破方案。

(三)施工质量控制

(1)单元工程以施工检查验收的区、段划分,每一区、段为一个单元工程。

(2)岩石地基开挖施工单元工程宜分为岩石地基开挖、地质缺陷处理 2 个工序,其中岩石地基开挖为主要工序。

(3)岩石地基开挖施工质量标准如表 4-10 所示。

(4)地质缺陷处理施工质量标准如表 4-11 所示。

表 4-10 岩石地基开挖施工质量标准

<table>
<tr><th colspan="2">项次</th><th>检验项目</th><th colspan="2">质量要求</th><th>检验方法</th><th>检验数量</th></tr>
<tr><td rowspan="4">主控项目</td><td>1</td><td>保护层开挖</td><td colspan="2">浅孔、密孔、小药量、控制爆破</td><td rowspan="3">观察、量测、查阅施工记录</td><td>每个单元抽测3处,每处不少于10 m^2</td></tr>
<tr><td>2</td><td>建基面处理</td><td colspan="2">开挖后岩面应满足设计要求,建基面上无松动岩块,表面清洁无泥垢、油污</td><td rowspan="2">全数</td></tr>
<tr><td>3</td><td>多组切割的不稳定岩体开挖和不良地质开挖处理</td><td colspan="2">满足设计处理要求</td></tr>
<tr><td>4</td><td>岩体的完整性</td><td colspan="2">爆破未损害岩体的完整性,开挖面无明显爆破裂隙,声波降低率小于10%或满足设计要求</td><td>观察、声波检查(需要时采用)</td><td>符合设计要求</td></tr>
<tr><td rowspan="8">一般项目</td><td rowspan="4">1</td><td rowspan="4">无结构要求或无配筋的基础断面尺寸及开挖面平整度</td><td>长或宽不大于10 m</td><td>符合设计要求,允许偏差为 -10 ~ 20 cm</td><td rowspan="8">观察、仪器测量、查阅施工记录</td><td rowspan="8">检测点采用横断面控制,断面间距不大于20 m,各横断面点数间距不大于2 m;局部突出或凹陷部位(面积在0.5 m^2以上者)应增设检测点</td></tr>
<tr><td>长或宽大于10 m</td><td>符合设计要求,允许偏差为 -20 ~ 30 cm</td></tr>
<tr><td>坑(槽)底部标高</td><td>符合设计要求,允许偏差为 -10 ~ 20 cm</td></tr>
<tr><td>垂直或斜面平整度</td><td>符合设计要求,允许偏差为20 cm</td></tr>
<tr><td rowspan="4">2</td><td rowspan="4">有结构要求或有配筋预埋件的基础断面尺寸及开挖面平整度</td><td>长或宽不大于10 m</td><td>符合设计要求,允许偏差为0 ~ 10 cm</td></tr>
<tr><td>长或宽大于10 m</td><td>符合设计要求,允许偏差为0 ~ 20 cm</td></tr>
<tr><td>坑(槽)底部标高</td><td>符合设计要求,允许偏差为0 ~ 20 cm</td></tr>
<tr><td>垂直或斜面平整度</td><td>符合设计要求,允许偏差为15 cm</td></tr>
</table>

表 4-11　地质缺陷处理施工质量标准

项次		检验项目	质量要求	检验方法	检验数量
主控项目	1	地质探孔、竖井、平洞、试坑处理	符合设计要求	观察、量测、查阅施工记录等	全数
	2	地质缺陷处理	节理、裂隙、断层、夹层或结构破碎带的处理符合设计要求		
	3	缺陷处理采用材料	材料质量满足设计要求	查阅施工记录、取样试验等	每种材料至少抽验1组
	4	渗水处理	地基及岸坡的渗水（含泉眼）已引排或封堵，岩面整洁无积水	观察、查阅施工记录	全数检查
一般项目	1	地质缺陷处理范围	地质缺陷处理的宽度和深度符合设计要求。地基及岸坡岩石断层、破碎带的沟槽开挖边坡稳定，无反坡，无浮石，节理、裂缝内的填充物冲洗干净	量测、观察、查阅施工记录	检测点采用横断面或纵断面控制，各断面点数不小于5个点；局部突出或凹陷部位（面积在0.5 m^2以上者）应增设检测点

注：构筑物地基、岸坡地质缺陷处理的灌浆、沟槽回填混凝土等工程措施，按SL 633或SL 632中的有关条文执行。

第三节　洞室开挖工程

一、施工测量标准

（1）地下洞室施工测量的基本内容如下：

①进行地下洞室贯通测量的技术设计和贯通测量。

②建立地面和地下平面与高程控制网。

③对地下洞室的轴线、坡度、高程和开挖断面放样。

④地下洞室开挖轴线纠偏与贯通面误差调整。

⑤测绘地下洞室纵、横断面，并计算工程量。

⑥提出中间验收、竣工验收资料和技术报告。

（2）地下洞室贯通测量极限误差如表4-12所示。

表 4-12　地下洞室贯通测量极限误差

相向开挖长度(km)		≤5	5~10	10~15	15~20	20~25	25~30	30~35	35~40	40~45	45~50
极限贯通误差(mm)	横向	±100	±150	±200	±300	±400	±500	±620	±740	±880	±1 000
	纵向	±100	±150	±200	±300	±400	±500	±620	±740	±880	±1 000
	竖向	±40	±56	±76	±100	±124	±150	±176	±200	±224	±250

注：相向开挖长度包括支洞的长度。

（3）上下两端相向开挖的竖井，其极限贯通误差不大于±200 mm。

(4)在每个洞口(包括支洞口)附近不受施工干扰的位置,应埋设3个平面控制点及3个高程控制点标石,平面控制点至少有一个与洞口通视良好,定向边和洞口应尽量位于同一高程面上,以消除垂线偏差对方向值的影响。

(5)施工导线点的布设可根据隧洞开挖方法确定;钻孔爆破法开挖宜每隔50 m左右设置一点;掘进机开挖宜根据激光导向仪的有效工作距离和后配套长度确定点位间距。

(6)洞内基本导线应进行两组独立观测,导线点的两组坐标值误差不应大于中误差的$2\sqrt{2}$倍,并取两组观测数据的平均值作为最后成果。

(7)地下开挖工程施工测量应遵守下列规定:

①施工放样之前应编制施工放样总图。

②细部放样轮廓点相对于洞轴线的点位中误差:开挖轮廓线不大于50 mm(不允许欠挖),混凝土衬砌立模点不大于±10 mm。

(8)钻孔爆破法开挖施工测量应遵守下列规定:

①开挖放样应以施工导线标定的轴线为依据。直线段采用串线法时,两吊线的间距不应小于5 m,延伸长度应小于20 m;曲线段应采用经纬仪放样。开挖过程中宜在洞内安置激光准直仪,或用激光经纬仪标定轴线。

②开挖放样应在掌子面上标定中线、腰线和开挖轮廓线,必要时还应标出钻孔位置;对分层开挖的地下厂房等大断面洞室进行放样时,可只标定设计开挖轮廓线和中心线,在腰线和中线位置宜安装激光指向仪。

③地下洞室混凝土衬砌放样,应以贯通后经调整配赋的洞室轴线为依据,在衬砌断面上标出拱顶、起拱线和边墙的设计位置,立模后应进行检查。

④应及时测绘开挖断面和混凝土衬砌竣工断面,并计算工程量。直线段断面间距为5 m,曲线段断面间距为3 m,对结构变形或特殊部位应适当加测断面。断面测点相对于洞室轴线的测量限差为:开挖竣工断面±50 mm,混凝土衬砌竣工断面±20 mm。

(9)掘进机开挖施工测量应遵守下列规定:

①首先将洞内基本导线或施工导线的坐标和高程引测至掘进机的激光导向系统,再以合计轴线指导掘进机的掘进方向,以保证施工测量的可靠性。

②为保证隧洞的准确贯通,对隧洞轴线应进行定期检测。

③使用双护盾掘进机施工时,开挖与衬砌平行作业,可只测绘混凝土衬砌竣工断面,断面测点相对于洞轴线的测量限差为±20 mm。

二、施工质量控制

(一)基本要求

(1)洞室开挖方法与地下建筑物的规模和地质条件密切相关,开挖期间应对揭露的各种地质现象进行编录,预测预报可能出现的地质问题,修正围岩工程地质分段分类以研究改进围岩支护方案。

(2)施工中应按施工组织设计要求在指定地点设置弃渣场弃渣,不应随意弃渣。

(3)洞室开挖壁(坡)面应稳定,无松动岩块,且应满足设计要求。

(二)岩石洞室开挖

(1)单元工程宜按下列规定划分:

①平洞开挖工程宜以施工检查验收的区、段或混凝土衬砌的设计分缝确定的块划分,每一个施工检查验收的区、段或一个浇筑块为一个单元工程。

②竖井(斜井)开挖工程宜以施工检查验收段每 5 ~ 15 m 划分为一个单元工程。

③洞室开挖工程可参照平洞或竖井划分单元工程。

(2)岩石洞室开挖施工质量标准如表 4-13 所示。

表 4-13 岩石洞室开挖施工质量标准

<table>
<tr><th colspan="2">项次</th><th>检验项目</th><th colspan="3">质量要求</th><th>检验方法</th><th>检验数量</th></tr>
<tr><td rowspan="4">主控项目</td><td>1</td><td>光面爆破和预裂爆破效果</td><td colspan="3">残留爆破孔痕迹分布均匀,预裂爆破后的裂缝连续贯穿。相邻两孔间的岩面平整,孔壁无明显的爆破裂隙,两茬炮之间的台阶或预裂爆破的最大外斜值不大于 10 cm。炮孔痕迹保存率:完整岩石在 90% 以上,较完整或完整性差的岩石不小于 60%,较破碎或破碎岩石不小于 20%</td><td>观察、量测、统计等</td><td>每个单元抽测 3 处,每处不少于 2 ~ 5 m^2</td></tr>
<tr><td>2</td><td>洞、井轴线</td><td colspan="3">符合设计要求,允许偏差为 -5 ~ 5 cm</td><td>量测、查阅施工记录</td><td rowspan="2">全数</td></tr>
<tr><td>3</td><td>不良地质处理</td><td colspan="3">符合设计要求</td><td>查阅施工记录</td></tr>
<tr><td>4</td><td>爆破控制</td><td colspan="3">爆破未损害岩体的完整性,开挖面无明显爆破裂隙,声波降低率小于 10% 或满足设计要求</td><td>观察、声波检查(需要时采用)</td><td>符合设计要求</td></tr>
<tr><td rowspan="9">一般项目</td><td>1</td><td>洞室壁面清撬</td><td colspan="3">洞室壁面上无残留的松动岩块和可能塌落的危石碎块,岩石面干净,无岩石碎片、尘埃、爆破泥粉等</td><td>观察、查阅施工记录</td><td>全数</td></tr>
<tr><td rowspan="4">2</td><td rowspan="8">岩石壁面局部超欠挖及平整度</td><td rowspan="4">无结构要求、无配筋预埋件</td><td>底部标高</td><td>符合设计要求,允许偏差为 -10 ~ 20 cm</td><td rowspan="8">测量</td><td rowspan="8">采用横断面控制,间距不大于 5 m,各横断面点数间距不大于 2 m;局部突出或凹陷部位(面积在 0.5 m^2 以上者)应增设检测点</td></tr>
<tr><td>径向尺寸</td><td>符合设计要求,允许偏差为 -10 ~ 20 cm</td></tr>
<tr><td>侧向尺寸</td><td>符合设计要求,允许偏差为 -10 ~ 20 cm</td></tr>
<tr><td>开挖平整度</td><td>符合设计要求,允许偏差为 15 cm</td></tr>
<tr><td rowspan="4">3</td><td rowspan="4">有结构要求或无配筋预埋件</td><td>底部标高</td><td>符合设计要求,允许偏差为 0 ~ 15 cm</td></tr>
<tr><td>径向尺寸</td><td>符合设计要求,允许偏差为 0 ~ 15 cm</td></tr>
<tr><td>侧向尺寸</td><td>符合设计要求,允许偏差为 0 ~ 15 cm</td></tr>
<tr><td>开挖平整度</td><td>符合设计要求,允许偏差为 10 cm</td></tr>
</table>

注:“ - ”表示欠挖。

（三）土质洞室开挖

（1）单元工程宜以施工检查验收的区、段、块划分，每一个施工检查验收的区、段、块（仓）划分为一个单元工程。

（2）土质洞室开挖施工质量标准如表 4-14 所示。

表 4-14　土质洞室开挖施工质量标准

<table>
<tr><th colspan="2">项次</th><th>检验项目</th><th>质量要求</th><th>检验方法</th><th>检验数量</th></tr>
<tr><td rowspan="3">主控项目</td><td>1</td><td>超前支护</td><td>钻孔安装位置、倾斜角度准确。注浆材料配比与凝胶时间、灌浆压力、次序等符合设计要求</td><td>观察、量测、查阅施工记录</td><td>每个单元抽检 3 处，每处每项不少于 3 个点</td></tr>
<tr><td>2</td><td>初期支护</td><td>安装位置准确。初喷、喷射混凝土、回填注浆材料配比与凝胶时间、灌浆压力、次序以及喷射混凝土厚度等符合设计要求。喷射混凝土密实、表面平整，平整度应满足 ±5 cm</td><td>观察、量测、喷射面插标尺</td><td>每个单元抽检 3 ~ 5 处</td></tr>
<tr><td>3</td><td>洞、井轴线</td><td>符合设计要求，允许偏差为 −5 ~ 5 cm</td><td rowspan="2">测量、查阅施工记录</td><td rowspan="2">全数</td></tr>
<tr><td rowspan="6">一般项目</td><td>1</td><td>洞面清理</td><td>洞壁围岩无松土、尘埃</td></tr>
<tr><td>2</td><td>底部标高</td><td>符合设计要求，允许偏差为 0 ~ 10 cm</td><td rowspan="4">激光指向仪、断面仪、经纬仪、水准仪以及拉线检测</td><td rowspan="4">采用横断面控制，间距不大于 5 m，各横断面点数间距不大于 2 m；局部突出或凹陷部位（面积在 0.5 m² 以上者）应增设检测点</td></tr>
<tr><td>3</td><td>径向尺寸</td><td>符合设计要求，允许偏差为 0 ~ 10 cm</td></tr>
<tr><td>4</td><td>侧向尺寸</td><td>符合设计要求，允许偏差为 0 ~ 10 cm</td></tr>
<tr><td>5</td><td>开挖平整度</td><td>符合设计要求，允许偏差为 10 cm</td></tr>
<tr><td>6</td><td>洞室变形监测</td><td>土质洞室的地面、洞室壁面变形监测点埋设符合设计或有关规范要求</td><td>观察、量测、查阅施工记录</td><td>全数观测。根据围岩变形稳定情况确定观测频次，但每天不少于 2 次</td></tr>
</table>

注：土质洞室开挖不允许欠挖。

三、掘进机施工质量控制

（1）采用掘进机开挖的隧洞，洞轴线的水平允许偏差为 ±100 mm，洞底高程允许偏差为 ±60 m，隧洞开挖轮廓线的允许偏差应满足设计要求。

（2）通风系统应进行专门设计，工作面附近的风速应不低于 0.25 m/s。

（3）管片安装误差可按下列要求控制：

①管片径向安装误差为 ±20 mm。

②管片接缝处最大起伏差为 ±5 mm。

（4）回填灌浆可按下列要求控制：

①回填灌浆 28 d，结石强度应大于 15 MPa，渗透系数应小于 1.0×10^{-5} cm/s。

②灌浆工作实施之前应进行现场灌浆试验，根据试验结果确定灌浆参数和施工工艺。

③灌浆过程中应严格执行有关技术标准，以保证灌浆饱满。施工过程中应做好记录。

④灌浆 7 d 之后，应采用钻孔注浆的方式对灌浆效果进行检查。每 100 m 可设一组检查孔，每组不宜少于 4 个钻孔，其中顶拱、仰拱和左右边墙各 1 个。检查方法为：向钻孔内注入水灰比为 2∶1的浆液，在规定压力下，以初始 10 min 内注入量不超过 10 L 为合格。

第四节　土石方填筑工程

一、土料填筑

(1)土料填筑施工应分层进行，分层检查和检测，并做好施工记录。

(2)单元工程宜以工程设计结构或施工检查验收的区、段、层划分，通常每区、段的每一层即为一个单元工程。

(3)土料铺填施工单元工程宜分为结合面处理、卸料及铺填、土料压实、接缝处理 4 个工序，其中土料压实工序为主要工序。

(4)结合面处理施工质量标准如表 4-15 所示。

表 4-15　结合面处理施工质量标准

项次		检验项目	质量要求	检验方法	检验数量
主控项目	1	建基面地基压实	黏性土、砾质土地基土层的压实度等指标符合设计要求。无黏性土地基土层的相对密度符合设计要求	方格网布点检查	坝轴线方向 50 m，上下游方向 20 m 范围内布点。检验深度应深入地基表面下 1 m，对地质条件复杂的地基，应加密布点取样检验
	2	土质建基面刨毛	土质地基表面刨毛 3 ~ 5 cm，层面刨毛均匀细致，无团块、空白	方格网布点检查	每个单元不少于 30 个点
	3	岩面和混凝土面处理	与土质防渗体结合的岩面或混凝土面，无浮渣、污物、杂物，无乳皮粉尘、油垢，无局部积水等。铺填前涂刷浓泥浆或黏土水泥砂浆，涂刷均匀，无空白，混凝土面涂刷厚度为 3 ~ 5 mm；裂隙岩面涂刷厚度为 5 ~ 10 mm，且回填及时，无风干现象。铺浆厚度允许偏差为 0 ~ 2 mm	方格网布点检查	每个单元不少于 30 个点
一般项目	1	层间结合面	上下层铺土的结合层面无砂砾、无杂物、表面松土、湿润均匀、无积水	观察	全数
	2	涂刷浆液质量	浆液稠度适宜、均匀无团块，材料配比误差不大于 10%	观察，抽测	每拌和一批至少抽样检测一次

(5)卸料及铺填施工质量标准如表 4-16 所示。

(6)土料压实施工质量标准如表 4-17 所示。

表 4-16 卸料及铺填施工质量标准

项次		检验项目	质量要求	检验方法	检验数量
主控项目	1	卸料	卸料、平料符合设计要求，均衡上升。施工面平整、土料区清晰，上下层分段位置错开	观察	全数
	2	铺填	上下游坝坡铺填应有富余量，防渗铺盖在坝体以内部分应与心墙或斜墙同时铺填。铺料表面应保持湿润，符合施工含水量	观察	全数
一般项目	1	结合部土料铺填	防渗体与地基（包括齿槽）、岸坡、溢洪道边墙、坝下埋管及混凝土齿墙等结合部位的土料铺填，无架空现象。土料厚度均匀，表面平整，无团块、无粗粒集中，边线整齐	观察	全数
	2	铺土厚度	铺土厚度均匀，符合设计要求，允许偏差为 -5 ~ 0 cm	测量	网格控制，每 100 m^2 为 1 个观测点
	3	铺填边线	铺填边线应有一定富余度，压实削坡后坝体铺填边线满足 0 ~ 10 cm（人工施工）、0 ~ 30 cm（机械施工）要求	测量	每条边线，每 10 延米为 1 个测点

表 4-17 土料压实施工质量标准

项次		检验项目	质量要求	检验方法	检验数量
主控项目	1	碾压参数	压实机具的型号、规格，碾压遍数、碾压速度、碾压振动频率、振幅和加水量应符合碾压试验确定的参数值	查阅试验报告、施工记录	每班至少检查 2 次
	2	压实质量	压实度和最优含水量符合设计要求。1 级、2 级坝和高坝的压实度不低于 98%；3 级中低坝及 3 级以下中坝的压实度不低于 96%；土料的含水量应控制在最优量值的 -2% ~ 3%。取样合格率不小于 90%。不合格试样不应集中，且不低于压实度设计值的 98%	取样试验，黏性土宜采用环刀法、核子水分密度仪法。砾质土可采用挖坑灌砂（灌水）法，土质不均匀的黏性土和砾质土的压实度检测也可采用三点击实法	黏性土 1 次/(100 ~ 200 m^3)，砾质土 1 次/(200 ~ 500 m^3)
	3	压实土料的渗透系数	符合设计要求	渗透试验	满足设计要求
一般项目	1	碾压搭接带宽度	分段碾压时，相邻两段交接带碾压迹应彼此搭接，垂直碾压方向搭接带宽度应不小于 1 ~ 1.5 m，顺碾压方向搭接带宽度应为 0.3 ~ 0.5 m	观测、量测	每个搭接带每个单元抽测 3 处
	2	碾压面处理	碾压表面平整，无漏压，个别有弹簧、起皮、脱空，剪力破坏部位的处理符合设计要求	现场观察、查阅施工记录	全数

(7)接缝处理施工质量标准如表4-18所示。

表4-18　接缝处理施工质量标准

项次		检验项目	质量要求	检验方法	检验数量
主控项目	1	结合坡面	斜墙和心墙内不应留有纵向接缝。防渗体及均质坝的横向接坡不应陡于1:3,其高差应符合设计要求,与岸坡结合坡度应符合设计要求。均质坝纵向接缝斜坡坡度和平台宽度应满足稳定要求,平台间高差不大于15 m	观察、测量	每一结合坡面抽测3处
	2	结合坡面碾压	接合坡面填土碾压密实,层面平整、无拉裂和起皮现象	观察、取样检验	每10延米取试样1个,如一层达不到20个试样,可多层累积统计;但每层不应少于3个试样
一般项目	1	结合坡面填土	填土质量符合设计要求,铺土均匀、表面平整,无团块、无风干	观察、取样检验	全数
	2	结合坡面处理	纵横接缝的坡面削坡、润湿、刨毛等处理符合设计要求	观察、布置方格网测量	每个单元不少于30个点

二、砂砾料填筑

(1)砂砾料填筑施工应分层进行,分层检查和检测,并做好施工记录。

(2)单元工程宜以设计或施工铺填区、段划分,每一区、段的每一铺填层划分为一个单元工程。

(3)砂砾料铺填施工单元工程宜分为砂砾料铺填、压实2个工序,其中砂砾料压实工序为主要工序。

(4)砂砾料铺填施工质量标准如表4-19所示。

(5)砂砾料压实施工质量标准如表4-20所示。

表4-19　砂砾料铺填施工质量标准

项次		检验项目	质量要求	检验方法	检验数量
主控项目	1	铺料厚度	铺料层厚度均匀,表面平整,边线整齐。铺料厚度允许偏差为设计厚度的-10~0%	按20 m×20 m方格网的角点为测点,定点测量	每个单元不少于10个点
	2	岸坡结合处铺填	纵横向结合部应符合设计要求,岸坡结合处的填料不应分离、架空	观察、量测	每条边线,每10延米测量1组
一般项目	1	铺填层面外观	砂砾料铺填力求均衡上升,无团块、无粗粒集中	观察	全数
	2	富余铺填宽度	富余铺填宽度满足削坡后压实质量要求;允许偏差为0~10 cm	测察、量测	每条边线,每10延米测量1组

表 4-20　砂砾料压实施工质量标准

项次		检验项目	质量要求	检验方法	检验数量
主控项目	1	碾压参数	压实机具的型号、规格，碾压遍数、碾压速度、碾压振动频率、振幅和加水量应符合碾压试验确定的参数值	按碾压试验报告检查、查阅施工记录	每班至少检查 2 次
	2	压实质量	相对密实度不得低于设计要求	查阅施工记录，取样试验	按铺填 1 000～5 000 m^3 取 1 个试样，但每层测点不少于 10 个点，渐至坝顶处每层或每个单元不宜少于 5 个点；测点中应至少有 1～2 个点分布在设计边坡线以内 30 cm 处，或与岸坡接合处附近
一般项目	1	压层表面质量	表面平整，无漏压、欠压	观察	全数
	2	断面尺寸	压实削坡后上下游设计边坡超填值允许偏差为 ±20 cm，坝轴线与相邻坝料结合面距离的允许偏差为 ±30 cm	测量检查	每层不少于 10 处

三、堆石料填筑

(1)单元工程宜以设计或施工铺填区、段划分；每一区、段的每一铺填层划分为一个单元工程。

(2)堆石料铺填施工单元工程宜分为堆石料铺填、压实 2 个工序，其中堆石料压实工序为主要工序。

(3)堆石料铺填施工质量标准如表 4-21 所示。

表 4-21　堆石料铺填施工质量标准

项次		检验项目	质量要求	检验方法	检验数量
主控项目	1	铺料厚度	铺料厚度应符合设计要求，允许偏差为铺料厚度的 -10%～0，且每一层应有 90% 的测点达到规定的铺料厚度	方格网定点测量	每个单元的有效检测点总数不少于 20 个点
	2	结合部铺填	堆石料纵横向结合部位宜采用台阶收坡法，台阶宽度应符合设计要求，结合部位的石料无分离、架空现象	观察、查阅施工记录	全数
一般项目	1	铺填层面外观	外观平整，分区均衡上升，大粒径料无集中现象	观察	全数

(4)堆石料压实施工质量标准如表4-22所示。

表4-22　堆石料压实施工质量标准

<table>
<tr><th colspan="2">项次</th><th>检验项目</th><th colspan="3">质量要求</th><th>检验方法</th><th>检验数量</th></tr>
<tr><td rowspan="2">主控项目</td><td>1</td><td>碾压参数</td><td colspan="3">压实机具的型号、规格,碾压遍数、碾压速度、碾压振动频率、振幅和加水量应符合碾压试验确定的参数值</td><td>查阅试验报告、施工记录</td><td>每班至少检查2次</td></tr>
<tr><td>2</td><td>压实质量</td><td colspan="3">孔隙率不大于设计要求</td><td>试坑法</td><td>主堆石区每5 000~50 000 m^3取样1次;过渡层区每1 000~5 000 m^3取样1次</td></tr>
<tr><td rowspan="5">一般项目</td><td>1</td><td>压层表面质量</td><td colspan="3">表面平整,无漏压、欠压</td><td>观察</td><td>全数</td></tr>
<tr><td rowspan="4">2</td><td rowspan="4">断面尺寸</td><td rowspan="2">下游坡铺填边线与坝轴线距离</td><td>有护坡要求</td><td>符合设计要求,允许偏差为±20 cm</td><td rowspan="4">测量</td><td rowspan="4">每一层检查项目,每层不少于10处</td></tr>
<tr><td>无护坡要求</td><td>符合设计要求,允许偏差为±30 cm</td></tr>
<tr><td colspan="2">过渡层与主堆石区分界线与坝轴线距离</td><td>符合设计要求,允许偏差为±30 cm</td></tr>
<tr><td colspan="2">垫层与过渡层分界线与坝轴线距离</td><td>符合设计要求,允许偏差为-10~0 cm</td></tr>
</table>

四、反滤(过渡)料填筑

(1)单元工程宜以反滤层、过渡层工程施工的区、段、层划分,每一区、段的每一层划分为一个单元工程。

(2)反滤(过渡)料铺填单元工程施工宜分为反滤(过渡)料铺填、压实2个工序,其中反滤(过渡)料压实工序为主要工序。

(3)反滤(过渡)料铺填施工质量标准如表4-23所示。

(4)反滤(过渡)料压实施工质量标准如表4-24所示。

表 4-23　反滤(过渡)料铺填施工质量标准

项次		检验项目	质量要求	检验方法	检验数量
主控项目	1	铺料厚度	铺料厚度均匀,不超厚,表面平整,边线整齐;检测点允许偏差不大于铺料厚度的10%,且不应超厚	方格网定点测量	每个单元不少于10个点
	2	铺填位置	铺填位置准确,摊铺边线整齐,边线偏差为±5 cm	观察、测量	每条边线,每10延米检测1组,每组2个点
	3	结合部	纵横向符合设计要求,岸坡结合处的填料无分离、架空	观察、查阅施工记录	全数
一般项目	1	铺填层面外观	铺填力求均衡上升,无团块、无粗粒集中	观察	全数
	2	层间结合面	上下层间的结合面无泥土、杂物等		

表 4-24　反滤(过渡)料压实施工质量标准

项次		检验项目	质量要求	检验方法	检验数量
主控项目	1	碾压参数	压实机具的型号、规格,碾压遍数、碾压速度、碾压振动频率、振幅和加水量应符合碾压试验确定的参数值	查阅试验报告、检查施工记录	每班至少检查2次
	2	压实质量	相对密实度不小于设计要求	试坑法	每200～400 m^3检测1次,每个取样断面每层所取的样品不应少于1组
一般项目	1	压实表面质量	表面平整,无漏压、欠压和出现弹簧土现象	观察	全数
	2	断面尺寸	压实后的反滤层、过渡层的断面尺寸偏差值不大于设计厚度的10%	查阅施工记录、测量	每100～200 m^3检测1组,或每10延米检测1组,每组不少于2个点

五、垫层工程

(1)垫层工程主要适用于面板堆石坝。

(2)单元工程宜以垫层工程施工的区、段划分,每一区、段划分为一个单元工程。

(3)垫层料铺填单元工程施工宜分为垫层料铺填、压实2个工序,其中垫层料压实工序为主要工序。

(4)垫层料铺填施工质量标准如表4-25所示。

表 4-25　垫层料铺填施工质量标准

项次		检验项目	质量要求		检验方法	检验数量
主控项目	1	铺料厚度	铺料厚度均匀，不超厚，表面平整，边线整齐；检测点允许偏差为 ±3 cm		方格网定点测量	铺料厚度按 10 m × 10 m 网格布置测点，每个单元不少于 4 个点
	2	铺填位置	垫层和过渡层分界线与坝轴线距离	符合设计要求，允许偏差为 -10 ~ 0 cm	测量	每个单元不少于 10 处
			垫层外坡线距坝轴线（碾压层）	符合设计要求，允许偏差为 ±5 cm		
	3	结合部	垫层摊铺顺序、纵横向结合部符合设计要求，岸坡结合处的填料无分离、架空		观察、查阅施工记录	全数
一般项目	1	铺填层面外观	铺填力求均衡上升，无团块、无粗粒集中		观察	全数
	2	接缝重叠宽度	接缝重叠宽度应符合设计要求，检查点允许偏差为 ±10 cm		查阅施工记录	每 10 延米检测 1 组，每组 2 个点
	3	层间结合面	上下层间的结合面无撒入泥土、杂物等		观察	全数

（5）垫层料压实施工质量标准如表 4-26 所示。

表 4-26　垫层料压实施工质量标准

项次		检验项目	质量要求	检验方法	检验数量
主控项目	1	碾压参数	压实机具的型号、规格，碾压遍数、碾压速度、碾压振动频率、振幅和加水量应符合碾压试验确定的参数值	查阅试验报告、施工记录	每班至少检查 2 次
	2	压实质量	压实度（相对密实度）不低于设计要求	查阅施工记录、观察，试坑法测定，试坑均匀分布于断面	水平面按每 500 ~1 000 m^3 检测 1 次，但每个单元取样不应少于 3 次；斜坡面按每 1 000 ~2 000 m^3 检测 1 次
一般项目	1	压层表面质量	层面平整，无漏压、欠压，各碾压段之间的搭接不小于 1 m	观察	全数
	2	垫层坡面保护	保护形式、采用材料及其配合比应满足设计要求。坡面防护层应做到喷、摊均匀密实，无空白、鼓包，表面平整、洁净	质量标准要求、检验项目、检验方法和检验数量见表 4-27 的内容	

(6)垫层坡面防护层检验项目及偏差标准如表 4-27 所示。

表 4-27 垫层坡面保护层检验项目及偏差标准

项次	项目		允许偏差	检验方法	检测数量
1	保护层材料		满足设计要求	取样抽测	每批次或每个单位工程取样 3 组
2	配合比		满足设计要求	取样抽测	每种配合比至少取样 1 组
3	碾压水泥砂浆	铺料厚度	设计厚度 ±3 cm	拉线测量	沿坡面按 20 m×20 m 网格布置测点
		摊铺每条幅宽度大于或等于 4 m	0～10 cm	拉线测量	每 10 延米检测 2 组
		碾压方法及遍数	满足设计要求	观察、查阅施工记录	全数
		碾压后砂浆表面平整度	偏离设计线 -8～+5 cm	拉线测量	沿坡面按 20 m×20 m 网格布置测点
		砂浆初凝前应碾压完毕,终凝后洒水养护	满足设计要求	观察、查阅施工记录	全数
4	喷射混凝土或水泥砂浆	喷层厚度偏离设计线	±5 cm	拉线测量	沿坡面按 20 m×20 m 网格布置测点
		喷层施工工艺	满足设计要求	观察、查阅施工记录	全数
		喷层表面平整度	±3 cm	拉线测量	沿坡面按 20 m×20 m 网格布置测点
		喷层终凝后洒水养护	满足设计要求	观察、查阅施工记录	全数
5	阳离子乳化沥青	喷涂层数	满足设计要求	查阅施工记录	全数
		喷涂间隔时间	不小于 24 h 或满足设计要求		
		喷涂前应清除坡面浮尘,喷涂后随即均匀撒砂	满足设计要求		

(7) 挤压边墙混凝土施工质量标准如表 4-28 所示。

表 4-28　挤压边墙混凝土施工质量标准

项目	质量要求	检验方法	检验数量
原材料	混凝土原材料品种和质量应符合相关标准和设计要求	按照 DL/T 5144《水工混凝土施工规范》执行	按照 DL/T 5144 执行
混凝土拌和物称量偏差	砂石偏差为 ±2%，水泥、水、外加剂偏差为 ±1%	称量检查	每班不少于 3 次
垫层料干密度	靠近挤压边墙 50 cm 范围内干密度满足设计要求	灌砂法	每层抽检 1 处
垫层料平整度	边墙挤压机行走范围内的垫层料碾压后 2 m 范围内平整度要求 ±25 mm	用 2 m 水平尺检测	每 50 m 连续检测 10 次
挤压边墙密度	符合配合比设计密度要求	蜡封法	每 10 层或不大于 500 m^3 取样 1 组
抗压强度	单组强度不大于设计强度 2 MPa，最小样本统计超强率不大于 20%	按照 DL/T 5422《混凝土面板堆石坝挤压边墙混凝土试验规程》试验	每 5 层或不大于 200 m^3 取样 1 组
弹性模量	符合设计要求	按照 DL/T 5422 试验	每 50 层取样 1 组或全部挤压墙混凝土不少于 5 组
渗透系数	符合设计要求	按照 DL/T 5422 试验	每 50 层取样 1 组或全部挤压墙混凝土不少于 5 组
坡面平整度	2 m 范围内平整度要求 ±25 mm	用 2 m 水平尺检测	每 50 m 连续检测 10 次

（8）翻模固坡施工质量控制要求如下：

①翻模模板安装的允许偏差为 ±10 mm。

②终碾后模板的变位应不超过 10 mm。

③配制固坡砂浆的水泥、砂子和水的质量均应符合 DL/T 5144 的规定。

④检查固坡砂浆物理力学性能的试件取样，应每 10 层垫层料填筑层取一组，剩余层数不足 10 层时也应取一组，试验结果应满足设计要求。

⑤固坡砂浆的抗压强度、渗透系数等应符合设计要求，抗压强度宜为 3～5 MPa，砂浆稠度根据施工需要选取。

⑥模板下垫层料干密度、颗粒级配检查按每层至少一次控制，垫层料渗透系数检查按设计要求进行。采用斜试坑取样检查垫层料干密度、颗粒级配。斜试坑应靠近固坡砂浆的下游面下挖形成。

六、排水工程

(1)排水工程主要以砂砾料、石料作为排水体,如坝体贴坡排水、棱体排水和褥垫排水等。

(2)单元工程宜以排水工程施工的区、段划分,每一区、段划分为一个单元工程。

(3)排水工程单元工程施工质量标准如表4-29所示。

表4-29 排水工程单元工程施工质量标准

项次		检验项目		质量要求	检验方法	检验数量
主控项目	1	结构形式		排水体结构形式、纵横向接头处理、排水体的纵坡及防冻保护措施等应满足设计要求	观察、查阅施工记录	全数
	2	压实质量		无漏压、欠压,相对密实度或孔隙率应满足设计要求	试坑法	按每200~400 m^3检测1次,每个取样断面每层取样不少于1次
一般项目	1	排水设施位置		排水体位置准确,基底高程、中(边)线偏差为±3 cm	测量	基底高程、每中(边)线每10延米检测1组,每组不少于3个点
	2	结合面处理		层面结合良好,与岸坡结合处的填料无分离、架空现象,无水平通缝。靠近反滤层的石料为内小外大,堆石接缝为逐层错缝,不应垂直相接,表面的砌石为平砌,平整美观	观察、查阅施工记录	每100 m^3检查1处,每处检查面积为10 m^2,排水管路按每50延米检查1处,每处检查长度为5 m(含1个管路接头)
	3	排水材料摊铺		摊铺边线整齐,厚度均匀,表面平整无团块、粗粒集中现象;检测点允许偏差为±3 cm	观察,水准仪或拉线测量	铺料厚度按10 m×10 m网格布置测点,每个单元不少于4个点
	4	排水体结构外轮廓尺寸		压实后排水体结构外轮廓尺寸应不小于设计尺寸的10%	查阅施工记录、测量	每50 m^2或20延米检测6点,检测点采用横断面或纵断面控制,各断面点数不少于3点,局部突出或凹陷部位(面积在0.5 m^2以上者)应增设检测点
	5	排水体外观	表面平整度	符合设计要求。 干砌:允许偏差为±5 cm; 浆砌:允许偏差为±3 cm	用2 m靠尺测量	每个单元检测点数不少于10个点
			顶标高	符合设计要求。 干砌:允许偏差为±5 cm; 浆砌:允许偏差为±3 cm	水准仪测量	每10延米测1个点

第五节　砌石工程

一、砌石材料

（一）骨料

1. 砂、砾（碎石）、石料的规格与质量要求

（1）必须对砂、砾（碎石）、石料料场的分布、储量与质量进行复查。其调查、试验的项目和精度应符合 SL 251《水利水电工程天然建筑材料勘察规程》的有关规定。

（2）砂浆和混凝土用砂的质量应符合表 4-30 的规定。

（3）砂浆和混凝土用砾（碎石）的质量应符合表 4-31 的规定。

表 4-30　砂浆和混凝土用砂的质量要求

项目	指标	说明
天然砂中含泥量（%） 其中黏土含量（%）	<5 <2	含泥量是指粒径小于 0.08 mm 的细屑、淤泥和黏土的总量； 不应含有黏土团粒
人工砂中的石粉含量（%）	<12	是指粒径小于 0.15 mm 的颗粒
坚固性（%）	<10	是指硫酸钠溶液法 5 次循环后的重量损失
云母含量（%）	<10	—
硫化物及硫酸盐含量按重量计折算成二氧化硫（%）	<1	—
有机质含量	浅于标准色	若深于标准色，则应配成砂浆进行强化对比试验
密度（t/m^3）	>2.5	—

表 4-31　砂浆和混凝土用砾（碎石）的质量要求

项目	指标	说明
含泥量（%）	D_{20}、D_{40}粒径级 <1 D_{80}以上粒径级 <0.5	各粒径级均不应含有黏土团粒
坚固性（%）	<5	有抗冻要求时
冻融损失率（%）	<12	无抗冻要求时
硫化物及硫酸盐含量按重量计折算成二氧化硫（%）	<0.5	—
有机质含量	浅于标准色	若深于标准色，则应进行混凝土强化对比试验
密度（t/m^3）	>2.55	—
吸水率（%）	<2.5	—
针、片状颗粒含量（%）	<15	碎石经过试验论证，可放宽至 25%

(4)砌石混凝土施工中,宜将粗骨料按粒径分成以下几个粒径级:

①当最大粒径为 20 mm 时,分成 5 ~ 20 mm 一级;

②当最大粒径为 40 mm 时,分成 5 ~ 20 mm 和 20 ~ 40 mm 两级。

(5)砌坝石料必须质地坚硬、新鲜,不得有剥落层或裂纹。其基本物理力学指标应符合设计规定。

(6)砌坝石料按外形可分为粗料石、块石、毛石(包括大的河卵石)三种,其规格要求如下:

①粗料石包括条石(一般为长方体形状)、异形石(按特殊要求,经专门加工成特定形状与尺寸的石料),要求棱角分明,六面基本平整,同一面最大高差小于 1 cm,其尺寸视料场择优选定,但其长度宜大于 50 cm,块高宜大于 25 cm,长厚比不宜大于 3。坝体粗料石的外露面宜修琢加工,其高差宜小于 0.5 cm。

②块石一般由成层岩石爆破而成或大块石料锲裂而得,要求上下两面平行且大致平整,无尖角、薄边,块厚宜大于 20 cm。

③毛石无一定规则形状。单块质量应大于 25 kg,中厚不小于 15 cm。规格小于上述要求的毛石,又称片石,可用于塞缝,但其用量不得超过该处砌体质量的 10%。

2. 砂、砾(碎石)料的开采、加工与堆放的规定

(1)应合理选定砂、砾(碎石)料筛分设备的规格,严格控制筛网的倾角,以保证砂砾料成品的超径含量小于 5%,逊径含量小于 10%。

(2)砂、砾(碎石)料的含泥量超过规定时,必须用水清洗。

(3)用爆破法开采石料时,应遵守以下规定:

①应根据料场的地形地质条件合理布孔,适当控制装药量,石料开采的利用率宜在 60% 以上。

②采用松动爆破时,宜采用硝铵、铵油等弱性炸药。

(4)对每次爆破后的石料场,应认真处理瞎炮,清除危石。清理工作应参照安全操作规程的有关规定执行。

(5)各种成品的砂、砾、石料,应根据其品种、规格分别堆放,严防混杂污染。堆放场地应平整、干燥、排水良好,位于洪水位影响带之上,并宜靠近交通干线,以减少转运次数。

(二)胶凝材料

(1)运至工地的水泥,应有制造厂的品质试验报告,并由试验室取样进行复检。复检时,每 200 ~ 400 t 同品种、同强度等级的水泥为一取样单位;若不足 200 t,也作为一取样单位。可以连续取样,也可以从 20 个不同部位水泥中等量取样,混合均匀后作为样品,其总质量至少有 10 kg。

(2)配制胶凝材料所用的水泥,除应符合现行的国家标准及有关部颁标准的规定外,还应进行试验检查。检查项目有:水泥强度等级、凝结时间、标准稠度及细度等。应避免不同品种、不同强度等级、不同厂家的水泥混用。

(3)应经常检查各种原材料的配合量,所用衡器每月应率定一次,每次使用前必须进行校正。

(4)砂的细度模数,应根据料场情况经常检查,当其细度模数的变化超过 ±0.2 时,宜变更胶凝材料的配合比。

(5)在拌和站储存的砂、砾料，其含水量宜经常检查，雨天及气温变化较大时，应增加测定次数。砂的含水量，其波动范围宜在 ±0.5% 以内。砾石含水量的波动范围宜在 ±0.2% 以内。

(6)应经常检查胶凝材料的均匀性，不定时在拌和机口出料始末各取一个试样，测定其湿容量，其前后差值每立方米不得大于 35 kg。

(7)胶凝材料的沉入度或坍落度每班至少抽查 2 次，并应控制其在规定范围之内。

(8)胶凝材料的抗压强度检验，同一强度等级胶凝材料试件的数量，28 d 龄期每 200 m^3 砌体取成型试件一组 3 个；设计龄期每 400 m^3 取成型试件一组 3 个。

(9)胶凝材料的质量评定要求如下：

①按月、按强度等级以配合比相同的胶凝材料作为一个统计单位；工程验收时，可按建筑物部位，以同强度等级的砂浆或混凝土作为一个统计单位，进行抗压强度统计。

②抗压强度以 28 d 龄期为准。

③抗压强度取一组 3 个试件的算术平均值作为一个统计数据，其精度为 1 kg/cm^2。若 3 个试件中有 1 个试件的实测值与平均值相差超过 ±15%，则应将这个试件的试验结果作废，而取其他 2 个比较接近的试验结果的平均值。

④同批试件($n \geq 30$ 组)统计的强度保证率不应小于 80%。

(10)为保证胶凝材料的质量，必须结合工程具体情况，制定相应的实施检查制度，并认真执行。

二、砌石体质量控制

(一)干砌石体

(1)单元工程宜以施工检查验收的区、段划分，每一区、段划为一个单元工程。

(2)干砌石单元工程施工质量标准如表 4-32 所示。

表 4-32　干砌石单元工程施工质量标准

项次		检验项目	质量要求	检验方法	检验数量
主控项目	1	石料表观质量	石料规格应符合设计要求	量测、取样试验	根据料源情况抽验 1～3 组，但每一种材料至少抽验 1 组
	2	砌筑	自下而上错缝竖砌，石块紧靠密实，垫塞稳固，大块压边；采用水泥砂浆勾缝时，应预留排水孔。砌体应咬扣紧密、错缝	观察、翻撬或铁钎插检。对于砌墙(坝)，必要时采用试坑法检查孔隙率	网格法布置测点，上游面护坡工程每个单元的有效检测点总数不少于 30 个点，其他护坡工程每个单元的有效检测点总数不少于 20 个点

续表 4-32

项次		检验项目	质量要求		检验方法	检验数量
一般项目	1	基面处理	基面处理方法、基础埋置深度应符合设计要求		观察、查阅施工验收记录	全数
	2	基面碎石垫层铺填质量	碎石垫层料的颗粒级配、铺填方法、铺填厚度及压实度应满足设计要求		量测、取样试验	每个单元检测点总数不少于 20 个点
	3	干砌石体的断面尺寸	表面平整度	符合设计要求,允许偏差为 5 cm	用 2 m 靠尺量测	每个单元检测点数不少于 25 ~ 30 个点
			厚度	符合设计要求,允许偏差为 ±10%	测量	每 100 m^2测 3 个点
			坡度	符合设计要求,允许偏差为 ±2%	坡尺及垂线	每个单元实测断面不少于 2 个

(二)水泥砂浆砌石体

(1)单元工程宜以施工检查验收的区、段、块划分,每一个(道)墩、墙划分为一个单元工程,或每一施工段、块的一次连续砌筑层(砌筑高度一般为 3 ~5 m)为一个单元工程。

(2)水泥砂浆砌石体施工单元工程宜分为浆砌石体层面处理、砌筑、伸缩缝 3 个工序,其中砌筑工序为主要工序。

(3)水泥砂浆砌石体层面处理施工质量标准如表 4-33 所示。

表 4-33 水泥砂浆砌石体层面处理施工质量标准

项次		检验项目	质量要求	检验方法	检验数量
主控项目	1	砌体仓面清理	仓面干净,面湿润均匀。无浮渣,无杂物,无积水,无松动石块	观察、查阅验收记录	全数
	2	表面处理	垫层混凝土表面、砌石体表面局部光滑的砂浆表面应凿毛,毛面面积应不小于 95% 的总面积	观察、方格网法量测	整个砌筑面
一般项目	1	垫层混凝土	已浇垫层混凝土,在抗压强度未达到设计要求前,不应在其面层上进行上层砌石的准备工作	观察、查阅施工记录	全数

(4)水泥砂浆砌石体砌筑施工质量标准如表 4-34 所示。

①水泥砂浆砌体表面砌缝宽度控制标准如表 4-35 所示。

②浆石坝体外轮廓尺寸偏差控制标准如表 4-36 所示。

③浆砌石墩、墙砌体位置、尺寸偏差控制标准如表 4-37 所示。

④浆砌石溢洪道溢流面砌筑结构尺寸偏差控制标准如表 4-38 所示。

(5)水泥砂浆砌石体伸缩缝(填充材料)施工质量标准如表 4-39 所示。

表 4-34 水泥砂浆砌石体砌筑施工质量标准

项次		检验项目		质量要求	检验方法	检验数量
主控项目	1	石料表观质量		石料规格应符合设计要求，表面湿润，无污垢、油渍等污物	观察、测量	逐块观察、测量。根据料源情况抽验 1 ~ 3 组，但每一种材料至少抽验 1 组
	2	普通砌石体砌筑		铺浆均匀，无裸露石块；灌浆、塞缝饱满，砌缝密实，无架空等现象	观察、翻撬观察	翻撬抽检每个单元不少于 3 块
	3	墩、墙砌石体砌筑		先砌筑角石，再砌筑镶面石，最后砌筑腹石；镶面石的厚度应不小于 30 cm，临时间断处的高低差应不大于 1 m，并留有平缓台阶	观察、测量	全数检查
	4	墩、墙砌筑形式		内外搭砌，上下错缝；丁砌石分布均匀，面积不小于墩、墙砌体全部面积的 1/5，且长度大于 60 cm；毛块石分层卧砌，无填心砌法；每砌筑 70 ~ 120 cm 高度找平一次；砌缝宽度基本一致	观察、测量	每 20 延米抽查 1 处，每处 3 延米，但每个单元工程应不少于 3 处
	5	砌石坝	砌石体质量	密度、孔隙率应符合设计要求	试坑法	坝高 1/3 以下，每砌筑 10 m 高挖试坑 1 组；坝高 1/3 ~ 2/3 处，每砌筑 15 m 高挖试坑 1 组；坝高 2/3 以上，每砌筑 20 m 高挖试坑 1 组
	6	砌石坝	抗渗性能	对有抗渗要求的部位，砌体透水率(Lu)应符合设计要求	压水试验	每砌筑 2 层高进行 1 次钻孔压水试验，每 100 ~ 200 m^2 坝面钻孔 3 个，每次试验不少于 3 孔
	7	砌石坝	砌缝饱满度与密实度	饱满且密实	钻孔检查	每 100 m^3 砌体钻孔取芯 1 次
一般项目	1	水泥砂浆沉入度		符合设计要求，允许偏差为 ±1 cm	现场抽检	每班不少于 3 次
	2	砌缝宽度		水泥砂浆砌体表面砌缝宽度控制标准应符合表 4-35 规定	见表 4-35	
	3	浆砌石坝体外轮廓尺寸		浆砌石坝体外轮廓尺寸偏差控制标准应符合表 4-36 规定	见表 4-36	
	4	浆砌石墩，墙砌体位置、尺寸		浆砌石墩，墙砌体位置、尺寸偏差控制标准应符合表 4-37 规定	见表 4-37	
	5	浆砌石溢洪道溢流面砌筑结构尺寸		浆砌石溢洪道溢流面砌筑结构尺寸偏差控制标准应符合表 4-38 规定	见表 4-38	

表 4-35 水泥砂浆砌体表面砌缝宽度控制标准

项次	砌缝类别	砌缝宽度(mm)			允许偏差(%)	检验方法	检验数量
		粗料石	预制块	块石			
1	平缝	15 ~ 20	10 ~ 15	20 ~ 25	10	观察、测量	每 10 m^2 砌筑表面抽检 1 处,每个单元工程不少于 10 处,每处检查不少于 1 m 缝长
2	竖缝	20 ~ 30	15 ~ 20	20 ~ 40			

表 4-36 浆砌石坝体外轮廓尺寸偏差控制标准

项次	项目			允许偏差	检验方法	检验数量
1	坝体轮廓线	水平断面(mm)		±40	仪器测量	沿坝轴线方向每 10 ~ 20 m 校核 1 点,每个单元工程不少于 10 个点
		高程	重力坝(mm)	±30		
			拱坝、支墩坝(mm)	±20		沿坝轴线方向每 3 ~ 5 m 校核 1 点,每个单元工程不少于 20 个点
2	护坡	浆砌石	表面平整度(mm)	≤30		每个单元检测点数不少于 25 ~ 30 个点
			厚度(mm)	±30		每 100 m^2 测 3 个点
			坡度	±2%		每个单元实测断面不少于 2 个点
		混凝土预制块	表面平整度(mm)	≤10		每个单元检测点数不少于 25 ~ 30 个点
			厚度(mm)	±10		每 100 m^2 测 3 个点
			坡度	±2%		每个单元实测断面不少于 2 个点

表 4-37 浆砌石墩,墙砌体位置、尺寸偏差控制标准

项次	类别		允许偏差(mm)	检验方法及数量
1	轴线位置偏移		10	经纬仪、拉线测量,每 10 延米检查 1 个点
2	顶面标高		±15	水准仪测量,每 10 延米检查 1 个点
3	厚度	设闸门部位	±10	测量检查,每 1 延米检查 1 个点
		无闸门部位	±20	测量检查,每 5 延米检查 1 个点

(三)混凝土砌石体

(1)单元工程宜以施工检查验收的区、段、块划分,每一个(道)墩、墙或每一施工段、块的一次连续砌筑层(砌筑高度一般为 3 ~5 m)划分为一个单元工程。

(2)混凝土砌石体单元工程施工分为砌石体层面处理、砌筑、伸缩缝 3 个工序,其中砌石体砌筑工序为主要工序。

(3)混凝土砌石体层面处理和伸缩缝的施工质量标准可按照水泥砂浆砌石体的要求执行。

(4)混凝土砌石体砌筑施工质量标准如表 4-40 所示。

(5)细石混凝土砌体表面砌缝宽度控制标准如表 4-41 所示。

表 4-38　浆砌石溢洪道溢流面砌筑结构尺寸偏差控制标准

项次	类别	项目	允许偏差(mm)	检验方法及数量
1	砌缝类别	平缝宽 15 mm	±2	测量,每 100 m^2抽查 1 处,每处 10 m^2,每个单元不少于 3 处
		竖缝宽 15～20 mm	±2	
2	平面控制	堰顶	±10	经纬仪、水准仪测量,每 100 m^2抽查 20 个点
		轮廓线	±20	
3	竖向控制	堰顶	±10	
		其他位置	±20	
4	表面平整度		20	用 2 m 靠尺检查,每 100 m^2抽查 20 个点

表 4-39　水泥砂浆砌石体伸缩缝(填充材料)施工质量标准

项次		检验项目	质量要求	检验方法	检验数量
主控项目	1	伸缩缝缝面	平整、顺直、干燥,外露铁件应割除,确保伸缩有效	观察	全数
	2	材料质量	符合设计要求	观察、抽查试验	—
一般项目	1	涂敷沥青料	涂刷均匀平整、与混凝土黏接紧密,无气泡及隆起现象	观察	全数
	2	粘贴沥青油毛毡	铺设厚度均匀平整、牢固,搭接紧密		
	3	铺设预制油毡板或其他闭缝板	铺设厚度均匀平整、牢固,相邻块安装紧密、平整无缝		

表 4-40　混凝土砌石体砌筑施工质量标准

项次		检验项目	质量要求	检验方法	检验数量
主控项目	1	石料表观质量	石料规格应符合设计要求,表面湿润、无泥垢及油渍等污物	观察、测量	逐块观察、测量。根据料源情况抽验 1～3 组,但每一种材料至少抽验 1 组
	2	砌石体砌筑	混凝土铺设均匀,无裸露石块;砌石体灌注、塞缝混凝土饱满,砌缝密实,无架空现象	观察、翻撬检查	翻撬抽检每个单元不少于 3 块
	3	腹石砌筑形式	粗料石砌筑,宜一丁一顺或一丁多顺;毛石砌筑,石块之间不应出现线或面接触	现场观察	每 100 m^2坝面抽查 1 处,每处面积不小于 10 m^2,每个单元不应少于 3 处
	4	砌石体质量	抗渗性、密度、孔隙率应符合设计要求	检验方法及检验数量详见表 4-34	
一般项目	1	混凝土维勃稠度或坍落度	拌和物均匀,维勃稠度偏离设计中值不大于 2 s 或坍落度偏离设计中值不大于 2 cm	现场抽检	每班不少于 3 次
	2	表面砌缝宽度	砌体表面砌缝宽度应满足表 4-41 的质量要求		
	3	混凝土砌石体的外轮廓尺寸	混凝土砌石体的外轮廓尺寸应满足表 4-36～表 4-38 的质量要求		

表 4-41　细石混凝土砌体表面砌缝宽度控制标准

砌缝类别	砌缝宽度(mm)			允许偏差(%)	检验方法	检验数量
	粗料石	预制块	块石			
平缝	25~30	20~25	30~35	10	观察、测量	每 10 m^2 砌筑表面抽检 1 处,每个单元工程不少于 10 处,每处检查不少于 1 m 缝长
竖缝	30~40	25~30	30~50			

(四)水泥砂浆勾缝

(1)水泥砂浆勾缝主要用于浆砌石体迎水面的防渗砌体。

(2)单元工程宜以水泥砂浆勾缝的砌体面积或相应的砌体分段、分块划分。

(3)勾缝采用的水泥砂浆应单独拌制,不应与砌筑砂浆混用,其强度、抗渗、抗冻指标应符合设计要求。

(4)水泥砂浆勾缝单元工程施工质量标准如表 4-42 所示。

表 4-42　水泥砂浆勾缝单元工程施工质量标准

项次		检验项目	质量要求	检验方法	检验数量
主控项目	1	清缝	清缝宽度不小于砌缝宽度,水平缝清缝深度不小于 4 cm,竖缝清缝深度不小于 5 cm;缝槽清洗干净,缝面湿润且无残留灰渣和积水	观察、测量	每 10 m^2 砌体表面抽检不少于 5 处,每处缝长不少于 1 m
	2	勾缝	勾缝形式符合设计要求,分次向缝内填充压实,密实度达到要求,砂浆初凝后不应扰动	砂浆初凝前通过压触对比抽检勾缝的密实度,抽检压触深度不应大于 0.5 cm	每 100 m^2 砌体表面至少抽检 10 处,每处缝长不少于 1 m
	3	养护	有效及时,一般砌体养护 28 d;对有防渗要求的砌体养护时间应满足设计要求。养护期内表面保持湿润,无时干时湿现象	观察,检查施工记录	全数检查
一般项目	1	水泥砂浆沉入度	符合设计要求,允许偏差为 ±1 cm	现场抽检	每班不少于 3 次

第六节　土工合成材料滤层、排水、防渗工程

一、土工合成材料滤层和排水工程

(1)单元工程宜以设计和施工铺设的区、段划分。平面形式每500~1 000 m^2划分为一个单元工程;圆形、菱形或梯形断面(包括盲沟)形式每50~100延米划分为一个单元工程。

(2)土工织物施工单元工程宜分为场地清理与垫层料铺设织物备料、土工织物铺设、回填和表面防护4个工序,其中土工织物铺设工序为主要工序。

(3)场地清理与垫层料铺设施工质量标准如表4-43所示。

(4)织物备料质量标准如表4-44所示。

(5)土工织物铺设施工质量标准如表4-45所示。

(6)回填和表面防护施工质量标准如表4-46所示。

表4-43　场地清理与垫层料铺设施工质量标准

项次		检验项目	质量要求	检验方法	检验数量
主控项目	1	场地清理	地面无尖棱硬物,无凹坑,基面平整	观察,查阅施工记录	全数
	2	垫层料的铺填	铺摊厚度均匀,碾压密实度符合设计要求	量测、取样试验	铺填厚度每个单元检测30个点;碾压密实度每个单元检测1组
一般项目	1	场地清理、平整及铺设范围	场地清理平整与垫层料铺设的范围符合设计要求	量测	每条边线,每10延米检测1个点,清整边线应大于土工织物铺设边线外50 cm;垫层料的铺填边线不小于土工织物铺设边线

表4-44　织物备料质量标准

项次		检验项目	质量要求	检验方法	检验数量
主控项目	1	土工织物的性能指标	土工织物的物理性能指标、力学性能指标、水力学指标,以及耐久性指标均应符合设计要求	查阅出厂合格证和原材料试验报告,并抽样复查	每批次或每个单位工程取样1~3组进行试验检测
一般项目	1	土工织物的外观质量	无疵点、破洞等	观察	全数

表 4-45　土工织物铺设施工质量标准

项次		检验项目	质量要求	检验方法	检验数量
主控项目	1	铺设	土工织物铺设工艺符合要求,平顺、松紧适度、无皱褶,与土面密贴;场地洁净,无污物污染,施工人员佩戴满足现场操作要求	观察	全数
	2	拼接	搭接或缝接符合设计要求,缝接宽度不小于 10 cm;平地搭接宽度不小于 30 cm;不平整场地或极软土搭接宽度不小于 50 cm;水下及受水流冲击部位应采用缝接,缝接宽度不小于 25 cm,且缝成两道缝	观察	逐缝,全数
一般项目	1	周边锚固	锚固形式以及坡面防滑钉的设置符合设计要求,水平铺设时,其周边宜将土工织物延长回折,做成压枕的形式	观察、量测、查阅施工记录	周边锚固每 10 延米检测 1 个断面,坡面防滑钉的位置偏差不大于 10 cm

表 4-46　回填和表面防护施工质量标准

项次		检验项目	质量要求	检验方法	检验数量
主控项目	1	回填材料质量	回填材料性能指标应符合设计要求,且不应含有损坏织物的物质	观察,取样试验	软化系数、抗冻性、渗透系数等每批次或每单位工程取样 3 组;粒径、级配含泥量、含水量等每 100 ~ 200 m^3 取样 1 组
	2	回填时间	及时,回填覆盖时间超过 48 h 应采取临时遮阳措施	观察、查阅施工记录	全数
一般项目	1	回填保护层厚度及压实度	符合设计要求,厚度允许误差为 0 ~ 5 cm,压实度符合设计要求	观察、量测、查阅施工记录	回填铺筑厚度每个单元检测 30 个点;碾压密实度每个单元检测 1 组

二、土工膜防渗工程

(1)单元工程宜以施工铺设的区、段划分,每一次连续铺填的区、段或每 500 ~ 1 000 m^2 划分为一个单元工程。土工膜防渗体与刚性建筑物或周边连接部位,应按其连续施工段(一般 30 ~ 50 m)划分为一个单元工程。

(2)土工膜防渗体单元工程施工宜分为下垫层和支持层土工膜备料、土工膜铺设、土工膜与刚性建筑物或周边连接处理、上垫层和防护层 5 个工序,其中土工膜铺设工序为主要工序。

(3)下垫层和支持层施工质量可参照反滤(过渡)料铺填等相关标准执行。

(4)土工膜备料施工质量标准如表4-47所示。

表4-47　工膜备料施工质量标准

项次		检验项目	质量要求	检验方法	检验数量
主控项目	1	土工膜的性能指标	土工膜的物理性能指标、力学性能指标、水力学指标,以及耐久性指标应符合设计要求	查阅出厂合格证和原材料试验报告,并抽样复查	每批次或每个单位工程取样1~3组进行试验检测
一般项目	1	土工膜的外观质量	无疵点、破洞等,符合国家标准	观察	全数

(5)土工膜铺设施工质量标准如表4-48所示。

表4-48　土工膜铺设施工质量标准

项次		检验项目	质量要求	检验方法	检验数量
主控项目	1	铺设	土工膜的铺设工艺应符合设计要求,平顺、松紧适度、无褶皱、留有足够的余幅,与下垫层密贴	观察、查阅施工记录	全数
	2	拼接	拼接方法、搭接宽度应符合设计要求,粘接搭接宽度宜不小于15 cm,焊缝搭接宽度宜不小于10 cm。膜间形成的节点,应为T形,不应做成十字形。接缝处强度不低于母材的80%	目测法、现场检漏法和抽样测试法	每100延米接缝抽测1处,但每个单元工程不少于3处。接缝处强度每个单位工程抽测1~3次
	3	排水、排气	排水、排气的结构形式符合设计要求,阀体与土工膜连接牢固,不应漏水、漏气	目测法、现场检漏法和抽样测试法	逐个
一般项目	1	铺设场地	铺设面应平整,无杂物、尖锐凸出物。铺设场区气候适宜,场地洁净无污物污染,施工人员佩戴满足现场操作要求	观察、查阅验收记录	全数

(6)土工膜与刚性建筑物或周边连接处理施工质量标准如表4-49所示 。

(7)上垫层施工质量可参照反滤(过渡)料铺填等相关标准评定。防护层施工质量可参照砌石体工程相关标准评定。

表 4-49　土工膜与刚性建筑物或周边连接处理施工质量标准

项次		检验项目	质量要求	检验方法	检验数量
主控项目	1	周边封闭沟槽结构形式、基础条件	封闭沟槽的结构形式、基础条件应符合设计要求	观察、查阅施工记录	全数
	2	封闭材料质量	封闭材料质量应满足设计要求，试样合格率不小于 95%，不合格试样不应集中，且不低于设计指标的 98%	观察，查阅施工记录、现场取样试验	每个单元至少取 1 组，试验项目应满足设计要求
一般项目	1	沟槽开挖、结构尺寸	周边封闭沟槽土石方开挖尺寸，封闭材料如黏土、混凝土结构尺寸应满足设计要求。检测点误差为 ±2 cm	观察、测量	沿封闭沟槽每 5 延米测 1 个横断面，每断面不少于 5 个点

第五章 混凝土工程

第一节 普通混凝土工程

一、普通混凝土质量控制

(一)基本要求

(1)普通混凝土单元工程以混凝土浇筑仓号或一次检查验收范围划分。对混凝土浇筑仓号,应按每一仓分为一个单元工程;对排架、梁、板、柱等构件,应按一次检查验收的范围分为一个单元工程。

(2)普通混凝土单元工程分为基础面或施工缝处理、模板安装、钢筋制作及安装、预埋件(止水、伸缩缝等)制作及安装、混凝土浇筑(含养护、脱膜)、外观质量检查6个工序。其中,钢筋制作及安装、混凝土浇筑(含养护、脱膜)工序为主要工序。

(3)水泥、钢筋、掺和料、外加剂、止水片(带)等原材料质量应按有关规范要求进行全面检验,进场检验结构应满足相关产品标准,不合格产品不应使用。不同批次原材料在工程中的使用部位应有记录,以备待查。

(4)普通混凝土施工注意事项如下:

①混凝土浇筑前,应按照SL 632的要求对基础面或施工缝面处理、模板、钢筋、预埋件等进行验收评定,验收合格并取得开仓证后方可进行混凝土浇筑。有金属结构、机电安装和仪器埋设时,签发开仓证前,应按相关要求验收。

②混凝土拌和物入仓后,应观察其均匀性与和易性,发现异常应及时处理。

③浇筑混凝土时,应由专人在仓内检查并对施工过程中出现的问题及其处理方案进行详细记录。

④混凝土拆模后,应检查其外观质量。有混凝土裂缝、蜂窝、麻面、错台和模板走样等质量问题或缺陷时应及时检查和处理。

(二)普通混凝土原材料

混凝土原材料应经检验合格后方可使用。

1.水泥检验

(1)进场的每一批水泥,应有生产厂的出厂合格证和品质试验报告,以每200~400 t同厂家、同品种、同强度等级的水泥为取样单位,不足200 t也作为一取样单位,进行验收检验。水泥品质的检验,应按现行国家标准进行。

(2)主控项目应每批次检验1次,一般项目应每季度至少检验1次。水泥进场检验项目可按表5-1执行。

表 5-1 水泥进场检验项目

序号	种类	主控项目	一般项目
1	中热硅酸盐水泥、低热硅酸盐水泥、低热矿渣硅酸盐水泥	比表面积、安定性、凝结时间、强度	三氧化硫、碱含量、氧化镁、烧失量、水化热
2	通用硅酸盐水泥	比表面积(细度)、安定性、凝结时间、强度	不溶物、烧失量、三氧化硫、碱含量、氯离子、氧化镁
3	低热微膨胀水泥	比表面积(细度)、安定性、凝结时间、强度、线膨胀率	三氧化硫、碱含量、烧失量、氯离子、水化热
4	抗硫酸盐水泥	比表面积(细度)、安定性、凝结时间、强度	硅酸三钙、铝酸三钙、三氧化硫、碱含量、氧化镁、烧失量、抗硫酸盐侵蚀能力

注:当工程对水泥碱含量有要求或骨料有碱活性时,水泥的碱含量应作为主控项目。钢筋混凝土用水泥的氯离子应作为主控项目。

2.粗、细骨料检验

(1)使用碱活性骨料时,每批原材料进场均应进行碱含量检测。

(2)骨料生产的质量,每 8 h 应检测 1 次。检测项目:细骨料的细度模数和人工砂石粉含量、含泥量和泥块含量;粗骨料的超径、逊径、含泥量和泥块含量。

(3)成品骨料出厂品质检测:细骨料应按同料源每 600~1 200 t 为一批,检测细度模数、石粉含量(人工砂)、含泥量、泥块含量和表面含水量;粗骨料应按同料源、同规格碎石每 2 000 t 为一批,卵石每 1 000 t 为一批,检测超径、逊径、针片状颗粒含量、含泥量、泥块含量。

(4)每批产品的检验报告应包括产地、类别、规格、数量、检验日期、检测项目及结果、结论等内容。

(5)骨料的生产检验项目如表 5-2 所示。

(6)砂石骨料的质量标准如表 5-3~表 5-5 所示。

表 5-2 骨料的生产检验项目

骨料类别	主控项目	一般项目
细骨料	细度模数、人工砂石粉含量、含泥量和泥块含量	云母含量、表观密度、有机质含量、坚固性、硫化物及硫酸盐含量、轻物质含量
粗骨料	超径、逊径、含泥量和泥块含量	有机质含量、坚固性、硫化物及硫酸盐含量、表观密度、吸水率、针片状颗粒含量、压碎指数

表 5-3　砂石骨料的质量标准

检验项目		质量要求		检验方法	检验数量
		天然砂	人工砂		
含泥量(%)	有抗冻要求或≥C30	≤3	—	抽样、试验	检验 1 次/8 h
	<C30	≤5	—		
泥块含量(%)		不允许		抽样、试验	≥2 次/月
有机质含量(%)		浅于标准色	不允许		
云母含量(%)		≤2			
石粉含量(%)		—	6~18(指颗粒小于 0.16 mm)	抽样、试验	检验 1 次/8 h
表观密度(kg/m^3)		≥2 500		抽样、试验	≥2 次/月
细度模数波动		±0.2		抽样、试验	检验 2 次/8 h
坚固性(%)	有抗冻要求	≤8		抽样、试验	≥2 次/月
	无抗冻要求	≤10			
硫化物及硫酸盐含量(%)		≤1(折算成 SO_3,按质量计)			
轻物质含量(%)		≤1	—		

表 5-4　粗骨料压碎指标值　　(%)

骨料类别		设计龄期混凝土抗压强度等级	
		≥30 MPa	<30 MPa
碎石	沉积岩	≤10	≤16
	变质岩	≤12	≤20
	岩浆岩	≤13	≤30
卵石		≤12	≤16

3.掺和料检验

(1)应按连续供应的同厂家、同种类、同等级进行编号和取样,以不超过 200 t 为一取样单位;硅灰以不超过 20 t 为一取样单位。不足一个取样单位的应按一个取样单位计。

(2)主控项目应每批次检验 1 次,一般项目可按 5~7 批次检验 1 次。掺和料进场检验项目可按表 5-6 执行。

表 5-5 粗骨料的质量标准

检验项目		质量要求	检验方法	检验数量
含泥量（%）	D_{20}、D_{40}粒径级	≤1		
	D_{80}、D_{150}（D_{120}）粒径级	≤0.5		
坚固性（%）	有抗冻和抗侵蚀要求	≤5		
	无抗冻要求	≤12		
软弱颗粒含量（%）	有抗冻和抗侵蚀要求	≤5		
	无抗冻要求	≤10		
吸水率（%）	有抗冻和抗侵蚀要求	≤1.5		
	无抗冻要求	≤2.5	抽样、试验	检验 1 次/8 h
针片状颗粒含量（%）	设计龄期强度等级≥30 MPa 和有抗冻要求	≤15		
	设计龄期强度等级<30 MPa	≤25		
泥块含量（%）		不允许		
有机质含量（%）		浅于标准色		
硫化物及硫酸盐含量（%）		≤0.5		
表观密度（kg/m^3）		≥2 550		
超逊径含量（%）	超径	原孔筛小于 5，超径筛余量为 0	抽样、试验	检验 1 次/8 h
	逊径	原孔筛小于 10，逊径筛余量小于 2	抽样、试验	

表 5-6 掺和料进场检验项目

序号	种类		主控项目	一般项目
1	粉煤灰	F 类	细度、需水量比、烧失量和含水量	三氧化硫和游离氧化钙含量
		C 类	细度、需水量比、烧失量和含水量、游离氧化钙含量和安定性	三氧化硫含量
2	硅灰		需水量比、比表面积、烧失量、含水量、二氧化硅含量和活性指标	氯离子含量同一工程、同一配合比至少检验 1 次
3	矿渣粉		密度、比表面积、活性指数、流动度比、含水量和三氧化硫含量	氯离子含量、烧失量一年检验 1 次
4	磷渣粉		细度、比表面积、需水量比、三氧化硫含量、含水量和安定性	五氧化二磷含量、烧失量、活性指数；若掺有石膏，则增加对烧失量的检验

4.外加剂检验

(1)外加剂验收检验的取样单位按掺量划分。掺量不小于1%的外加剂,以不超过100 t为一取样单位;掺量小于1%的外加剂,以不超过50 t为一取样单位;掺量小于0.05%的外加剂,以不超过2 t为一取样单位;不足一个取样单位的,应按一个取样单位计。

(2)外加剂验收检验项目:减水率、泌水率比、含气量、凝结时间差、坍落度损失、抗压强度比。必要时进行收缩率比、相对耐久性和匀质性检验。

(3)外加剂的检验项目和频次,按DL/T 5100《水工混凝土外加剂技术规程》执行。

5.混凝土拌和用水检验

符合GB 5749《生活饮用水卫生标准》要求的饮用水,可不经检验作为水工混凝土用水。地表水、地下水、再生水等,在使用前应按照表5-7进行检验;使用期间,检验频率宜符合下列规定:

(1)地表水每6个月检验1次。

(2)地下水每年检验1次。

(3)再生水每3个月检验1次;在质量稳定1年后,可每6个月检验1次。

(4)当发现水受到污染和对混凝土性能有影响时,应立即检验。

表5-7　混凝土拌和用水水质要求

项目	预应力混凝土	钢筋混凝土	素混凝土	检验方法
pH值	≥5.0	≥4.5	≥4.5	按照GB/T 6920《水质 pH值的测定 玻璃电极法》的有关要求执行
不溶物(mg/L)	≤2 000	≤2 000	≤5 000	按照GB 11901《水质 悬浮物的测定 重量法》的有关要求执行
可溶物(mg/L)	≤2 000	≤5 000	≤10 000	按照GB/T 5750.1《生活饮用水标准检验方法 总则》的有关要求执行
氯化物 Cl^-(mg/L)	≤500	≤1 000	≤3 500	按照GB 11896《水质 氯化物的测定 硝酸银滴定法》的有关要求执行
硫酸盐 SO_4^{2-}(mg/L)	≤600	≤2 000	≤2700	按照GB 11899《水质 硫酸盐的测定 重量法》的有关要求执行
碱含量(rag/L)	≤1 500	≤1 500	≤1 500	按照GB/T 176《水泥化学分析方法》的有关要求执行

注:1.对于混凝土的养护用水,不溶物和可溶物的含量可不检测。

2.碱含量按 Na_2O+0.658K_2O 计算值来表示。采用非碱活性骨料时,可不检验碱含量。

6.混凝土生产过程中的原材料检验

(1)必要时在拌和楼抽样检验水泥的强度、凝结时间和掺和料的主要指标。

(2)砂、小石的表面含水量,应每4 h检测1次,雨雪天气等特殊情况应加密检测。

(3)砂的细度模数和人工砂的石粉含量、天然砂的含泥量应每天检测 1 次。

(4)粗骨料的超逊径、含泥量每 8 h 应检测 1 次。

(5)外加剂溶液的浓度应每天检测 1~2 次。必要时检测减水剂溶液的减水率和引气剂溶液的表面张力。

(6)拌和楼砂石骨料按表 5-3 和表 5-5 所列项目,应每月进行 1 次检验。

(三)普通混凝土拌和物

(1)混凝土拌和楼(站)的计量器具应定期(每月不少于 1 次)检验校正,必要时随时抽验。每班称量前,应对称量设备进行零点校验。

(2)在混凝土拌和生产中,应对各种原材料的配料称量、混凝土拌和物的均匀性和拌和时间进行检查并记录,每 8 h 不应少于 2 次。混凝土原材料称量的允许偏差如表 5-8 所示。

表 5-8 混凝土原材料称量的允许偏差

材料名称	称量允许偏差(%)
水泥、掺和料、水、冰、外加剂	±1
骨料	±2

(3)混凝土坍落度每 4 h 在机口应检测 1~2 次,每 8 h 在仓面应检测 1~2 次,高温、雨雪天气应加密检测。坍落度允许偏差如表 5-9 所示。

表 5-9 坍落度允许偏差

坍落度(mm)	允许偏差(mm)
≤40	±10
40~100	±20
>100	±30

(4)混凝土拌和物质量标准应符合表 5-10 的规定。

表 5-10 混凝土拌和物质量标准

<table>
<tr><th rowspan="2">检验项目</th><th colspan="2">质量要求</th><th rowspan="2">检验方法</th><th rowspan="2">检验数量</th></tr>
<tr><th>合格</th><th>优良</th></tr>
<tr><td>最少拌和时间</td><td colspan="2">符合规范要求</td><td rowspan="2">抽样、试验</td><td rowspan="2">检验 2 次/8 h</td></tr>
<tr><td>材料称量符合规范要求的频率(%)</td><td>≥70</td><td>≥85</td></tr>
<tr><td>砂子表面含水量不大于 6%的频率(%)</td><td>≥70</td><td>≥85</td><td>抽样、试验</td><td>检验 1 次/4 h</td></tr>
<tr><td>坍落度合格率(%)</td><td>≥70</td><td>≥85</td><td>抽样、试验</td><td>检验 2 次/4 h</td></tr>
<tr><td>含气量(有抗冻要求时)合格率(%)</td><td>≥70</td><td>≥85</td><td rowspan="2">抽样、试验</td><td rowspan="2">检验 2 次/4 h</td></tr>
<tr><td>出机口温度(有温度要求时)合格率(%)</td><td>≥70</td><td>≥85</td></tr>
</table>

注:1.坍落度以设计要求的中值为基准,变化范围以 SL 677《水工混凝土施工规范》的允许偏差为准。

2.含气量以设计要求的中值为基准,允许偏差控制在±0.5%。

3.砂子、小石的含水量宜分别控制在±0.5%、±0.2%。

(5)混凝土应拌和均匀,其检测方法按 DL/T 5150《水工混凝土试验规程》执行。混凝土拌和物的水胶比检测,也可按 DL/T 5150 执行。

(6)水灰比、坍落度、含气量、温度不合格时,应立即调整,并连续加密抽样检验;如果 3 次不合格,应按不合格料处理。

(7)掺引气剂混凝土的含气量,每 4 h 应检测 1 次。混凝土含气量的允许偏差为 1%。

(四)普通混凝土硬化质量标准

(1)现场混凝土强度检验以抗压强度为主,并以 150 mm 立方体试件、标准养护条件(温度 20 ℃±2 ℃,湿度 95%以上)下的抗压强度为标准。当采用非标准尺寸试件时,应换算成标准尺寸试件的抗压强度进行评价。

(2)混凝土试件以出机口随机取样为主,每组 3 个试件,并应在同一储罐或运输车中取样制作。浇筑地点试件取样数量宜为出机口取样数量的 5%~10%。每组混凝土试件强度代表值的确定,应符合下列规定:

①每 3 个试件强度的算数平均值作为该组试件的强度代表值。

②当一组试件中强度的最大值或最小值与中间值之差超过中间值的 15%时,取中间值作为该组试件的强度代表值。

③当一组试件中强度的最大值和最小值与中间值之差均超过中间值的 15%时,该组试件的强度不应作为评定依据。

(3)硬化混凝土性能质量标准如表 5-11 的规定。

表 5-11　硬化混凝土性能质量标准

<table>
<tr><th colspan="2" rowspan="2">检验项目</th><th colspan="2">质量要求</th><th rowspan="2">检验方法</th><th rowspan="2">检验数量</th></tr>
<tr><th>合格</th><th>优良</th></tr>
<tr><td colspan="2">设计龄期抗渗性能</td><td colspan="2">满足设计要求</td><td>抽样、试验</td><td>同一强度等级、抗渗等级的混凝土,每季度 1~2 组</td></tr>
<tr><td rowspan="2">抗压强度保证率(%)</td><td>无筋或少筋混凝土</td><td>$P \geq 80$</td><td>$P \geq 85$</td><td rowspan="7">抽样、试验</td><td rowspan="7">大体积混凝土:
28 d 龄期每 500 m^3 成型 1 组;设计龄期每 1 000 m^3 成型 1 组;
非大体积混凝土:
28 d 龄期每 100 m^3 成型 1 组;设计龄期每 200 m^3 成型 1 组</td></tr>
<tr><td>结构混凝土</td><td>$P \geq 90$</td><td>$P \geq 95$</td></tr>
<tr><td rowspan="2">混凝土强度最低值</td><td>≤C20</td><td colspan="2">≥85%设计龄期强度标准值</td></tr>
<tr><td>>C20</td><td colspan="2">≥90%设计龄期强度标准值</td></tr>
<tr><td rowspan="3">抗压强度标准差(MPa)</td><td>≤C20</td><td>≤4.5</td><td>≤3.5</td></tr>
<tr><td>C20~C35</td><td>≤5.0</td><td>≤4.0</td></tr>
<tr><td>>C35</td><td>≤5.5</td><td>≤4.5</td></tr>
<tr><td colspan="2">设计龄期抗拉项目</td><td colspan="2">满足设计要求</td><td>抽样、试验</td><td>28 d 龄期每 2 000 m^3 成型 1 组;设计龄期每 3 000 m^3 成型 1 组</td></tr>
<tr><td colspan="2">设计龄期抗冻性能合格率(%)</td><td>80</td><td>100</td><td>抽样、试验</td><td>同一强度等级、抗冻等级的混凝土,每季度 1~2 组</td></tr>
</table>

(4)混凝土强度的检验评定应以设计龄期抗压强度为准,根据不同强度等级按月评定,当组数不足 30 时可适当延长统计时段。设计龄期混凝土抗压强度质量评定标准如表 5-12 所示,混凝土强度保证率的计算方法按 SL 677《水工混凝土施工规范》执行。

表 5-12　设计龄期混凝土抗压强度质量评定标准

项目		质量标准	
		优良	合格
任何一组试块抗压强度最低不应低于设计值的	$f_{cu.k} \leqslant 20$ MPa	85%	
	$f_{cu.k} > 20$ MPa	90%	
无筋或少筋(配筋率不超过 1%)混凝土强度保证率不低于		85%	80%
钢筋(配筋率不超过 1%)混凝土强度保证率不低于		95%	90%

(5)混凝土质量验收取用混凝土抗压强度的龄期应与设计龄期相一致,混凝土生产质量的过程控制以标准养护 28 d 试件抗压强度为准,混凝土不同龄期抗压强度比值由试验确定。

(6)混凝土设计龄期抗冻检验的合格率:素混凝土不应低于 80%,钢筋混凝土不应低于 90%;混凝土设计龄期的抗渗检验应满足设计要求。

(7)混凝土生产质量水平应采用现场试件 28 d 龄期抗压强度标准差表示,其评定标准如表 5-13 所示,标准差 σ 值的计算方法按 SL 677《水工混凝土施工规范》执行。

表 5-13　混凝土生产质量水平评定标准

评定标准		质量标准	
		优良	合格
抗压强度质量标准	$f_{cu.k} \leqslant 20$ MPa	≤3.5	≤4.5
	20 MPa$<f_{cu.k} \leqslant 35$ MPa	≤4.0	≤5.0
	$f_{cu.k} > 35$ MPa	≤4.5	≤5.5

(8)在混凝土施工期间,各项试验结果应及时整理按月报送。出现重要质量问题应及时上报。

(9)混凝土抗压强度试件的检测结果未满足标准要求或对混凝土试件强度的代表性有怀疑时,可从结构物中钻取混凝土芯样试件或采用无损检验方法,按有关标准规定对结构物的强度进行检测;若仍不符合要求,则应对已建成的结构物,按实际条件验算结构的安全度,采取必要的补救措施或其他处理措施。

(10)已建成的结构物,应进行钻孔取芯和压水试验。大体积混凝土取芯和压水试验可按每万立方米混凝土钻孔 2~10 m,具体钻孔取样部位、检测项目与压水试验的部位、吸水率的评定标准,应根据工程施工的具体情况确定。钢筋混凝土结构物应以无损检测为主,必要时采用钻孔法检测混凝土。

二、基础面、施工缝处理

（一）基本要求

（1）普通混凝土单元工程宜以混凝土浇筑仓号或一次检查验收范围划分。对混凝土浇筑仓号，应按每一仓号分为一个单元工程；对排架、梁、板、柱等构件，应按一次检查验收的方位分为一个单元工程。

（2）普通混凝土单元工程分为基础面或施工缝处理、模板安装、钢筋制作及安装、预埋件（止水、伸缩缝等）制作及安装、混凝土浇筑（含养护、脱模）、外观质量检查 6 个工序。其中，钢筋制作及安装、混凝土浇筑（含养护、脱模）工序为主要工序。

（二）基础面处理

（1）对于砂砾地基，应清除杂物，整平建基面，再浇 10~20 cm 低强度等级的混凝土做垫层，以防漏浆；对于土基，应先铺碎石，盖上湿砂，压实后，再浇筑混凝土；对于岩基，在爆破后，用人工清除表面松软岩石、棱角和反坡，并用高压水枪冲洗，若粘有油污和杂物，可用金属丝刷洗，直至洁净，最后用高压风吹至岩面无积水，经质检合格，才能开仓浇筑。

（2）基础面处理施工质量标准如表 5-14 所示。

表 5-14　基础面处理施工质量标准

项次		检验项目		质量要求	检验方法	检验数量
主控项目	1	基础面	基岩	符合设计要求	观察、查阅设计图纸或地质报告	全仓
			软基	预留保护层已挖除；基础面符合设计要求	观察、查阅测量断面图及设计图纸	
	2	地表水和地下水		妥善引排或封堵	观察	
一般项目	1	岩面清理		符合设计要求；清洗洁净，无积水、无积渣杂物	观察	

注：构筑物基础的整体开挖应符合 SL 631 中的有关标准。

（三）施工缝处理

（1）施工缝指浇筑块间临时的水平和垂直结合缝，也是新老混凝土的结合面。在新混凝土浇筑前，应当采用适当的方法（高压水枪、风沙枪、风镐、钢刷机、人工凿毛等）将老混凝土表面含游离石灰的水泥膜（乳皮）清除，并使表层石子半露，形成有利于层间结合的麻面。对纵断表面可不凿毛，但应冲洗干净，以利灌浆。

（2）采用高压水冲毛，视气温高低，可在浇筑后 5~20 h 进行；当用风沙枪冲毛时，一般应在浇后一两天进行。施工缝面凿毛或冲毛后，应用压力水冲洗干净，使其表面无渣、无尘，铺一层 1~2 cm 厚的同强度等级或高一个强度等级的水泥砂浆后，才能浇筑混凝土。

（3）混凝土施工缝处理质量标准如表 5-15 所示。

表 5-15　混凝土施工缝处理质量标准

项次		检验项目	质量要求	检验方法	检验数量
主控项目	1	施工缝的留置位置	符合设计或有关施工规范规定	观察、量测	全数
	2	施工缝面凿毛	基面无乳皮，成毛面微露粗砂	观察	
一般项目	1	缝面清理	符合设计要求；清洗洁净，无积水、无积渣杂物	观察	

三、模板工程

(一)模板制作及安装

(1)定型或现场装配式钢、木模板等的制作及安装质量应符合标准及设计要求；对于特种模板(镶面模板、滑升模板、拉模及钢模台车等)，除应符合相应标准外，还应符合有关技术标准和设计要求等的规定。

(2)模板制作及安装施工质量标准如表 5-16 所示。

表 5-16　模板制作及安装施工质量标准

<table>
<tr><th colspan="2">项次</th><th colspan="2">检验项目</th><th colspan="2">质量要求</th><th>检验方法</th><th>检验数量</th></tr>
<tr><td rowspan="9">主控项目</td><td>1</td><td colspan="2">稳定性、刚度和强度</td><td colspan="2">满足混凝土施工荷载要求并符合模板设计要求</td><td>对照模板设计文件及图纸检查</td><td>全数</td></tr>
<tr><td>2</td><td colspan="2">承重模板底面高程</td><td colspan="2">允许偏差 0~+5 mm</td><td>仪器测量</td><td rowspan="8">模板面积在 100 m² 以内，不少于 10 个点；每增加 100 m²，检查点数增加不少于 10 个点</td></tr>
<tr><td rowspan="3">3</td><td rowspan="3">排架、梁板、柱、墙</td><td>结构断面尺寸</td><td colspan="2">允许偏差±10 mm</td><td>钢尺测量</td></tr>
<tr><td>轴线位置</td><td colspan="2">允许偏差±10 mm</td><td>仪器测量</td></tr>
<tr><td>垂直度</td><td colspan="2">允许偏差±5 mm</td><td>用 2 m 靠尺量测或仪器测量</td></tr>
<tr><td rowspan="2">4</td><td colspan="2" rowspan="2">结构物边线与设计边线</td><td>外露表面</td><td>内模板：允许偏差-10~0 mm；外模板：0~+10 mm</td><td rowspan="2">钢尺测量</td></tr>
<tr><td>隐蔽内面</td><td>允许偏差 15 mm</td></tr>
<tr><td rowspan="2">5</td><td colspan="2" rowspan="2">预留孔、洞尺寸及位置</td><td>孔、洞尺寸</td><td>允许偏差-10 mm</td><td rowspan="2">测量、查看图纸</td></tr>
<tr><td>孔洞置</td><td>允许偏差±10 mm</td></tr>
<tr><td rowspan="2">一般项目</td><td rowspan="2">1</td><td colspan="2" rowspan="2">模板平整度相邻两板面错台</td><td>外露表面</td><td>钢模：允许偏差 2 mm
木模：允许偏差 3 mm</td><td rowspan="2">用 2 m 靠尺量测或拉线检查</td><td rowspan="2">模板面积在 100 m² 以内，不少于 10 个点；每增加 100 m²，检查点数增加不少于 10 个点</td></tr>
<tr><td>隐蔽内面</td><td>允许偏差 5 mm</td></tr>
</table>

续表 5-16

<table>
<tr><th colspan="2">项次</th><th>检验项目</th><th colspan="2">质量要求</th><th>检验方法</th><th>检验数量</th></tr>
<tr><td rowspan="7">一般项目</td><td rowspan="2">2</td><td rowspan="2">局部平整度</td><td>外露表面</td><td>钢模：允许偏差 3 mm
木模：允许偏差 5 mm</td><td rowspan="2">按水平线或垂直线布置检测点，用 2 m 靠尺量测</td><td rowspan="2">模板面积在 100 m^2 以内，不少于 20 个点；每增加 100 m^2，检查点数增加不少于 10 个点</td></tr>
<tr><td>隐蔽内面</td><td>允许偏差 10 mm</td></tr>
<tr><td rowspan="2">3</td><td rowspan="2">板面缝隙</td><td>外露表面</td><td>钢模：允许偏差 1 mm
木模：允许偏差 2 mm</td><td rowspan="2">量测</td><td rowspan="2">模板面积在 100 m^2 以上，检查 3～5 个点；模板面积在 100 m^2 以内，检查 1～3 个点</td></tr>
<tr><td>隐蔽内面</td><td>允许偏差 2 mm</td></tr>
<tr><td>4</td><td>结构物水平断面内部尺寸</td><td colspan="2">允许偏差±20 mm</td><td>量测</td><td>模板面积在 100 m^2 以上，不少于 10 个点；模板面积在 100 m^2 以内，不少于 5 个点</td></tr>
<tr><td>5</td><td>脱模剂涂刷</td><td colspan="2">产品质量符合标准要求，涂刷均匀，无明显色差</td><td>查阅产品质检证明，观察</td><td rowspan="2">全数</td></tr>
<tr><td>6</td><td>模板外观</td><td colspan="2">表面光洁、无污物</td><td>观察</td></tr>
</table>

注：1.外露表面、隐蔽内面是指相应模板的混凝土结构物表面最终所处的位置。

2.有专门要求的高速水流区、溢流区、闸墩、闸门槽等部位的模板，还应符合有关专项设计的要求。

（二）模板拆除

（1）不承重的侧面模板，混凝土强度达到 2.5 MPa 以上，保证其表面及棱角不因拆模而损坏时，方可拆除。

（2）钢筋混凝土结构的承重模板，混凝土达到下列强度后（按混凝土设计强度标准值的百分率计），方可拆除：

①悬臂板、梁：跨度 $L\leqslant2$ m，75%；跨度 $L>2$ m，100%。

②其他梁、板、拱：跨度 $L\leqslant2$ m，50%；2 m<跨度 $L\leqslant8$ m，75%；跨度 $L>8$ m，100%。

（3）拆模时，应根据锚固情况，分批拆除锚固连接件，防止大片模板坠落。拆模应使用专门工具，以减少混凝土及模板的损伤。

（4）预制构件模板拆除时的混凝土强度应符合设计要求；当设计无具体要求时，应遵守下列规定：

①侧模：混凝土强度能保证构件不变形、棱角完整时，方可拆除。

②预留孔、洞的内模：混凝土强度能保证构件和孔洞表面不产生塌陷和裂缝后，方可拆除。

③底模：构件跨度不大于 4 m 时，混凝土强度达到混凝土设计强度标准值的 50%后，方可拆除；构件跨度大于 4 m 时，在混凝土强度达到混凝土设计强度标准值的 75%后，方可拆除。

（5）后张法预应力混凝土结构构件模板的拆除，除应符合以上规定外，侧模应在预应力张拉前拆除，底模应在结构构件建立预应力并完成封锚后拆除。

(6)拆模的顺序及方法应按相关规定进行。当无规定时，模板拆除可按照先支的后拆、后支的先拆，先拆非承重模板、后拆承重模板的顺序，并应从上而下进行拆除。

(7)拆下的模板和支架应及时清理、维修，并分类堆存、妥善保管。钢模应设仓库存放，并防锈。大型模板堆放时，应垫放平稳，以防变形，必要时应加固。

(三)特种模板

特种模板包括永久模板、滑动模板、移置模板、翻转模板及装饰模板等。

1.永久模板应遵守的规定

(1)永久模板若构成永久结构的一部分，应进行结构设计复核。

(2)混凝土重力式竖向模板用作永久模板时，应遵守下列规定：

①面板厚度宜大于 0.2 m。

②单位面积质量宜不小于 1 000 kg。

③稳定特性值(混凝土模板的重心到前趾的水平距离)宜不小于 0.4 m。

④混凝土重力式模板的抗倾及抗滑安全系数均应大于 1.2。

(3)混凝土模板与现浇混凝土的结合面，应在浇筑混凝土前加工成粗糙面，并清洗、湿润。浇筑时不应沾染松散砂浆等污物，同时应加强平仓振捣。

2.滑动模板应遵守的规定

(1)每段模板沿滑动方向的长度，应与平均滑动速度和混凝土脱模时间相适应，宜为 1~1.5 m。滑模的支承构件及提升设备应能保证模板结构均衡滑动，导向构件应能保证模板准确地按设计方向滑动。提升宜采用液压设备，也可采用卷扬机或其他设备。

(2)浇筑面板的侧模允许安装偏差为 3 mm，20 m 范围内起伏差为 5 mm。

(3)滑动模板滑动速度应与混凝土的早期强度增长速度相适应。混凝土在脱模时应不坍塌、不拉裂。模板沿竖直方向滑升时，混凝土的脱模强度应控制在 0.2~0.4 MPa。模板沿倾斜或水平方向滑动时，混凝土的脱模强度应经过计算和试验确定。

(4)面板混凝土滑动模板滑升前，必须清除前沿超填混凝土，平均滑升速度宜为 1~2 m/h，最大滑升速度不宜超过 4 m/h。

3.移置模板应遵守的规定

(1)隧洞衬砌宜优先选用模板台车。圆形断面的隧洞衬砌宜优先选用针梁模板等模板台车。高耸结构物可选用滑框倒模、爬升(顶升)模板等。

(2)模板台车应遵守下列规定：

①模板台车应有可靠的导向装置(如轨道、针梁等)。模板顶拱上应设置封拱器。

②模板台车脱模，直立面混凝土的强度不应小于 0.8 MPa；拆模时混凝土应能承受自重，并且表面和棱角不被损坏。洞径不大于 10 m 的隧洞顶拱混凝土强度可按达到 5 MPa 控制；洞径大于 10 m 的隧洞顶拱混凝土需要达到的强度，应专门论证；隧洞混凝土衬砌结构承受围岩压力时，应经计算和试验确定脱模时混凝土需要达到的强度。

(3)滑框倒模应遵守下列规定：

①模板应根据建筑物体形进行专门设计。

②模板平台滑升过程中，应进行滑升垂直度和水平度的监测。每浇筑 2 m 宜进行一次混凝土块体体形检测。

③混凝土的脱模强度不应小于 0.4 MPa。脱模操作架应安全、可靠，并便于倒模操作。拆除的单块模板应及时清理面板表面，并涂刷脱模剂。变形的单块模板应更换。

4.翻转模板应遵守的规定

(1)翻转模板主要由面板、支承件、锚固件、工作平台以及其他辅助设施组成。支承件宜采取桁架形式；锚固件的螺栓与锥体应设计为整体结构，使螺栓与锥体的安装、拆卸一次完成。

(2)宜采用 3 块模板进行翻转，浇筑时连续翻转上升，每块模板高度方向应设置锚筋取值。

(3)施工前应进行锚筋锚固强度试验，施工现场进行验证性试验。

5.装饰模板应遵守的规定

(1)模板安装前，应有模板安装详图，将开孔、施工缝、伸缩缝等项目详细标注在模板安装图上。

(2)模板安装时，接缝应对称。施工缝应在模板上固定平整的板条，使成型表面的接缝平直清晰。

(3)模板伸出混凝土外的拉杆应采取端部可拆卸的结构形式。

(4)模板颜色、花纹等应符合设计要求。

四、钢筋工程

(一)基本要求

1.钢筋的使用范围

(1)常用于水工混凝土结构的钢筋有：

①牌号为 HPB300、HRB335、HRB400、HRB500、KL400、CBR550 的钢筋。

②冷拉Ⅰ级钢筋。

(2)预应力水工混凝土不应采用的钢筋有：

①牌号为 HPB300 的热轧光圆钢筋和 CBR550($d=4\sim12$ mm)的冷轧带肋钢筋。

②冷拉Ⅰ级($d\leqslant12$ mm)钢筋。

(3)非预应力混凝土不应采用冷拉Ⅱ级及以上钢筋。

2.钢筋的验收、存放和检验

(1)钢筋应按不同等级、牌号、规格及生产厂家分批验收，分别堆存，不应混杂，且应立牌以便识别。运输、储存过程中应避免锈蚀和污染。钢筋宜堆置在仓库(棚)内；露天堆置时，应垫高并加遮盖，不应和酸、盐、油等物品存放在一起。

(2)钢筋使用前应做拉力、冷弯试验。需要焊接的钢筋还应做焊接工艺试验。

(3)钢筋的机械性能检验应遵守下列规定：

①钢筋应分批试验，以同一炉(批)号、同一截面尺寸的钢筋为一批，每批质量不大于 60 t。

②根据原附钢筋质量证明书或试验报告单检查每批钢筋的外观质量(如裂缝、结疤、麻坑、气泡、砸碰伤痕及锈蚀程度等)，并测量本批钢筋的代表直径。

③钢筋取样时，钢筋端部应先截去 50 cm，每组试样分别标记，不应混淆。

④每批钢筋选取经表面检查和尺寸测量合格的 2 根钢筋各取 1 个拉力试件和 1 个冷弯试件，按规定进行试验。若有 1 个试验项目的 1 个试件不符合所规定的数值，另取 2 倍数量

的试件，对不合格的项目进行复验，若仍有1个试件不合格，则该批钢筋即为不合格。

⑤拉力试验项目中，应包括屈服点、抗拉强度和伸长率，若有1个指标不符合规定，即判定拉力试验项目不合格。

⑥冷弯试件弯曲后，不应有裂纹、剥落或断裂等现象。

3.钢筋的替换和加工偏差

（1）以另一种牌号或直径的钢筋代替设计文件规定的钢筋时，应遵守下列规定：

①两者的计算强度进行换算，并对钢筋截面面积做相应的改变。

②某种直径的钢筋，用同牌号的另一直径钢筋替换时，其直径变更范围不宜超过4 mm；替换后的钢筋总截面面积不应小于设计规定截面面积的98%，也不应大于设计规定截面面积的103%。

③钢筋等级的替换不应超过一级。用高一级钢筋替换低一级钢筋时，宜采用改变钢筋直径的方法而不宜采用改变钢筋根数的方法，部分构件应进行裂缝和变形验算。以较粗的钢筋替换较细的钢筋时，部分构件应校核握裹力。

（2）加工后钢筋的允许偏差不应超过表5-17的规定。

表5-17 加工后钢筋的允许偏差

项次	偏差种类		允许偏差值
1	受力钢筋全长净尺寸的偏差		±10 mm
2	箍筋各部分长度的偏差		±5 mm
3	钢筋弯起点位置的偏差	构件	±20 mm
		大体积混凝土	±30 mm
4	钢筋转角的偏差		±3°
5	圆弧钢筋径向偏差	薄壁结构	±10 mm
		大体积混凝土	±25 mm

（二）钢筋制作及安装

（1）钢筋进场时应逐批（炉号）进行检验，应查验产品合格证、出厂检验报告和外观质量并记录，并按相关规定抽取试样进行力学性能检验，不符合标准规定的不应使用。

（2）钢筋制作及安装施工质量标准如表5-18所示。

（3）钢筋连接施工质量标准如表5-19所示。

五、预埋件制作及安装

（1）水工混凝土中的预埋件包括止水、伸缩缝（填充材料）、排水系统、冷却及灌浆管路、铁件、安全监测设施等。在施工中应进行全过程检查和保护，防止移位、变形、损坏及堵塞。

（2）预埋件的结构形式、位置、尺寸及材料的品种、规格、性能等应符合设计要求和有关标准。所有预埋件都应进行材质证明检查，需要抽检的材料应按有关规范要求进行。

（3）预埋件制作及安装施工质量标准如下：

①止水片（带）施工质量标准如表5-20所示。

②伸缩缝（填充材料）施工质量标准如表5-21所示。

表 5-18　钢筋制作及安装施工质量标准

项次		检验项目		质量要求	检验方法	检验数量
主控项目	1	钢筋的数量、规格尺寸、安装位置		符合质量标准和设计的要求	对照设计文件检查	全数
	2	钢筋接头的力学性能		符合规范要求和国家及行业有关规定	对照仓号在结构上取样测试	焊接 200 个接头检查 1 组，机械连接 500 个接头检查 1 组
	3	焊接接头和焊缝外观		不允许有裂缝、脱焊点、漏焊点，表面平顺，没有明显的咬边、凹陷、气孔等，钢筋不应有明显烧伤	观察并记录	不少于 10 个点
	4	钢筋连接		钢筋连接施工质量标准如表 5-19 所示		
	5	钢筋间距及保护层		符合规范和设计要求	观察、量测	不少于 10 个点
一般项目	1	钢筋长度方向		局部偏差±1/2 净保护层厚度	观察、量测	不少于 5 个点
	2	同一排受力钢筋间距	排架、柱、梁	允许偏差±0.5d	观察、量测	
			板、墙	允许偏差±10%间距	观察、量测	
	3	双排钢筋，其排与排间距		允许偏差±10%排距	观察、量测	
	4	梁与柱中箍筋间距		允许偏差±10%箍筋间距	观察、量测	不少于 10 个点
	5	保护层厚度		局部偏差±1/4 净保护层厚度	观察、量测	不少于 5 个点

注：d 为钢筋直径。

表 5-19　钢筋连接施工质量标准

项次	检验项目			质量要求	检验方法	检验数量
1	点焊及电弧焊	帮条对焊接头中心		纵向偏移差不大于 0.5d	观察、量测	每项不少于 10 点
		接头处钢筋轴线的曲折		≤4°		
		焊缝	长度	允许偏差-0.5d		
			高度	允许偏差-0.5d		
			表面气孔、夹渣	在 2d 长度上数量不多于 2 个；气孔、夹渣的直径不大于 3 mm		
2	对焊及熔槽焊	焊接接头跟部未焊透深度	直径 25~40 mm 钢筋	≤0.15d	观察、量测	
			直径 40~70 mm 钢筋	≤0.1d		
		接头处钢筋中心线的位移		0.1d 且不大于 2 mm		
		焊缝表面（长为 2d）和焊缝截面上蜂窝、气孔非金属杂质		≤1.5d		

续表 5-19

项次	检验项目			质量要求	检验方法	检验数量
3	绑扎连接	缺扣、松扣		不大于 20%且不集中	观察、量测	每项不少于 10 点
		弯钩朝向正确		符合设计图纸	观察	
		搭接长度		允许偏差-0.05 设计值	量测	
4	机械连接	带肋钢筋冷挤压连接接头	压痕处套筒外形尺寸	挤压后套筒长度应为原套筒长度的 1.10 ~1.15 倍,或压痕处套筒的外径波动范围为原套筒外径的 80%~90%	观察、量测	
			挤压道次	符合形式检验结果	观察、量测	
			接头弯折	≤4°	观察、量测	
			裂缝检查	挤压后肉眼观察无裂缝	观察、量测	
		直(锥)螺纹连接接头	丝头外观质量	保护良好,无锈蚀和油污,牙形饱满光滑	观察、量测	
			套头外观质量	无裂纹或其他肉眼可见缺陷	观察、量测	
			外露丝扣	无 1 扣以上完整丝扣外露	观察、量测	
			螺纹匹配	丝头螺纹与套筒螺纹满足连接要求,螺纹结合紧密,无明显松动,以及相应处理方法得当	观察、量测	

注:d 为钢筋直径。

③排水系统施工质量标准如表 5-22 所示。

④冷却及灌浆管路施工质量标准如表 5-23 所示。

⑤铁件施工质量标准如表 5-24 所示。

表 5-20　止水片(带)施工质量标准

项次		检验项目	质量要求	检验方法	检验数量
主控项目	1	片(带)外观	表面平整,无浮皮、锈污、油渍、砂眼、钉孔、裂纹等	观察	所有外露止水(带)
	2	基座	符合设计要求(按基础面要求验收合格)	观察	不少于 5 个点
	3	片(带)插入深度	符合设计要求	检查、量测	不少于 1 个点
	4	沥青井(柱)	位置准确、牢固,上下层衔接好,电热元件及绝热材料埋设准确,沥青填塞密实	观察	检查 3~5 个点
	5	接头	符合工艺要求	检查	全数

续表 5-20

项次		检验项目		质量要求	检验方法	检验数量
一般项目	1	片(带)偏差	宽	允许偏差±5 mm	量测	检查 3~5 个点
			高	允许偏差±2 mm		
			长	允许偏差±20 mm		
	2	搭接长度	金属止水片	≥20 mm,双面焊接	量测	每个焊接处
			橡胶、PVC 止水带	≥100 mm	量测	每个连接处
			金属止水片与 PVC 止水片接头栓接长度	≥350 mm(螺栓栓接法)	量测	每个连接带
	3	片(带)中心线与接缝中心线安装偏差		允许偏差±5 mm	量测	检查 1~2 个点

表 5-21　伸缩缝(填充材料)施工质量标准

项次		检验项目	质量要求	检验方法	检验数量
主控项目	1	伸缩缝缝面	平整、顺直、干燥,外露铁件应割除,确保伸缩有效	观察	全数
一般项目	1	涂敷沥青料	涂刷均匀平整,与混凝土黏接紧密,无气泡及隆起现象	观察	
	2	粘贴沥青油毛毡	铺设厚度均匀平整、牢固、搭接紧密	观察	
	3	铺设预制油毡板或其他闭缝板	铺设厚度均匀平整、牢固、相邻块安装紧密且平整无缝	观察	

表 5-22　排水系统施工质量标准

项次		检验项目			质量要求	检验方法	检验数量
主控项目	1	孔口装置			按设计要求加工、安装,并进行防锈处理,安装牢固,不应有渗水、漏水现象	观察、量测	全数
	2	排水管通畅性			通畅	观察	
一般项目	1	排水孔倾斜度			允许偏差 4%	量测	
	2	排水孔(管)位置			允许偏差 100 mm	量测	
	3	基岩排水孔	倾斜度	孔深不小于 8 m	允许偏差 1%	量测	
				孔深小于 8 m	允许偏差 2%	量测	
			深度		允许偏差±0.5%	量测	

表 5-23 冷却及灌浆管路施工质量标准

项次		检验项目	质量要求	检验方法	检验数量
主控项目	1	管路安装	安装牢固、可靠，接头不漏水、不漏气、无堵塞	通气、通水	所有接头
一般项目	1	管路出口	露出模板外 300~500 mm，妥善保护，有识别标志	观察	全数

表 5-24 铁件施工质量标准

项次		检验项目		质量要求	检验方法	检验数量
主控项目	1	高程、方位、埋入深度及外露长度等		符合设计要求	对照图纸现场观察、查阅施工记录、量测	全数
一般项目	1	铁件外观		表面无锈皮、油污等	观察	
	2	锚筋钻孔位置	梁、柱的锚筋	允许偏差 20 mm	量测	
			钢筋网的锚筋	允许偏差 50 mm		
	3	钻孔底部的孔径		锚筋直径 20 mm	量测	
	4	钻孔深度		符合设计要求	量测	
	5	钻孔的倾斜度相对设计轴线		允许偏差 5%（在全孔深度范围内）	量测	

六、混凝土浇筑

(1)混凝土浇筑前，应按照要求对基础面或施工缝面处理、模板、钢筋、预埋件等进行验收评定。验收合格方可进行混凝土浇筑。有金属结构、机电安装和仪器埋设时，开仓前应按相关要求验收。

(2)所选用的混凝土浇筑设备能力应与浇筑强度相适应，确保混凝土施工的连续性。

(3)浇筑混凝土时，应对施工过程中出现的问题及其处理方案进行详细记录。混凝土浇筑施工质量标准如表 5-25 所示。

七、外观质量检查

(1)混凝土拆模后，应检查其外观质量。当混凝土发生裂缝、冷缝、蜂窝、麻面、错台和模板走样造成混凝土体形尺寸改变等质量问题或缺陷时，应及时检查和处理。

(2)混凝土外观质量评定可在拆模后或消除缺陷处理后进行。

(3)外观质量检查标准如表 5-26 所示。

表 5-25　混凝土浇筑施工质量标准

项次		检验项目	质量要求	检验方法	检验数量
主控项目	1	入仓混凝土料	无不合格料入仓。若有少量不合格料入仓,则应及时处理至达到要求	观察	不少于入仓总次数的 50%
	2	平仓分层	厚度不大于振捣棒有效长度的 90%,铺设均匀,分层清楚,无骨料集中现象	观察、量测	全数
	3	混凝土振捣	振捣器垂直插入下层 5 cm,有次序,间距、留振时间合理,无漏振、无超振	在混凝土浇筑过程中全部检查	
	4	铺筑间歇时间	符合要求,无初凝现象	在混凝土浇筑过程中全部检查	
	5	浇筑温度(指有温控要求的混凝土)	满足设计要求	温度计测量	
	6	混凝土养护	表面保持湿润;连续养护时间基本满足设计要求	观察	
一般项目	1	砂浆铺筑	厚度宜为 2~3 cm,均匀平整,无漏铺	观察	全数
	2	积水和泌水	无外部水流入,泌水排除及时	观察	
	3	插筋,管路等埋设件以及模板的保护	保护好,符合设计要求	观察、量测	
	4	混凝土表面保护	保护时间、保温材料质量符合设计要求	观察	
	5	脱模	脱模时间符合施工技术规范或设计要求	观察或查阅施工记录	不少于脱模总次数的 30%

表 5-26　外观质量检查标准

项次		检验项目	质量要求	检验方法	检验数量
主控项目	1	表面平整度	符合设计要求	使用 2 m 靠尺或专用工具检查	100 m^2 以上的表面检查 6~10 个点;100 m^2 以下的表面检查 3~5 个点
	2	形体尺寸	符合设计要求或允许偏差 ±20 mm	钢尺测量	抽查 15%
	3	重要部位缺损	不允许,应修复使其符合设计要求	观察、仪器检测	全数

续表 5-26

项次		检验项目	质量要求	检验方法	检验数量
一般项目	1	麻面、蜂窝	麻面、蜂窝累计面积不超过0.5%。经处理符合设计要求	观察、量测	全数
	2	孔洞	单个面积不超过0.01 m^2,且深度不超过骨料最大粒径。经处理符合设计要求	观察、量测	
	3	错台、跑模、掉角	经处理符合设计要求	观察、量测	
	4	表面裂缝	短小、深度不大于钢筋保护层厚度的表面裂缝经处理符合设计要求	观察、量测	

第二节　碾压混凝土工程

一、碾压混凝土质量控制

(一)基本要求

(1)碾压混凝土单元工程以一次连续填筑的段、块划分,每一段、块为一个单元工程。

(2)碾压混凝土单元工程分为基础面及层面处理、模板安装、预埋件制作及安装、混凝土浇筑、成缝、外观质量检查6个工序。其中,基础面及层面处理、模板安装、混凝土浇筑为主要工序。

(3)水泥、钢筋、掺和料、外加剂、止水片(带)等原材料质量应按有关规范要求进行全面检验,进场检验结果应满足相关产品标准,不合格产品不应使用。不同批次原材料在工程中的使用部位应有记录,以备待查。

(4)碾压混凝土施工质量检测:

①碾压混凝土铺筑时,应按表5-27的规定进行检测,并做好记录。

②压实密度检测采用核子水分密度仪或压实密度计。每铺筑100~200 m^2碾压混凝土至少应有1个检测点,每一铺筑层仓面内应有3个以上检测点。以碾压完毕10 min后的核子水分密度仪测试结果作为压实密度判定依据。

③压实密度计、核子水分密度仪在使用前应用实际原材料配制的碾压混凝土进行标定。

(5)碾压混凝土压实质量的评价:

①对于建筑物的外部混凝土,相对密实度不得小于98%;

②对于建筑物的内部混凝土,相对密实度不得小于97%。

(二)碾压混凝土原材料

(1)碾压混凝土原材料的质量要求与普通混凝土的大致相同,只是施工工艺和施工方法不同,原材料的质量检测项目与控制方法略有不同。

表 5-27　碾压混凝土铺筑现场检测项目和标准

检测项目	检测频率	控制标准
VC 值	每 2 h 一次	现场 *VC* 值允许偏差为±5 s
抗压强度	相当于机口取样数量的 5%~10%	—
压实密度	每铺筑 100~200 m^2 碾压混凝土至少应有 1 个检测点,每一铺筑层仓面内应有 3 个以上检测点	每个铺筑层测得的密度应全部达到规定的相对密实度指标
骨料分离情况	全过程控制	不允许出现骨料集中现象
两个碾压层间隔时间	全过程控制	由试验确定不同气温条件下的层间允许间隔时间并按其判定
混凝土加水拌和至碾压完毕时间	全过程控制	小于 2 h
入仓温度	2~4 h 一次	—

(2)对于细骨料,应严格控制含水量和级配。细骨料的质量标准如表 5-28 所示。

表 5-28　细骨料的质量标准

检验项目		质量要求		检验方法	检验数量
		天然砂	人工砂		
含泥量(%)	有抗冻、抗渗或其他特殊要求和≥$C_{90\sim180}$30	≤3	—	抽样、试验	检验 1 次/8 h
	<$C_{90\sim180}$30	≤5	—		
泥块含量(%)	有抗冻、抗渗或其他特殊要求和≥$C_{90\sim180}$30	≤1	—	抽样、试验	≥3 次/月
	<$C_{90\sim180}$30	≤2	—		
有机质含量		浅于标准色	不允许		
云母含量(%)		≤2			
石粉含量(%)		—	宜 10~22	抽样、试验	检验 1 次/8 h
表观密度(kg/m^3)		≥2 500		抽样、试验	≥3 次/月
细度模数波动		±0.2		抽样、试验	检验 1 次/8 h
坚固性(%)	有抗冻要求	≤8		抽样、试验	≥3 次/月
	无抗冻要求	≤10			
硫化物及硫酸盐含量(%)		≤1			
轻物质含量(%)		≤1	—		

(3)对于粗骨料,应严格控制各级超、逊径含量。粗骨料的质量标准如表 5-29 所示。

表 5-29　粗骨料的质量标准

检验项目		质量要求	检验方法	检验数量
含泥量（%）	有抗冻、抗渗或其他特殊要求和 $\geqslant C_{90\sim180}30$	≤0.5	抽样、试验	检验 1 次/8 h
	$<C_{90\sim180}30$	≤1.0		
泥块含量（%）	有抗冻、抗渗或其他特殊要求和 $\geqslant C_{90\sim180}30$	≤0.5	抽样、试验	≥3 次/月
	$<C_{90\sim180}30$	≤0.7		
针片状颗粒含量（%）		≤25		
软弱颗粒含量（%）		≤5		
有机质含量（%）		浅于标准色		
石粉含量（%）	有抗冻、抗渗或其他特殊要求和 $\geqslant C_{90\sim180}30$	≤1.5	抽样、试验	检验 1 次/8 h
	$<C_{90\sim180}30$	≤3.0		
表观密度（kg/m^3）		≥2 550	抽样、试验	≥3 次/月
压碎指标值（%）	有抗冻、抗渗或其他特殊要求和 $\geqslant C_{90\sim180}30$	≤12		
	$<C_{90\sim180}30$	≤16		
硫化物及硫酸盐含量（%）		≤0.5		
吸水率（%）	D_{20}、D_{60}	≤2.5	—	—
	D_{80}、D_{120}	≤1.5		
超逊径含量（%）	超径	原筛孔<5，超径筛余量为 0	抽样、试验	检验 1 次/8 h
	逊径	原筛孔<10，逊径筛余量<2		

（4）水泥、粉煤灰、外加剂的现场检测项目和检测频率如表 5-30 所示。

表 5-30　原材料的检测项目和检测频率

名称	检测项目	取样地点	检测频率	检测目的
水泥	快速检定强度等级	拌和厂水泥库	必要时进行	验证水泥活性
	细度、安定性、标准稠度需水量、凝结时间、强度等级	水泥库	每 200~400 t 一次1)	检定出厂水泥质量
粉煤灰	密度、细度、需水量比、烧失量	仓库	每 200~400 t 一次1)	检定出厂水泥质量
	强度比	—	必要时进行	检定活性
外加剂	有机物含量或溶液浓度	拌和厂	每班一次	调整外加剂掺量

注：1）表示每批不足 200 t 时也应检测 1 次。

（三）碾压混凝土拌和物

（1）用于碾压混凝土配料称量的衡器应每月检验1次，配料称量允许偏差如表5-31所示。

表5-31　配料称量允许偏差

材料名称	水	水泥、粉煤灰	粗、细骨料	外加剂
允许偏差(%)	1	1	2	1

（2）混凝土拌和站建成后，通过试验对碾压混凝土拌和物均匀性进行检验，以确定拌和时间和投料顺序。碾压混凝土拌和物均匀性检验结果应符合下列规定：

①用筛洗分析法测定粗骨料含量时，两个样品的差值应小于10%。

②用砂浆容重分析法测定砂浆容重时，两个样品的差值应不大于30 kg/m^3。拌和站投入运行后，应定期检测。

（3）碾压混凝土质量的检测，在搅拌机机口随机取样进行，碾压混凝土拌和物质量标准如表5-32所示。

（4）碾压混凝土拌和物 *VC* 值选定后，机口允许偏差超出5 s控制界限时，应查找原因，修正配合比的单位用水量，并保持水胶比不变。

（5）严格控制掺引气剂的碾压混凝土含气量，允许偏差为±1%。

表5-32　碾压混凝土拌和物质量标准

检验项目	质量要求		检验方法	检验数量
	合格	优良		
拌和时间	符合规范要求		抽样、试验	2次/工作班
砂子表面含水量不大于6%的频率(%)	≥70	≥85	抽样、试验	2次/4 h
出机口拌和物VC值合格率(%)	≥70	≥85	抽样、试验	1次/2 h
拌和物均匀性(%)	≥70	≥85	抽样、试验	在配合比或拌和工艺改变、机具投产或检修后等情况下分别检测1次
出机口混凝土温度合格率(%)	≥70	≥85	抽样、试验	1次/2 h
拌和物含气量合格率(%)	≥70	≥85	抽样、试验	1次/工作班
水胶比合格率(%)	≥70	≥85	抽样、试验	1次/工作班
拌和物外观	颜色均匀，砂石表面附浆均匀，无水泥粉煤灰团块(50%)；出机拌和物用手轻握能成团，松开后无过多灰浆黏附，石子表面有灰浆光亮感(50%)		观察	1次/2 h

（四）碾压混凝土硬化质量标准

（1）碾压混凝土试件应在搅拌机机口取样成型。碾压混凝土抗压强度以 15 cm 标准立方体试件、标准养护的设计龄期的抗压强度为准。

（2）混凝土抗冻合格率不应低于 80%，抗渗合格率为 100%。

（3）碾压混凝土质量评定，应以设计龄期的抗压强度为准，并按抽样次数分大样本和小样本两种方法评定。

（4）钻孔取样是评定碾压混凝土质量的综合方法。钻孔取样可在碾压混凝土达到设计龄期后或 3 个月后进行。钻孔的部位和数量应根据高程需要确定。钻孔取样评定的内容如下：

①芯样获得率：评价碾压混凝土的均质性。

②压水试验：评定碾压混凝土的抗渗性。

③芯样的物理力学性能试验：评定碾压混凝土的均质性、力学性能、结构强度。

④芯样外观描述：评定碾压混凝土的均质性和密实性。碾压混凝土芯样外观评定标准如表 5-33 所示。

表 5-33　碾压混凝土芯样外观评定标准

级别	表面光滑程度	表面致密程度	骨料分布均匀性
优秀	光滑	致密	均匀
一般	基本光滑	稍有孔	基本均匀
差	不光滑	有部分孔、洞	不均匀

注：本表适用于金钢石钻头钻取的芯样。

（5）测定抗压强度的芯样直径以 15～20 cm 为宜。对于大型工程或混凝土的最大骨料粒径大于 80 mm 的工程，宜采用直径 20 cm 或更大直径的芯样。

（6）以高径比为 2 的芯样试件为标准试件。高径比小于 1.5 的芯样试件不得用于测定抗压强度。

（7）硬化后的碾压混凝土性能质量标准如表 5-34 所示。

二、施工质量控制

（一）基础面、层面处理

（1）碾压混凝土的基础面处理原则按照普通混凝土的基础面处理标准执行。

（2）碾压混凝土的层面处理施工质量标准如表 5-35 所示。

（二）模板、预埋件制作及安装

（1）模板制作及安装施工质量标准如表 5-36 所示。

（2）预埋件制作及安装施工质量按照普通混凝土的相关质量标准执行。

（三）混凝土浇筑

（1）混凝土浇筑包括垫层混凝土（异种混凝土）浇筑、混凝土铺筑碾压、变态混凝土施工。

（2）碾压施工参数如压实机具的型号与规格、铺料厚度、碾压遍数、碾压速度等应由碾压试验确定。

表 5-34　硬化后的碾压混凝土性能质量标准

检验项目		质量要求		检验方法	检验数量
		合格	优良		
设计龄期抗渗性		100%不小于设计抗渗等级指标		抽样、试验	同一强度等级、抗渗等级的混凝土，每季度检测 1~2 组
抗压强度保证率(%)		P≥80	P≥85	抽样、试验	大体积混凝土： 28 d 龄期每 500 m^3 1 组；设计龄期每 1 000 m^3 1 组。 非大体积混凝土： 28 d 龄期每 100 m^3 1 组；设计龄期每 200 m^3 1 组
		P≥90	P≥95		
混凝土强度最低值	≤C20	≥85%设计龄期强度标准值			
	>C20	≥90%设计龄期强度标准值			
抗压强度标准差(MPa)	≤C20	≤4.5	≤3.5		
	C20~C35	≤5.0	≤4.0		
	>C35	≤5.5	≤4.5		
设计龄期抗拉项目		满足设计要求		抽样、试验	28 d 龄期每 2 000 m^3 一组；设计龄期每 3 000 m^3 一组
设计龄期抗冻性合格率(%)		80	100	抽样、试验	同一强度等级、抗冻等级的混凝土，每季度检测 1~2 组

表 5-35　碾压混凝土的层面处理施工质量标准

项次		检验项目	质量要求	检验方法	检验数量
主控项目	1	施工层面凿毛	刷毛或冲毛，无乳皮、表面成毛面	观察	全仓
一般项目	1	施工层面清理	符合设计要求，清洗洁净、无积水、无积渣杂物	观察	

表 5-36　模板制作及安装施工质量标准

项次		检验项目	质量要求	检验方法	检验数量
主控项目	1	稳定性、刚度和强度	符合模板设计要求	对照文件和图纸检查	全部
	2	结构物边线与设计边线	钢模：允许偏差 10 mm 木模：允许偏差 15 mm	量测	不少于 5 个点
	3	结构物水平断面内部尺寸	允许偏差±20 mm	量测	
	4	承重模板标高	允许偏差±5 mm	量测	

续表 5-36

项次		检验项目	质量要求		检验方法	检验数量
一般项目	1	模板平整度：相邻两板面错台	外露表面	钢模：允许偏差 2 mm 木模：允许偏差 3 mm	按照水平方向布点 2 m 靠尺测量	模板面积在 100 m^2 以内，不少于 10 个点；100 m^2 以上不少于 20 个点
			隐蔽内面	允许偏差 5 mm		
	2	局部不平整度	外露表面	钢模：允许偏差 2 mm 木模：允许偏差 5 mm	用 2 m 靠尺测量	不少于 5 个点
			隐蔽内面	允许偏差 10 mm		
	3	板面缝隙	外露表面	钢模：允许偏差 1 mm 木模：允许偏差 2 mm	量测	
			隐蔽内面	允许偏差 2 mm		
	4	模板外观	规格符合设计要求； 表面光洁、无污物		查阅图纸及目视检查	定型钢模板应抽查同一类型、同一规格模板的 10%，且不少于 3 件，其他逐件检查
	5	预留孔、洞尺寸边线	钢模：允许偏差±10 mm 木模：允许偏差±15 mm		查阅图纸、测量	全数
	6	预留孔、洞中心位置	允许偏差±10 mm		查阅图纸、测量	全数
	7	脱模剂	质量符合标准要求		观察	全数

注：外露表面、隐蔽内面是指相应模板的混凝土结构物表面最终所处的位置。

(3)垫层混凝土(异种混凝土)浇筑施工质量按照普通混凝土的相关质量标准执行。

(4)混凝土铺筑碾压施工质量标准如表 5-37 所示。

(5)变态混凝土施工质量标准如表 5-38 所示。

表 5-37　混凝土铺筑碾压施工质量标准

项次		检验项目	质量要求	检验方法	检验数量
主控项目	1	碾压参数	应符合碾压试验确定的参数值	查阅试验报告、施工记录	每班至少检查 2 次
	2	运输、卸料、平仓和碾压	符合设计要求，卸料高度不大于 1.5 m；迎水面防渗范围平仓与碾压方向不允许与坝轴线垂直，摊铺至碾压间隔时间不宜超过 2 h	观察、记录间隔时间	全数
	3	层间允许间隔时间	符合允许间隔时间要求	观察、记录间隔时间	
	4	控制碾压厚度	满足碾压试验参数要求	使用插尺、直尺量测	每个仓号均检测 2~3 个点
	5	混凝土压实密度	符合规范或设计要求	密度检测仪测试 混凝土岩芯试验(必要时)	每 100~200 m^2 碾压层测试 1 次，每层至少有 3 个点

续表 5-37

项次		检验项目	质量要求	检验方法	检验数量
一般项目	1	碾压条带边缘的处理	搭接 20~30 cm 宽度与下一条同时碾压	观察、量测	每个仓号均检测 1~2 个点
	2	碾压搭接宽度	条带间搭接 10~20 cm 端头部位搭接不少于 100 cm	观察	每个仓号均检测 1~2 个点
	3	碾压层表面	不允许出现骨料分离	观察	全数
	4	混凝土养护	仓面保持湿润，养护时间符合要求，仓面养护到上层碾压混凝土铺筑为止	观察	

表 5-38　变态混凝土施工质量标准

项次		检验项目	质量要求	检验方法	检验数量
主控项目	1	灰浆拌制	由水泥与粉煤灰并掺用外加剂拌制，水胶比不大于碾压混凝土的水胶比，保持浆体均匀	查阅试验报告、施工记录或比重计量测	全数
	2	灰浆铺洒	加浆量满足设计要求，铺洒方式符合设计及规范要求，间歇时间低于规定时间	观察、记录间隔时间	
	3	振捣	符合规定要求，间隔时间符合规定标准	浇筑过程中全数检查	
一般项目	1	与碾压混凝土振碾搭接宽度	应大于 20 cm	观察	每个仓号抽查 1~2 个点
	2	铺层厚度	符合设计要求	量测	全数
	3	施工层面	无积水，不允许出现骨料分离；特殊地区施工时空气温度应满足施工层面需要	观察	

(四)成缝及外观质量

(1)碾压混凝土成缝施工质量标准如表 5-39 所示。

(2)碾压混凝土的外观质量控制按照普通混凝土的基面处理原则执行。

表 5-39　碾压混凝土成缝施工质量标准

项次		检验项目	质量要求	检验方法	检验数量
主控项目	1	缝面位置	应满足设计要求	观察、量测	全数
	2	结构形式及填充材料	应满足设计要求	观察	
	3	有重复灌浆要求横缝	制作与安装应满足设计要求	观察、量测	
一般项目	1	切缝工艺	应满足设计要求	量测	
	2	成缝面积	应满足设计要求	量测	

第三节　混凝土面板工程

混凝土面板包括面板和趾板，是面板堆石坝的主要防渗结构，其具有厚度薄、面积大等结构特点，在满足抗渗性和耐久性条件下，要求具有一定的柔性，以适应堆石坝的变形。

一、基本要求

(1)混凝土面板主要用作混凝土面板堆石坝(含砂砾石堆石坝)的面板及趾板。

(2)混凝土面板工程以每块面板或每块趾板划分为一个单元工程。

(3)混凝土面板工程分为基面清理、模板安装、钢筋制作及安装、预埋件制作及安装、混凝土浇筑(含养护)、外观质量检查6个工序。其中，钢筋制作及安装、混凝土浇筑(含养护)工序为主要工序。

(4)原材料和中间产品的质量标准按照普通混凝土的质量标准执行。

二、施工质量控制

(一)基面清理质量标准

(1)趾板基础面处理质量标准按照普通混凝土的基面处理质量标准执行。

(2)面板基面清理施工质量标准如表5-40所示。

表5-40　面板基面清理施工质量标准

项次		检验项目	质量要求	检验方法	检验数量
主控项目	1	垫层坡面	符合设计要求;预留保护层已挖除,坡面保护完成	观察、查阅设计图纸	全数
	2	地表水和地下水	妥善引排或封堵	观察	
一般项目	1	基础清理	符合设计要求;清洗洁净、无积水、无积渣杂物	观察、查阅测量断面图	
	2	混凝土基础面	洁净、无乳皮、表面成毛面;无积水、无积渣杂物	观察	

(二)模板安装、钢筋制作及安装质量控制

(1)混凝土面板的施工采用滑模，其他模板应按照普通混凝土的模板制作及安装质量标准执行。

(2)滑模制作及安装施工质量标准如表5-41所示。

(3)钢筋制作及安装施工质量标准应按照普通混凝土的钢筋制作及安装质量标准执行。

表 5-41 滑模制作及安装施工质量标准

项次		检验项目		质量要求	检验方法	检验数量
主控项目	1	滑模结构及其牵引系统		应牢固可靠、便于施工，并应设有安全装置	观察、试运行	全数
	2	模板及其支架		满足设计稳定性、刚度和强度要求	观察、查阅设计文件	
一般项目	1	模板表面		处理干净，无任何附着物，表面光滑	观察	全数
	2	脱模剂		涂抹均匀	观察	
	3	滑模制作及安装	外形尺寸	允许偏差±10 mm	量测	每 100 m^2不少于 8 个点
	4		对角线长度	允许偏差±6 mm	量测	每 100 m^2不少于 4 个点
	5		扭曲	允许偏差 4 mm	挂线检查	每 100 m^2不少于 16 个点
	6		表面局部不平度	允许偏差 3 mm	用 2 m 靠尺量测	每 100 m^2不少于 20 个点
	7		滚轮及滑道间距	允许偏差±10 mm	量测	每 100 m^2不少于 4 个点
	8	滑模轨道制作及安装	轨道安装高程	允许偏差±5 mm	量测	每 10 延米各测 1 个点，总检测点不少于 20 个点
			轨道安装中心线	允许偏差±10 mm	量测	
	9 10		轨道接头处轨面错位	允许偏差 2 mm	量测	每处接头检测 2 个点

（三）预埋件制作及安装质量控制

（1）预埋件制作及安装主要包括止水及伸缩缝设置等内容。

（2）止水片（带）施工质量标准如表 5-42 所示。

（3）伸缩缝施工质量标准如表 5-43 所示。

表 5-42 止水片（带）施工质量标准

项次		检验项目	质量要求	检验方法	检验数量
主控项目	1	止水片（带）连接	铜止水片连（焊）接表面光滑，无孔洞、无裂缝；对缝焊应为单面双层焊接；搭接焊应为双面焊接，搭接长度应大于 20 mm，拼接处的抗拉强度不小于母材强度	观察、量测、工艺试验	每种焊接不少于 3 组
			PVC 止水带采用热粘接或热焊接，搭接长度不小于 150 mm；橡胶止水带硫化连接牢固。接头内不应有气泡、夹渣或渗水，拼接处的抗拉强度不小于母材强度	观察、取样检测	

续表 5-42

<table>
<tr><th colspan="2">项次</th><th colspan="2">检验项目</th><th>质量要求</th><th>检验方法</th><th>检验数量</th></tr>
<tr><td rowspan="7">一般项目</td><td>1</td><td colspan="2">止水片(带)外观</td><td>表面浮皮、锈污、油漆、油渍等清除干净;止水片(带)无变形、变位</td><td>观察</td><td>全数</td></tr>
<tr><td>2</td><td colspan="2">PVC(橡胶)垫片</td><td>平铺或粘贴在砂浆垫(沥青垫)上,中心线应与缝中心线重合;允许偏差±5 mm</td><td>观察、量测</td><td rowspan="6">每 5 延米检测 1 个点</td></tr>
<tr><td rowspan="3">3</td><td rowspan="3">制作(成型)</td><td>宽度</td><td>铜止水允许偏差±5 mm;PVC 或橡胶止水带允许偏差±5 mm</td><td rowspan="3">量测</td></tr>
<tr><td>鼻子或立腿高度</td><td>铜止水允许偏差±2 mm</td></tr>
<tr><td>中心部分直径</td><td>PVC 或橡胶止水带允许偏差±2 mm</td></tr>
<tr><td rowspan="2">4</td><td rowspan="2">安装</td><td>中心线与设计</td><td>铜止水允许偏差±5 mm;PVC 或橡胶止水带允许偏差±5 mm</td><td rowspan="2">仪器测量</td></tr>
<tr><td>两侧平段倾斜</td><td>铜止水允许偏差±5 mm;PVC 或橡胶止水带允许偏差±10 mm</td></tr>
</table>

表 5-43 伸缩缝施工质量标准

<table>
<tr><th colspan="2">项次</th><th>检验项目</th><th>质量要求</th><th>检验方法</th><th>检验数量</th></tr>
<tr><td rowspan="2">主控项目</td><td>1</td><td>柔性料填充</td><td>满足设计断面要求,边缘允许偏差±10 mm;面膜按设计结构设置,与混凝土面应黏结紧密、锚压牢固,形成密封腔</td><td>抽样检测</td><td>每 50~100 m 为一检测段</td></tr>
<tr><td>2</td><td>无黏性料填充</td><td>填料填塞密实,保护罩的外形尺寸符合设计要求,安装锚固用的角钢、膨胀螺栓规格、间距符合设计要求,并经防腐处理。位置偏差不大于 30 mm;螺栓孔距允许偏差不大于 50 mm;螺栓孔深允许偏差不大于 5 mm</td><td>观察、量测</td><td>每 10 延米抽检测 1 个断面</td></tr>
<tr><td rowspan="4">一般项目</td><td>1</td><td>面板接缝顶部预留填塞柔性填料的 V 形槽</td><td>位置准确,规格、尺寸符合设计要求</td><td>观察、量测</td><td>每 5 延米测横断面,每个断面不少于 3 个测点</td></tr>
<tr><td>2</td><td>预留槽表面处理</td><td>清洁、干燥,黏结剂涂刷均匀、平整,不应漏涂,涂料应与混凝土面黏结紧密</td><td>观察</td><td>全数</td></tr>
<tr><td>3</td><td>砂浆垫层</td><td>平整度、宽度符合设计要求;平整度允许偏差±2 mm,宽度允许偏差不大于 5 mm</td><td>用 2 m 靠尺量测</td><td>平整度,每延米检测 1 个点;宽度,每 5 延米检测 1 个断面</td></tr>
<tr><td>4</td><td>柔性填料表面</td><td>混凝土表面应平整、密实无松动,混凝土块无露筋、蜂窝、麻面、起皮、起砂现象</td><td>自上而下观察</td><td>每 5 延米检测 1 个点</td></tr>
</table>

(四)混凝土浇筑(含养护)及外观质量

(1)混凝土面板浇筑主要包括面板和混凝土浇筑及趾板混凝土浇筑。

(2)趾板混凝土施工质量应按照普通混凝土的标准执行。

(3)混凝土面板浇筑施工质量标准如表5-44所示。

(4)混凝土外观质量检查标准按照普通混凝土外观质量标准执行。

表5-44 混凝土面板浇筑施工质量标准

项次		检验项目	质量要求	检验方法	检验数量
主控项目	1	滑模提升速度控制	滑膜提升速度由试验确定,混凝土浇筑连续,不允许仓面混凝土出现初凝现象。脱模后无鼓胀及表面拉裂现象,外观光滑平整	观察、查阅施工记录	全部
	2	混凝土振捣	有序振捣均匀、密实	观察	
	3	施工缝处理	按设计要求处理	观察、量测	
	4	裂缝	出现裂缝按设计要求处理	检查,进行统计,描述裂缝的位置、深度、宽度、长度等	
一般项目	1	铺筑厚度	符合规范要求	量测	每10延米检测1个点
	2	面板厚度	符合设计要求,允许偏差-50~100 mm	量测	
	3	混凝土养护	符合规范要求	观察、查阅施工记录	全部

第四节 沥青混凝土工程

一、基本要求

(1)沥青混凝土主要用于碾压式沥青混凝土心墙、沥青混凝土面板工程。

(2)沥青及其他混合材料的质量应满足技术规范的要求;沥青混凝土的配合比应通过试验确定;碾压施工参数(如压实机具的型号、规格及碾压遍数、碾压速度等)应通过现场碾压试验确定。

(3)沥青混凝土宜按施工铺筑区、段、层划分,每一区、段的每一铺筑层为一单元工程。

(4)沥青质量的进场检验结果应满足相关产品标准,并符合表5-45规定的质量标准。

(5)粗细骨料、掺料质量标准应符合表5-46的规定。

(6)沥青混合料和沥青混凝土质量标准应符合表5-47的规定。

表 5-45　沥青性能质量标准

检验项目	质量要求	检验方法	检验数量
针入度(25 ℃,5 s,100 g)	符合设计要求	抽样、试验	以同一料源、同一批炼制进场的沥青为一批,进场时应进行全部项目抽样检测。沥青工程现场存放超过 60 d 应进行复检,高海拔或其他紫外线强烈地域应 30 d 复检 1 次。复检项目为:针入度(25 ℃,5 s,100 g)、软化点(R 和 B)、延伸度、薄膜加热后质量变化、软化点升高、残留针入度比(25 ℃)、残留延伸度
针入度指数(PI)	符合设计要求	计算	
软化点(R 和 B)	符合设计要求	抽样、试验	
延伸度 (按设计温度进行检测)	符合设计要求	抽样、试验	
蜡含量(蒸馏法)	符合设计要求	抽样、试验	
闪点	符合设计要求	抽样、试验	
溶解度	符合设计要求	抽样、试验	
密度(15 ℃)	符合设计要求	抽样、试验	
薄膜加热后			
质量变化	符合设计要求	抽样、试验	
软化点升高	符合设计要求	抽样、试验、计算	
残留针入度比(25 ℃)	符合设计要求	抽样、试验、计算	
残留延伸度 (按设计温度进行检测)	符合设计要求	抽样、试验	

表 5-46　粗细骨料、掺料质量标准

检验项目		质量要求	检验方法	检验数量
粗骨料性能	含泥量	<0.5%	抽样、试验	每 100 ~ 200 m^3 取样 1 组,同时超逊径级配应 5 ~ 10 个工作日定期从拌和楼热料仓取样检测 1 次
	超逊径	超径小于 5%、逊径小于 10%	抽样、试验	
	表观密度	≥2.6 g/cm^3	抽样、试验	
	压碎率	≤30%	抽样、试验	
	吸水率	≤2%	抽样、试验	
	坚固性	硫酸钠溶液 5 次试验 重量损失小于 12%	抽样、试验	
	与沥青的黏附性	>4 级	抽样、试验	
	针片状颗粒含量	<10%	抽样、试验	
细骨料性能	含泥量	符合设计要求,含泥量小于 2%	抽样、试验	每 100 ~ 200 m^3 取样 1 组,超径级配应 5 ~ 10 个工作日从拌和楼热料仓取样检测,阴雨天气应加大含水量检测频次
	超径率	≤5%	抽样、试验	
	吸水率	≤2%	抽样、试验	
	含水量	符合设计要求	抽样、试验	
	表观密度	≥2.55 g/cm^3	抽样、试验	

续表 5-46

检验项目		质量要求	检验方法	检验数量
细骨料性能	有机质含量	浅于标准色	抽样、试验	每 100～200 m^3 取样 1 组，超径级配应 5～10 个工作日从拌和楼热样仓取样检测，阴雨天气应加大含水量检测频次
	级配	符合设计要求	抽样、试验	
	坚固性	硫酸钠溶液 5 次试验 重量损失小于 15%	抽样、试验	
	水稳定等级	≥6 级	抽样、试验	
掺料性能	细度	符合设计要求	抽样、试验	掺料每 5～10 t 为 1 个检验批次
	含水量	<0.5%	抽样、试验	
	密度	≥2.5 g/cm^3	抽样、试验	
	亲水系数	<1.0	抽样、试验	

表 5-47　沥青混合料和沥青混凝土质量标准

检验项目		质量要求	检验方法	检验数量
沥青	针入度	符合设计要求	抽样、试验	每班至少 1 次
	软化点	符合设计要求	抽样、试验	每班至少 1 次
	温度	符合设计要求	温度计量测	每班至少 2～3 次
粗、细骨料	级配	符合设计要求（测定值用于调整施工配料单）	抽样、试验	每班至少 1 次
	温度	符合设计要求	温度计量测	每班至少 2～3 次
填料	粒度范围	符合设计要求（测定值用于调整施工配料单）	抽样、试验	必要时检测
掺料	称量误差	符合设计要求（测定值用于调整施工配料单）	抽样、试验	随时检测
沥青混合料	密度和孔隙率	符合设计要求	抽样、试验	每班次 1 组
	马歇尔稳定度和流值	符合设计要求	抽样、试验	每班次 1 组
	沥青含量（抽提）	符合设计要求	抽样、试验	每班次 1 组
	矿料级配（抽提）	符合设计要求	抽样、试验	每班次 1 组
	其他指标（渗透系数、斜坡流淌值圆盘试验、三轴试验、小梁弯曲试验等）	符合设计要求	抽样、试验	按设计要求进行
	外观	色泽均匀，稀稠一致，无花白料、无黄烟及其他异常现象	目测	随时检测
	温度	符合设计要求	温度计量测	每班至少 2～3 次

续表 5-47

检验项目		质量要求	检验方法	检验数量
沥青混凝土性能	无损检测密度和孔隙率	符合设计要求	核子密度仪检测或无核子密度仪检测	每一施工单元每 30 m 检测 1 个点
	渗透性无损检测	符合设计要求	抽样、试验	每一施工单元每 50 m 检测 1 个点
	渗透试验(芯样)	符合设计要求	抽样、试验	按设计要求进行
	密度(芯样)	符合设计要求	抽样、试验	
	孔隙率(芯样)	符合设计要求	抽样、试验、计算	
	三轴试验(芯样)	符合设计要求	抽样、试验	

注:沥青混合料性能所有检验项目均在拌和站或铺筑后未密实状态下取样成型测试;沥青混凝土性能检验项目包括施工后现场仓面或成墙后抽取的样品。

二、沥青混凝土心墙

(1)沥青混凝土心墙施工分为基座结合面处理及沥青混凝土接合层面处理、模板制作及安装(心墙底部及两岸接坡扩宽部分采用人工铺筑时有模板制作及安装)、沥青混凝土的铺筑 3 个工序。其中,沥青混凝土的铺筑工序为主要工序。

(2)基座结合面处理及沥青混凝土结合层面处理施工质量标准如表 5-48 所示。

表 5-48　基座结合面处理及沥青混凝土结合层面处理施工质量标准

项次		检验项目	质量要求	检验方法	检验数量
主控项目	1	沥青涂料和沥青胶配料比	配料比准确,所用原材料符合国家、行业相应标准	查阅配合比试验报告原材料出厂合格证明	每种配合比至少抽检 1 组
	2	基座结合面处理	结合面干净、干燥、平整、粗糙,无浮皮、浮渣,无积水	观察、查阅施工记录	全数
	3	层面清理	层面干净、平整,无杂物,无水珠,返油均匀,层面下 1 cm 处温度不低于 70 ℃,且各点温差不大于 20 ℃	观察、测量,查阅施工记录	每 100 m^2 量测 1 个点,每单元温度测量点数不少于 10 个点
一般项目	1	沥青涂料、沥青胶涂刷	涂刷厚度符合设计要求,均匀一致,与混凝土贴附牢靠,无鼓包,无流淌,表面平整光顺	观察、量测	量测 1 个点,每验收单元不少于 10 个点
	2	心墙上下层施工间歇时间	不宜超过 48 h	观察、查阅施工记录	全数

(3)模板制作及安装施工质量标准如表 5-49 所示。

(4)沥青混凝土的铺筑施工质量标准如表 5-50 所示。

表 5-49　模板制作及安装施工质量标准

项次		检验项目	质量要求	检验方法	检验数量
主控项目	1	稳定性、刚度和强度	符合设计要求	对照文件或设计图纸检查	全部
	2	模板安装	符合设计要求，牢固、不变形、拼接严密	观察、查阅设计图纸	抽查同一类型、同一规格模板数量的 10%，且不少于 3 件
	3	结构物边线与设计边线	符合设计要求，允许偏差±15 mm	钢尺测量	模板面积在 100 m^2 以内，不少于 10 个点；100 m^2 以上，不少于 20 个点
	4	预留孔、洞尺寸及位置	位置准确，尺寸允许偏差±10 mm	测量、核对图纸	抽查点数不少于总数的 30%
一般项目	1	模板平整度：相邻两板面错台	允许偏差 5 mm	尺（靠尺）量测或拉线检查	模板面积在 100 m^2 以内，不少于 10 个点；100 m^2 以上，不少于 20 个点
	2	局部平整度	允许偏差 10 mm	按水平线（垂直线）布置检测点，靠尺检查	100 m^2 以上，不少于 10 个点；100 m^2 以内，不少于 5 个点
	3	板块间缝隙	允许偏差 3 mm	尺量	100 m^2 以上，检查 3~5 个点；100 m^2 以内，检查 1~3 个点
	4	结构物水平断面内部尺寸	符合设计要求允许偏差±20 mm	尺量或仪器测量	100 m^2 以上，不少于 10 个点；100 m^2 以内，不少于 5 个点
	5	脱模剂涂刷	产品质量符合标准要求；涂抹均匀，无明显色差	查阅产品质检证明，目视检查	全部

表 5-50　沥青混凝土的铺筑施工质量标准

项次		检验项目	质量要求	检验方法	检验数量
主控项目	1	碾压参数	应符合碾压试验确定的参数值	测量温度，查阅试验报告、施工记录	每班 2~3 次
	2	铺筑宽度（沥青混凝土心墙厚度）	符合设计要求，表面光洁、无污物；允许偏差为心墙厚度的 10%	观察、尺量、查阅施工记录	每 10 延米检测 1 组，每组不少于 2 个点，每一验收单元不少于 10 组
	3	压实系数	质量符合标准要求，取值 1.2~1.35	量测	每 100~150 m^3 检验 1 组
	4	与刚性建筑物的连接	符合规范和设计要求	观察	全部

续表 5-50

项次		检验项目	质量要求	检验方法	检验数量
一般项目	1	铺筑厚度	符合设计要求	观察、量测	每班 2 ~3 次
	2	铺筑速度(采用铺筑机)	规格符合设计要求或 1~3 m/min	观察、量测、查阅施工记录	每班 2 ~3 次
	3	碾压错距	符合规范和设计要求	观察、量测	全部
	4	特殊部位的碾压	符合规范和设计要求	观察、量测、查阅施工记录	
	5	施工接缝处及碾压带处理	符合规范和设计要求,重叠碾压 10~15 cm	观察、量测	
	6	平整度	符合设计要求,或在 2 m 范围内起伏高度差小于 10 mm	观察、靠尺量测	每 10 延米检测 1 组,每组不少于 2 个点
	7	降温或防冻措施	符合规范和设计要求	观察、量测	全部
	8	层间铺筑间隔时间	宜不小于 12 h	观察、量测、查阅施工记录	

三、沥青混凝土面板

(1)沥青混凝土面板施工分为整平胶结层(含排水层)、防渗层、封闭层、面板与刚性建筑物连接 4 个工序,其中整平胶结层(含排水层)、防渗层工序为主要工序。

(2)沥青混凝土面板整平胶结层(含排水层)施工质量标准如表 5-51 所示。

(3)防渗层施工质量标准如表 5-52 所示。

(4)封闭层施工质量标准如表 5-53 所示。

(5)面板与刚性建筑物连接施工质量标准如表 5-54 所示。

表 5-51　沥青混凝土面板整平胶结层(含排水层)施工质量标准

项次		检验项目	质量要求	检验方法	检验数量
主控项目	1	碾压参数	应符合碾压试验确定的参数值	测量温度,查阅试验报告、施工记录	每班 2~3 次
	2	整平层排水层的铺筑	应在垫层(含防渗底层)质量验收后,并须待喷涂的乳化沥青(稀释沥青)干燥后进行	查阅施工记录、验收报告	全部
一般项目	1	铺筑厚度	符合设计要求	观察、尺量、查阅施工记录	摊铺厚度每 10 m^2 量测 1 个点,但每单元不少于 20 个点

续表 5-51

项次		检验项目	质量要求	检验方法	检验数量
一般项目	2	层面平整度	符合设计要求	摊铺层面平整度用 2 m 靠尺量测	每 10 m^2 量测 1 个点，各点允许偏差不大于 10 mm
	3	摊铺碾压温度	初碾压温度 110～140 ℃，终碾压温度 80～120 ℃	温度计量测	坝面每 30～50 m^2 量测 1 个点

表 5-52　防渗层施工质量标准

项次		检验项目	质量要求	检验方法	检验数量
主控项目	1	碾压参数	符合碾压试验确定的参数值	测量温度，查阅试验报告、施工记录	每班 2～3 次
	2	防渗层的铺筑及层间处理	应在整平层质量检测合格后进行；上层防渗层的铺筑应在下层防渗层检测合格后进行。各铺筑层间的坡向或水平接缝应相互错开	查阅施工记录、验收报告	全数
一般项目	1	摊铺厚度	符合设计要求	观察、尺量、查阅施工记录	摊铺厚度每 10 m^2 量测 1 个点，但每验收单元不少于 10 个点
	2	层面平整度	符合设计要求	摊铺层面平整度用 2 m 靠尺量测	每 10 m^2 量测 1 个点，各点允许偏差不大于 10 mm
	3	沥青混凝土防渗层表面	不应出现裂缝、流淌与鼓包	观察	全数
	4	铺筑层的接缝错距	上下层水平接缝错距 1 m，允许偏差 0～20 cm；上下层条幅坡向接缝错距（以 1/*n* 条幅宽计）允许偏差 0～20 cm（*n* 为铺筑层数）	观测、查阅检测记录	各项测点均不少于 10 个点
	5	摊铺碾压温度	初碾压温度 110～140 ℃，终碾压温度 80～120 ℃	现场量测	坝面每 30～50 m^2 量测 1 个点

表 5-53　封闭层施工质量标准

项次		检验项目	质量要求	检验方法	检验数量
主控项目	1	封闭层铺抹	应均匀一致,无脱层和流淌,铺抹量应为 2.5~3.5 kg/m²,或满足设计要求铺抹量,合格率不小于 85%	观察、查阅施工记录	每天至少观察并计算铺抹量 1 次,且铺抹过程全部检查
一般项目	1	沥青胶最低软化点	沥青胶最低软化点不应低于 85 ℃,试样合格率不小于 85%	查阅施工记录、取样测量	每 500~1 000 m²的铺抹层至少取 1 个试样,1 d 铺抹面积不足 500 m²的也取 1 个试样
	2	沥青胶的铺抹	应均匀一致,铺抹量应为 2.5~3.5 kg/m²,或满足设计要求铺抹量,合格率不小于 85%	观察、称量	每天至少观察并计算铺抹量 1 次,且铺抹过程全部检查
	3	沥青胶的施工温度	搅拌出料温度(190±10)℃;铺抹温度不小于 170 ℃或满足设计要求	查阅施工记录、现场实测	搅拌出料温度每盘(罐)出料时量测 1 次;铺抹温度每天至少实测 2 次

表 5-54　面板与刚性建筑物连接施工质量标准

项次		检验项目	质量要求	检验方法	检验数量
主控项目	1	楔形体的浇筑	施工前应进行现场铺筑试验以确定合理施工工艺,满足设计要求;保持接头部位无熔化、流淌及滑移现象	观察、查阅施工记录	全数
	2	防滑层与加强层的敷设	满足设计要求,接头部位无熔化、流淌及滑移观象	观察、查阅施工记录	
	3	铺筑沥青混凝土防渗层	在铺筑沥青混凝土防渗层时,应待滑动层与楔形体冷凝且质量合格后进行,满足设计要求	观察、查阅施工记录	
一般项目	1	橡胶沥青胶防滑层的敷设	应待喷涂乳化沥青完全干燥后进行,满足设计要求	观察、查阅施工记录	全数
	2	沥青砂浆楔形体浇筑温度	(150±10)℃	检查施工记录和现场量测	每盘 1 次
	3	橡胶沥青胶滑动层拌制温度	(190±5)℃	检查施工记录和现场量测	每盘 1 次
	4	连接面的处理	施工前应进行现场铺筑试验,确定施工工艺,满足设计要求	观察、查阅施工工艺记录和施工记录	全数
	5	加强层	上下层接缝的搭接宽度符合设计要求	检查施工记录和现场检测	测点不少于 10 个

第五节 预应力混凝土工程

一、基本要求

（1）预应力混凝土后张法施工（包括黏结、无黏结两种工艺）适用于水工建筑物中闸墩、板梁、隧洞衬砌锚固等工程项目。本节介绍了预应力混凝土后张法施工质量的验收评定。

（2）预应力混凝土工程宜以混凝土浇筑段或预制件的一个制作批次划分为一个单元工程。

（3）预应力混凝土单元工程分为基础面或施工缝处理、模板安装、钢筋制作及安装、预埋件（止水、伸缩缝等设置）制作及安装、混凝土浇筑（养护、脱模）、预应力筋孔道预留、预应力筋制作及安装、预应力筋张拉、灌浆、外观质量检查10个工序。其中，混凝土浇筑（养护、脱模）、预应力筋张拉为主要工序。

（4）基础面或施工缝处理、模板安装、钢筋制作及安装、预埋件（止水、伸缩缝等设置）制作及安装、混凝土浇筑（养护、脱模）工序施工质量应符合普通混凝土质量标准的规定。

（5）原材料和中间产品的质量标准应符合普通混凝土质量标准的规定。

二、施工质量控制

（1）预应力筋孔道预留施工质量标准如表5-55所示。

（2）预应力筋制作及安装质量标准如表5-56所示。

（3）预应力筋张拉施工质量标准如表5-57所示。

（4）有黏结预应力筋灌浆施工质量标准如表5-58所示。

（5）闸墩、隧洞衬砌等现浇混凝土的外观质量检查标准可参考普通混凝土的规定执行。

表5-55 预应力筋孔道预留施工质量标准

项次		检验项目		质量要求	检验方法	检验数量
主控项目	1	孔道位置		位置和间距符合设计要求	观察、量测	全数
	2	孔道数量		符合设计要求	观察、量测	
	3	孔口承压钢垫板尺寸及强度		几何尺寸、结构强度应满足设计要求	量测	
一般项目	1	造孔		埋管的管模应架立牢靠，并妥善保护；拔管时间应通过现场试验确定	观察	
	2	孔径		符合设计要求	量测	
	3	孔道的通畅性		孔道通畅、平顺；接头应严密且不应漏浆	观察、测试	
	4	孔口承压钢垫板	垂直度	承压面与锚孔轴线应保持垂直，其误差不应大于0.5°	量测	
			位置	孔道中心线应与锚孔轴线重合	量测	
			牢固度	承压钢垫板底部混凝土或水泥砂浆充填密实，安装牢固	观察	
	5	灌浆孔和泌水孔的设置		数量、位置、规格符合设计要求；连接通畅	观察、量测	
	6	环锚预留槽		喇叭管中心线应与槽板垂直	—	

表 5-56　预应力筋制作及安装质量标准

项次		检验项目	质量要求	检验方法	检验数量
主控项目	1	锚具、夹具、连接器的质量	符合 GB/T 14370《预应力筋用锚具、夹具和连接器》和设计要求	试验、查看试验报告、观察	每批外观检查10%，硬度检查5%，静载试验3套，硬度检查要求同一部件应不少于3个点
一般项目	1	预应力筋制作	当钢丝束两端采用镦头锚具时，各根钢丝长度差不大于下料长度的1/5 000，且不应超过 5 mm；下料时应采用机械切割机切割，不应采用电弧切割，其他类型锚头的锚束下料长度与切割方法应按施工要求选定	观察、量测	全数
	2	安装	预应力筋束号应与孔号一致	观察	
	3	无黏结预应力筋的敷设	预应力筋应定位准确、安装牢固，浇筑混凝土时不应出现移位和变形；护套应完整	观察、量测	

表 5-57　预应力筋张拉施工质量标准

项次		检验项目	质量要求	检验方法	检验数量
主控项目	1	混凝土抗压强度	预应力筋张拉时，混凝土强度应符合设计要求；当设计无具体要求时，闸墩混凝土抗压强度应达到设计值的90%，梁板混凝土抗压强度不低于设计值的70%	试件试验报告	全数
	2	张拉设备	应配套标定，定期率定，且在有效期内使用	观察、检查率定合格证	
	3	张拉程序	技术指标符合设计要求和规范规定	观察、量测、检查张拉记录	
一般项目	1	稳压时间	不少于 2 min	量测、检查张拉记录	全数
	2	外锚头防护	确保防腐脂不外漏	观察	
	3	无黏结型永久防护	措施应可靠、耐久，并且有良好的化学稳定性，应符合设计要求	观察	
	4	环锚预留槽回填	回填前对槽内冲洗干净，涂浓水泥浆，回填混凝土强度等级应与衬砌圈混凝土一致	观察、检查记录	

表 5-58　有黏结预应力筋灌浆施工质量标准

项次		检验项目	质量要求	检验方法	检验数量
主控项目	1	浆液质量	水泥浆水灰比宜采用 0.3～0.4；水泥砂浆水灰比宜采用 0.5	试验	同一配合比至少检查 1 次
	2	灌浆质量	封孔灌浆应形成密实的、完整的保护层	检查孔，查阅施工记录，观察	全数

第六节　混凝土预制构件安装工程

一、基本要求

（1）混凝土预制构件安装工程单元工程宜以每一次检查验收的根、组、批划分，或者按安装的桩号、高程划分，每一根、组、批或某桩号、高程之间的预制构件安装为一个单元工程。

（2）混凝土预制构件安装单元工程分为构件外观质量检查、吊装、接缝及接头处理 3 个工序。其中，吊装工序为主要工序。

（3）混凝土预制构件质量应满足设计要求。从场外购买的混凝土预制构件，应提供构件性能检验等质量合格的相关证明资料。不合格构件不应使用。

（4）原材料和中间产品的质量标准应符合普通混凝土质量标准的规定。

二、施工质量控制

（1）构件外观质量检查标准如表 5-59 所示。

（2）吊装施工质量标准如表 5-60 所示。

（3）接缝及接头处理施工质量标准如表 5-61 所示。

表 5-59　构件外观质量检查标准

项次		检验项目	质量要求	检验方法	检验数量
主控项目	1	外观检查	无缺陷	观察、量测	全数
	2	尺寸偏差	预制构件不应有影响结构性能和安装、使用功能的尺寸偏差	量测	
一般项目	1	预制构件标识	应在明显部位标明生产单位、构件型号、生产日期和质量验收标志	观察	
	2	构件上的预埋件、插筋和预留孔洞的规格、位置和数量	应符合标准图或设计的要求	观察	

表 5-60　吊装施工质量标准

项次		检验项目			质量要求	检验方法	检验数量
主控项目	1	构件型号和安装位置			符合设计要求	查阅施工图纸	全数
	2	构件吊装时的混凝土强度			符合设计要求。设计无规定时，不应低于设计强度标准值的 70%；预应力构件孔道灌浆的强度应达到设计要求	查阅试验资料和施工记录	
一般项目	1	柱	中心线和轴线位移		允许偏差±5 mm	测量	
	2		垂直度	柱高 10 m 以下	允许偏差 10 mm	测量	
	3			柱高 10 m 及以上	允许偏差 20 mm	测量	
	4		牛腿上表面、柱顶标高		允许偏差−8~0 mm	测量	
	5	梁或吊车梁	中心线和轴线位移		允许偏差±5 mm	测量	
	6		梁顶面标高		允许偏差−5~0 mm	测量	
	7	屋架	下弦中心线和轴线位移		允许偏差±5 mm	测量	
	8		垂直度	桁架、拱形屋架	允许偏差 1/250 屋架高	测量	
	9			薄腹梁	允许偏差 5 mm		
	10	板	相邻两板下表面平整度	抹灰	允许偏差 5 mm	用 2 m 靠尺量测	
	11			不抹灰	允许偏差 3 mm		
	12	预制廊道、井筒板（埋入建筑物）		中心线和轴线位移	允许偏差±20 mm	测量检查	
	13			相邻两构件的表面平整度	允许偏差 10 mm	用 2 m 靠尺量测	
	14	建筑物外表面模板		相邻两板面高差	允许偏差 3 mm（局部 5 mm）	用 2 m 靠尺量测	
				外边线与结构物边线	允许偏差±10 mm	用 2 m 靠尺量测	

表 5-61　接缝及接头处理施工质量标准

项次		检验项目	质量要求	检验方法	检验数量
主控项目	1	构件连接	构件与底座、构件与构件的连接应符合设计要求,受力接头应符合 GB 50204《混凝土结构工程施工质量验收规范》的规定	观察,查阅试验资料和施工记录	全数
一般项目	1	接缝凿毛处理	符合设计要求	观察	全面
	2	构件接缝的混凝土(砂浆)	养护符合设计要求,且在规定的时间内不应拆除其支承模板	观察	

第七节　安全监测设施安装工程

一、安全监测仪器设备安装埋设

(1)安全监测仪器设备安装埋设分为仪器设备检验、仪器安装埋设、观测电缆敷设 3 个工序。其中,监测仪器安装埋设为主要工序。

(2)安全监测仪器设备检验质量标准如表 5-62 所示。

(3)安全监测仪器安装埋设质量标准如表 5-63 所示。

(4)观测电缆敷设施工质量标准如表 5-64 所示。

表 5-62　安全监测仪器设备检验质量标准

项次		检验项目	质量要求	检验方法	检查数量
主控项目	1	力学性能检验	符合设计和规范要求	对照检验率定记录检查	全面
	2	防水性能检查	符合设计和规范要求	对照检验率定记录检查	
	3	温度性能检查	检验仪器的温度、绝缘电阻满足设计及规范要求	对照检验率定记录检查,并与技术指标要求进行对比判定仪器是否合格	
	4	电阻比电桥检验	绝缘电组、零位电阻及变差,电阻比及电阻准确度,内附检流计灵敏度及工作时间符合规范要求	对照规范要求检查	
	5	检查记录	准确、完整、清晰	查阅原始记录,查阅仪器率定报告	逐个
一般项目	1	仪器设备现场检验	检查仪器工作状态;校核仪器出厂参数,验证仪器各项质量指标	检查合格证书	全面
	2	仪器保管	仪器设备安装埋设前应存放在温度、湿度满足要求的仓库内上架保管	对照记录检查,是否按要求进行保管	

表 5-63 安全监测仪器安装埋设质量标准

项次		检验项目	质量要求	检验方法	检查数量
主控项目	1	外观	表面无锈蚀、伤痕及裂痕，引出的电缆护套无损伤	检查	全面
	2	规格、型号	符合设计和规范要求	检查	
	3	埋设部位预留孔槽、导管及各种预埋件	符合设计要求	检查测量放线资料	
	4	观测用电缆连接与接线	符合规范要求	对照设计图纸及厂家说明书检查	
	5	屏蔽与电缆连接	各芯线应等长，电缆芯线和外套均可用热缩管热缩接头，也可采用专用电缆接头保护套	对照设计图纸及厂家说明书检查	
一般项目	1	埋设仪器及附件预安装	埋设前应进行配套组装并检验合格	按照相关规范要求检查	全面
	2	仪器编号	复查设计编号、出厂编号，自由状态测试	全面检查	逐个
	3	仪器安装埋设方向误差	应符合设计要求	对照相关规范要求检查	全面
	4	基岩中仪器埋设	槽孔应清洗干净，回填砂浆符合设计要求	对照设计检查	全面
	5	混凝土中仪器埋设	符合设计要求	对照设计检查	
	6	仪器保护检查调试	埋设过程中应经常监测仪器工作状态，发现异常及时采取补救措施或更换仪器，埋设应做好标记，派专人维护，以防损坏	现场检查	
	7	仪器埋设记录	仪器埋设质量验收表、竣工图、考证表、测量资料、施工记录、安装照片和相关土建工作验收资料	位置准确、资料齐全、规格统一、记录真实可靠	逐个
	8	观测时间及测次规定	仪器埋设后立即全面检测电阻比、温度电阻、总电阻、分线电阻和绝缘性能，判断仪器工作状态、采集初始读数	检查观测温度、电阻读数记录资料	

表 5-64　观测电缆敷设施工质量标准

项次		检验项目	质量要求	检验方法	检查数量
主控项目	1	电缆编号	观测端应有3个编号;仪器端应有1个编号;每隔适当距离应有1个编号;编号材料应能防水、防污、防锈蚀	目测	逐根
	2	电缆接头连接质量	符合规范的要求,1 MPa压力水中接头绝缘电阻大于50 MΩ	按照规范和设计要求现场检查,必要时拍摄照片或录像	
	3	水平敷设	符合规范和设计要求		
	4	垂直牵引	符合规范和设计要求		
一般项目	1	敷设路线	符合规范和设计要求	现场检查,必要时拍摄照片或录像	
	2	跨缝处理	符合规范和设计要求		
	3	止水处理	符合规范和设计要求		
	4	电缆布设保护	电缆的走向按设计要求,做好电缆临时测站保护箱及在牵引过程中保护等工作	检查保护措施是否得当,有无损坏现象	
	5	电缆连通性和绝缘性能检查	按规定时段对电缆连通性和仪器状态及绝缘情况进行检查并填写检查记录和说明,在回填或埋入混凝土前后立即检查	使用测读仪表现场检查记录	

二、观测孔(井)工程

(1)观测孔(井)工程施工包括造孔、测压管制作与安装、率定等3个工序。其中,率定工序为主要工序 。

(2)观测孔(井)造孔施工质量标准如表5-65所示。

(3)测压管制作与安装施工质量标准如表5-66所示。

(4)观测孔(井)率定施工质量标准如表5-67所示。

三、外部变形观测设施

(1)水工建筑物外部变形观测设施安装应主要包括垂线、引张线、视准线、激光准直系统等的安装。

(2)各项监测设施,应按设计要求的埋设时间及时安装,在施工中应进行全过程检查和保护,防止移位、变形、损坏或堵塞。

(3)垂线安装分为正垂线安装和倒垂线安装,其质量标准分别如表5-68和表5-69所示。

(4)引张线安装质量标准如表5-70所示。

(5)视准线安装质量标准如表5-71所示。

(6)激光准直安装分为真空激光准直安装和大气激光准直安装,其质量标准分别如表5-72和表5-73所示。

表 5-65　观测孔(井)造孔施工质量标准

项次		检验项目	质量要求	检验方法	检查数量
主控项目	1	造孔工艺	符合设计要求	观察、查阅施工记录	逐孔
	2	孔(井)尺寸	孔位允许偏差±10 cm;孔深允许偏差0~20 cm;钻孔倾斜度小于1%;孔径(有效孔径)允许偏差0~2 cm	测量	
	3	洗孔	孔口回水清洁,肉眼观察无岩粉出现,洗孔时间不应小于15 min,孔底沉积厚度小于200 mm	现场检查、测量、查阅施工记录	逐个
一般项目	1	造孔时间	在设计规定的时间段内	观察、查阅施工记录	
	2	钻孔柱状图绘制	造孔过程中连续取样,对地层结构进行描绘,记录初见水位、终孔水位等	查阅记录、钻孔柱状图	
	3	施工记录	内容齐全,满足设计要求	查阅	全数

表 5-66　测压管制作与安装施工质量标准

项次		检验项目	质量要求	检验方法	检查数量
主控项目	1	材质规格	材质规格符合设计要求;顺直面无凹弯现象,无压伤和裂纹,管内清洁、未受腐蚀	查阅合格证、材料试验或检验报告等	逐个
	2	滤管加工	透水段开孔孔径、位置满足设计要求,开孔周围无毛刺,用手触摸时不感到刺手,外包裹层结构及其加工工艺符合设计要求;管段两端外丝扣、外箍接头、管底焊接封闭满足设计要求	观察、用手触摸,查阅施工记录	
	3	测压管安装	安装埋设后,及时测量管底高程、孔口高程、初见水位等。孔位允许偏差±10 cm,孔深允许偏差±10 cm,倾斜度小于1%	测量	逐孔
一般项目	1	滤料填筑	下管前孔(井)底滤料、下管后管外滤料规格,填入高度及其填入工艺满足设计要求;测压管埋设过程中,套管应随回填反滤料而逐段拔出	观察、查阅记录	
	2	封孔	封孔材料、黏土球粒径、潮解后的渗透系数、填入高度及其填入工艺满足设计要求	观察、查阅记录	
	3	孔口保护	孔口保护设施、结构形式及尺寸满足设计要求	观察、查阅记录	
	4	施工记录	内容齐全,满足设计要求	查阅	全数

表 5-67　观测孔(井)率定施工质量标准

项次		检验项目	质量要求	检验方法	检查数量
主控项目	1	率定方法	符合设计要求	查阅率定预案	逐孔
	2	注水量	满足设计要求	测量	
	3	水位降值	在规定的时间内,符合设计要求	测量	
一般项目	1	管内水位	试验前、后分别测量管内水位,允许偏差±2 cm	测量、查阅施工记录	
	2	观测孔(井)考证	按设计要求的格式填制考证表	查阅、对照施工记录	全数
	3	施工期观测	观测频次、成果记录、成果分析符合设计要求	查阅	
	4	施工记录	内容齐全,满足设计要求	查阅	

表 5-68　正垂线安装质量标准

项次		检验项目	质量要求	检验方法	检查数量
主控项目	1	垂线材质、规格、温度膨胀系数	符合设计要求;安装位置稳定,且调换方便	观测、量测、查阅材料检测报告	全数
	2	支点、固定夹线和活动夹线装置安装位置	符合设计要求	量测	
	3	重锤及其阻尼箱规格	符合设计要求	观察、量测	全数
一般项目	1	预留孔或预埋件位置	符合设计要求	量测	全数
	2	防风管	安装牢固,中心位置和测线一致	量测	全面

表 5-69　倒垂线安装质量标准

项次		检验项目	质量要求	检验方法	检查数量
主控项目	1	倒垂线钻孔	孔位允许偏差±10 cm,孔深允许偏差0~20 cm,钻孔倾斜度小于 0.1%,孔径(有效孔径)允许偏差 0~2 cm	量测	逐孔
	2	垂线材质、规格	符合设计要求	观察、量测	全数
	3	锚块	锚块高出水泥浆面约 10 cm;埋设位置使垂线处于保护管有效孔径中心,允许偏差±5 mm	量测	
	4	浮体组安装	浮子水平,连接杆垂直并在油桶中心,处于自由状态	检测施工记录	

续表 5-69

项次		检验项目	质量要求	检验方法	检查数量
一般项目	1	防风管和防风管中心位置	和测线一致,保证测线在管中有足够的位移范围	量测	全数
	2	观测墩	与坝体牢固结合,基座面水平,其允许偏差不大于4′	对照图纸检查,量测	
	3	孔口保护装置	符合设计要求	对照图纸检查,量测	
	4	钻孔柱状图绘制	造孔过程中应连续取样,对地层结构进行描述,并记录初见水位、终孔水位	查阅施工记录、钻孔柱状图	逐孔

表 5-70 引张线安装质量标准

项次		检验项目	质量要求	检验方法	检查数量
主控项目	1	端点滑轮、线垂连接器、重锤、定位卡	符合设计要求,误差值不大于设计规定	对照图纸检查,现场调试	逐个
	2	测点水箱、浮船(盒)、读数设备	符合设计要求,误差值不大于设计规定	对照图纸检查,现场调试	
一般项目	1	端点混凝土墩座	符合设计要求	对照图纸检查,现场调试	
	2	测点位置、保护箱	符合设计要求	量测	
	3	测线	规格符合设计要求,安装平顺	查阅材料、检测报告	逐根
	4	保护管	支架安装牢固,规格符合设计要求,测线位于保护管中心	查阅施工记录、量测	全数

表 5-71 视准线安装质量标准

项次		检验项目	质量要求	检验方法	检查数量
主控项目	1	观测墩顶部强制对中底盘	尺寸允许偏差 0.2 mm。水平倾斜度允许偏差不大于4′	量测	逐个
	2	同段测点底盘中心	在两端点底盘中心的连线上,允许偏差 20 mm	量测	
一般项目	1	视准线旁距离障碍物	大于 1 m	量测	全数
	2	观测墩	埋设位置、外形尺寸以及钢筋混凝土强度等级等满足设计要求。观测墩在新鲜的岩石或稳定土层内	观察、测量、查看施工记录	逐个

表 5-72　真空激光准直安装质量标准

项次		检验项目		质量要求	检验方法	检查数量
主控项目	1	真空管道内壁清理		清洁，无锈皮、杂物和灰尘	观察	在安装前、后，以及正式投入运行前反复进行数次
	2	测点箱与法兰管的焊接	焊接质量	焊接质量短管内外两面焊。长管道的焊接，在两端打出高 5 mm 的 30°坡口，采用两层焊	量测	每 1 测点箱和每段管道焊接处至少量测 1 次
			效果检查	无漏孔	检测，可采用充气、涂肥皂水观察法	每 1 测点箱和每段管道焊接完成后至少量测 1 次
	3	点光源的小孔光栏、激光探测仪和端点观测墩		结合牢固，两者位置稳定不变	检测	全数
	4	波带板与准直线		波带板中心在准直线上，偏离值小于 10 mm，距点光源最近的几个测点偏离值小于 3 mm，波带板的板面垂直于基准线	测量	全面
一般项目	1	观测墩的位置		便于测点固定	观察	
	2	保护管的安装		符合设计要求	观察	

表 5-73　大气激光准直安装质量标准

项次		检验项目	质量要求	检验方法	检查数量
主控项目	1	点光源的小孔光栏、激光探测仪和端点观测墩	结合牢固，两者位置稳定不变	检测	全数
	2	波带板与准直线	波带板中心在准直线上，偏离值小于 10 mm，距点光源最近的几个测点偏离值小于 3 mm，波带板的板面垂直于基准线	量测	
一般项目	1	测点观测墩的位置	便于测点固定	观察	
	2	保护管的安装	符合设计要求	观察	全面

第六章　堤防工程

第一节　堤防工程

一、基本要求

（1）堤防工程竣工验收前，项目法人应委托具有相应资质等级的单位进行抽样检测，工程质量抽检项目和数量由工程质量监督机构确定。

（2）堤防工程质量抽检项目和数量如表 6-1 所示，其中序号 1～6 的抽检数量由工程质量监督机构确定。

表 6-1　堤防工程质量抽检项目和数量

序号	工程项目	质量抽检的主要内容和方法	抽检应满足的要求	说明
1	土料填筑工程	干密度、外观尺寸	每 2 000 m 堤长至少抽检 1 个断面； 每个断面至少抽检 2 层，每层不少于 3 个点，且不得在堤防顶层取样； 每个单位工程抽检样本点总数不少于 20 个	—
2	干(浆)砌石工程	厚度、密实程度、平整度、缝宽	每 2 000 m 堤长至少抽检 3 点； 每个单位工程至少抽检 3 点	必要时应拍摄图像资料
3	混凝土预制块砌筑工程	预制块厚度、平整度、缝宽	每 2 000 m 堤长至少抽检 1 组，每组 3 点； 每个单位工程至少抽检 1 组	—
4	垫层工程	垫层厚度、垫层铺设情况	每 2 000 m 堤长至少抽检 3 点； 每个单位工程至少抽检 3 点	—
5	堤脚防护工程	断面复核	每 2 000 m 堤长至少抽检 3 个断面； 每个单位工程至少抽检 3 个断面	—
6	混凝土防洪墙和护坡工程	混凝土强度	每 2 000 m 堤长至少抽检 1 组，每组 3 点； 每个单位工程至少抽检 1 组	—
7	堤身截渗、堤基处理及其他工程	质量抽检的主要内容和方法由工程质量监督机构提出方案报项目主管部门批准后实施		

（3）凡抽检不合格的工程，必须按有关规定进行处理，不得进行验收。处理完毕后，由项目法人提交处理报告连同质量检测报告一并交竣工验收委员会。

二、堤基清理

（1）堤基清理宜沿堤轴线方向将施工段长 100~500 m 划分为一个单元工程。

（2）堤基清理单元工程宜分为基面清理和基面平整压实 2 个工序。其中，基面平整压实工序为主要工序。

（3）堤基内坑、槽、沟、穴等的回填土料土质及压实指标应符合设计和相关标准要求。

（4）基面清理施工质量标准如表 6-2 所示。

（5）基面平整压实施工质量标准如表 6-3 所示。

表 6-2　基面清理施工质量标准

项次		检验项目	质量要求	检验方法	检验数量
主控项目	1	表层清理	堤基表层的淤泥腐殖土、泥炭土、草皮、树根、建筑垃圾等应清理干净	观察	全面
	2	堤基内坑、槽、沟、穴等处理	按设计要求清理后回填、压实，并符合相关标准要求	土工试验	每处、每层，每层超过 400 m^2时每 400 m^2取样 1 个
	3	结合部清理	清除结合部表面杂物，并将结合部挖成台阶状	观察	全面检查
一般项目	1	清理范围	基面清理包括堤身、戗台、铺盖、盖重、堤岸防护工程的基面，其边界应在设计边线外 0.3~0.5 m，老堤加高培厚的清理尚应包括堤坡及堤顶等	量测	按施工段堤轴线长 20~50 m 量测 1 次

表 6-3　基面平整压实施工质量标准

项次		检验项目	质量要求	检验方法	检验数量
主控项目	1	堤基表面压实	堤基清理后应按堤身填筑要求压实，无松土、无弹簧土等，并符合相关标准要求	土工试验	每 400~800 m^2取样 1 个
一般项目	1	基面平整	基面应无明显凹凸	观察	全面

三、土料碾压筑堤

（1）土料碾压筑堤单元工程宜按施工的层、段来划分。新堤填筑宜按堤轴线施工段长 100~500 m 划分为一个单元工程；老堤加高培厚宜按填筑工程量 500~2 000 m^3划分为一个单元工程。

(2)土料碾压筑堤单元工程宜分为土料摊铺和土料碾压 2 个工序。其中，土料碾压工序为主要工序。

(3)土料碾压筑堤单元工程施工前，应在料场采集代表性土样复核上堤土料的土质，确定压实控制指标，并应符合下列规定：

①上堤土料的颗粒组成、液限、塑限和塑性指数等指标应符合设计要求。

②上堤土料为黏性土或少黏性土的，应通过轻型击实试验，确定其最大干密度和最优含水量。

③上堤土料为无黏性土的，应通过相对密度试验，确定其最大干密度和最小干密度。

④当上堤土料的土质发生变化或填筑量达到 3 万 m^3 及以上时，应重新进行上述试验，并及时调整相应控制指标。

(4)铺土厚度、压实遍数、含水量等压实参数宜通过碾压试验确定。

(5)土料摊铺施工质量标准如表 6-4 所示。

表 6-4　土料摊铺施工质量标准

项次		检验项目	质量要求	检验方法	检验数量
主控项目	1	土块直径	符合表 6-5 要求	观察、量测	全数
	2	铺土厚度	符合碾压试验要求；允许偏差为 -5~0 cm	量测	按作业面积每 100~200 m^2 检测 1 个点
一般项目	1	作业面分段长度	人工作业不小于 50 m；机械作业不小于 100 m	量测	全数
	2	铺填边线超宽值	人工铺料大于 10 cm；机械铺料大于 30 cm	量测	按堤轴线方向每 20~50 m 检测 1 个点
			防渗体 0~10 cm		按堤轴线方向每 20~30 m 或按填筑面积每 100 ~400 m^2 检测 1 个点
			包边盖顶 0~10 cm		

(6)铺料厚度和土块直径限制尺寸宜通过碾压试验确定。在缺乏试验资料时，可参照表 6-5 的规定取值。

表 6-5　铺料厚度和土块直径限制尺寸

压实功能类型	压实机具种类	铺料厚度(cm)	土块直径限制尺寸(cm)
轻型	人工夯、机械夯	15~20	≤5
	5~10 t 平碾	20~25	≤8
	履带式推土机	25~30	≤10
中型	12~15 t 平碾，斗容 2.5 m^3 铲运机，5~8 t 振动碾、加载汽胎碾	25~30	≤10
重型	斗容大于 7 m^3 铲运机，10~16 t 振动碾	30~50	≤15

注：履带式推土机作为压实机具，仅适合砂(卵)砾料、少黏性土或黏性土低密度堤防填筑使用。

(7)土料碾压施工质量标准如表6-6所示。

表6-6　土料碾压施工质量标准

项次		检验项目	质量要求	检验方法	检验数量
主控项目	1	压实度或相对密度	符合设计要求和相关规定	土工试验	每填筑100~200 m^3取样1个，堤防加固按堤轴线方向每20~50 m取样1个
一般项目	1	搭接碾压宽度	平行堤轴线方向不小于0.5 m；垂直堤轴线方向不小于1.5 m	观察、量测	全面
	2	碾压作业程序	应符合相关规定	检查	每台班2~3次

(8)土料碾压筑堤的压实质量控制指标应符合下列规定：

①上堤土料为黏性土或少黏性土时应以压实度来控制压实质量；上堤土料为无黏性土时应以相对密度来控制压实质量。

②堤坡与堤顶填筑(包边盖顶)，应按表6-7中老堤加高培厚的要求控制压实质量。

表6-7　土料填筑压实度或相对密度合格保证

序号	上堤土料	堤防级别	压实度(%)	相对密度	压实度或相对密度合格率(%)		
					新筑堤	老堤加高培厚	防渗体
1	黏性土	1级	≥94	—	≥85	≥85	≥90
		2级和高度超过6 m的3级堤防	≥92	—	≥85	≥85	≥90
		3级以下及高度低于6 m的3级堤防	≥90	—	≥80	≥80	≥85
2	少黏性土	1级	≥94	—	≥90	≥85	—
		2级和高度超过6 m的3级堤防	≥92	—	≥90	≥85	—
		3级以下及高度低于6 m的3级堤防	≥90	—	≥85	≥80	—
3	无黏性土	1级	—	≥0.65	≥85	≥85	—
		2级和高度超过6 m的3级堤防	—	≥0.65	≥85	≥85	—
		3级以下及高度低于6 m的3级堤防	—	≥0.60	≥80	≥80	—

③不合格样的压实度或相对密度不应低于设计值的96%且不合格样不应集中分布。

④合格工序的压实度或相对密度等压实指标合格率应符合规定要求；优良工序的压实指标合格率应超过规定数值的5个百分点或以上。

(9)土堤竣工后的外观质量评定标准按表6-8的规定执行。

表 6-8　土堤竣工后的外观质量评定标准

项次	项目	检查、检测内容			质量标准
1	外部尺寸	土堤	高程	堤顶	允许偏差为 0~+15 cm
				平(戗)台顶	允许偏差为-10~+15 cm
			宽度	堤顶	允许偏差为-5~+15 cm
				平(戗)台顶	允许偏差为-10~+15 cm
			边坡坡度		不陡于设计值,目测平顺
		混凝土及砌石墙(堤)	堤顶高程	干砌石墙(堤)	允许偏差为 0~+5 cm
				浆砌石墙(堤)	允许偏差为 0~+4 cm
				混凝土墙(堤)	允许偏差为 0~+3 cm
			墙面垂直度	干砌石墙(堤)	允许偏差为 0.5%
				浆砌石墙(堤)	允许偏差为 0.5%
				混凝土墙(堤)	允许偏差为 0.5%
			墙顶厚度	各类砌筑墙(堤)	允许偏差为-1~+2 cm
			边坡坡度		不陡于设计值,目测平顺
2	轮廓线	用长 15 cm 拉线沿堤顶轮廓连续测量			15 m 长度内凹凸偏差为 3 m
3	表面平整度	干砌石墙(堤)			用 2 m 靠尺检测,不大于 5 cm/2 m
		浆砌石墙(堤)			用 2 m 靠尺检测,不大于 2.5 cm/2 m
		混凝土墙(堤)			用 2 m 靠尺检测,不大于 1 cm/2 m
4	曲面与平面连接	现场检查			一级:圆滑过渡,曲线流畅; 二级:平顺连接,曲线基本流畅; 三级:连接不够平顺,有明显折线; 四级:连接不平顺,折线突出
5	排水	现场检查,结合检测			质量标准:排水通畅,形状尺寸误差为±3 cm,无附着物; 一级:符合质量标准; 二级:基本符合质量标准; 三级:局部尺寸误差大,局部有附着物; 四级:排水尺寸误差大,多处有附着物
6	上堤马道堤顶附属设施	现场检查,结合检测			质量标准:马道宽度偏差为±2 cm,高度偏差为±2 cm 一级:符合质量标准; 二级:基本符合质量标准; 三级:发现尺寸误差较大; 四级:多处马道尺寸误差大

续表 6-8

项次	项目	检查、检测内容	质量标准
7	堤顶附属设施	现场检查	一级:混凝土表面平整,棱线平直度等指标符合质量标准; 二级:混凝土表面平整,棱线平直度等指标基本符合质量标准; 三级:混凝土表面平整,棱线平直度等指标发现尺寸误差较大; 四级:混凝土表面平整,棱线平直度等指标误差大
8	防汛备料堆放	现场检查	一级:按规定位置备料,堆放整齐; 二级:按规定位置备料,堆放欠整齐; 三级:未按规定位置备料,堆放欠整齐; 四级:备料任意堆放
9	草皮	现场检查	一级:草皮铺设(种植)均匀,全部成活,无空白; 二级:草皮铺设(种植)均匀,成活面积90%以上,无空白; 三级:草皮铺设(种植)基本均匀,成活面积70%以上,有少量空白; 四级:达不到三级标准者
10	植树	现场检查	一级:植树排列整齐、美观,全部成活,无空白; 二级:植树排列整齐,成活率90%以上,无空白; 三级:植树排列基本整齐,成活率70%以上,有少量空白; 四级:达不到三级标准者
11	砌体排列	现场检查	一级:砌体排列整齐、铺放均匀、平整,无沉陷裂缝; 二级:砌体排列基本整齐、铺放均匀、平整,局部有沉陷裂缝; 三级:砌体排列多处不够整齐,铺放均匀、平整,局部有沉陷裂缝; 四级:砌体排列不整齐、不平整,多处有裂缝
12	砌缝	现场检查	一级:勾缝宽度均匀,砂浆填塞平整; 二级:勾缝宽度局部不够均匀,砂浆填塞基本平整; 三级:勾缝宽度多处不均匀,砂浆填塞不够平整; 四级:勾缝宽度不均匀,砂浆填塞粗糙不平

注:项次9草皮、10植树质量标准中的“空白”指漏栽(种)面积。

四、土料吹填筑堤

(1)土料吹填筑堤宜按一个吹填围堰区段(仓)或按堤轴线施工段长 100~500 m 划分为一个单元工程。

(2)土料吹填筑堤单元工程宜分为围堰修筑和土料吹填 2 个工序。其中,土料吹填工序为主要工序。

(3)土料吹填筑堤单元工程施工前应采集代表性土样复核围堰土质,确定压实控制指标以及吹填土料的土质。

(4)围堰修筑施工质量标准如表 6-9 所示。

表 6-9　围堰修筑施工质量标准

项次		检验项目	质量要求	检验方法	检验数量
主控项目	1	铺土厚度	符合土料碾压筑堤的铺土厚度质量标准要求,允许偏差为-50~0 cm	量测	按作业面积每 100~200 m^2 检测 1 个点
	2	围堰压实	符合设计要求和老堤加高培厚合格率要求	土工试验	按堰长每 20~50 m 量测 1 个点
一般项目	1	铺填边线超宽值	人工铺料大于 10 cm,机械铺料大于 30 cm	量测	按堰长每 50~100 m 量测 1 个断面,按堰长每 50~100 m 量测 1 个断面
	2	围堰取土坑距堰、堤脚距离	不小于 3 m	量测	全面

(5)土料吹填施工质量标准如表 6-10 所示。

表 6-10　土料吹填施工质量标准

项次		检验项目	质量要求	检验方法	检验数量
主控项目	1	吹填干密度[a]	符合设计要求	土工试验	每 200~400 m^2 取样 1 个
	2	吹填高程	允许偏差为 0~+0.3 m	量测	按堤轴线方向 50~100 m 测 1 个断面,每个断面 10~20 m 测 1 个点
一般项目	1	输泥管出口位置	合理安放、适时调整,吹填区沿程沉积的泥沙颗粒无显著差异	观察	全面

注:"a"除吹填筑新堤外,可不做要求。

五、堤身与建筑物结合部填筑

(1)单元工程划分宜按填筑工程量相近的原则,可将 5 个以下填筑层划分为一个单元工程。

(2)堤身与建筑物结合部填筑单元工程宜分为建筑物表面涂浆和结合部填筑 2 个工

序。其中,结合部填筑工序为主要工序。

(3)堤身与建筑物结合部填筑单元工程施工前,应采集代表性土样复核填筑土料的土质,确定压实指标。

(4)建筑物表面涂浆施工质量标准如表 6-11 所示。

(5)结合部填筑施工质量标准如表 6-12 所示。

表 6-11　建筑物表面涂浆施工质量标准

项次		检验项目	质量要求	检验方法	检验数量
主控项目	1	制浆土料	符合设计要求;塑性指数 I_P>17	土工试验	每料源取样 1 个
一般项目	1	建筑物表面清理	清除建筑物表面乳皮、粉尘及附着杂物	观察	全数
	2	涂层泥浆浓度	水土重量比为 1∶2.5 ~1∶3.0	试验	每班测 1 次
	3	涂浆操作	建筑物表面洒水,涂浆高度与铺土厚度一致,且保持涂浆层湿润	观察	全面
	4	涂层厚度	3~5 mm	观察	

表 6-12　结合部填筑施工质量标准

项次		检验项目	质量要求	检验方法	检验数量
主控项目	1	土块直径	<5 cm	观察	全数
	2	铺土厚度	15~20 cm	量测	每层测 1 个点
	3	土料填筑压实度	符合设计和新筑堤的要求	试验	每层至少取样 1 个
一般项目	1	铺填边线超宽值	人工铺料大于 10 cm,机械铺料大于 30 cm	量测	每层测 1 个点

六、护堤工程

护堤工程包括护脚、护坡和封顶三部分,崩岸整治是防护工程中的特定形式。护堤工程施工宜按先护脚,后护坡,再封顶的顺序施工。

(一)护脚施工质量控制

1.防冲体护脚

(1)防冲体护脚工程宜按平顺护岸的施工段长 60~80 m 或以每个丁坝、垛的护脚工程为一个单元工程。

(2)单元工程宜分为防冲体制备和防冲体抛投 2 个工序。

(3)散抛石质量标准如表 6-13 所示。

(4)石笼防冲体制备施工质量标准如表 6-14 所示。

(5)预制防冲体制备施工质量标准如表 6-15 所示。

表 6-13　散抛石质量标准

项次	检验项目	质量要求	检验方法	检验数量
一般项目	石料的块径、块重	符合设计要求	检查	全数

表 6-14　石笼防冲体制备施工质量标准

项次	检验项目	质量要求	检验方法	检验数量
主控项目	钢筋(丝)笼网目尺寸	不大于填充块石的最小块径	观察	全数
一般项目	防冲体体积	符合设计要求， 允许偏差为 0~+10%	检查	

表 6-15　预制防冲体制备施工质量标准

项次	检验项目	质量要求	检验方法	检验数量
主控项目	预制防冲体尺寸	不小于设计值	量测	每 50 块至少检测 1 块
一般项目	预制防冲体外观	无断裂、无严重破损	检查	全数

(6)土工袋(包)防冲体制备施工质量标准如表 6-16 所示。

(7)柴枕防冲体制备施工质量标准如表 6-17 所示。

(8)防冲体抛投施工质量标准如表 6-18 所示。

表 6-16　土工袋(包)防冲体制备施工质量标准

项次	检验项目	质量要求	检验方法	检验数量
主控项目	土工袋(包)封口	封口应牢固	检查	全数
一般项目	土工袋(包)充填度	70%~80%	观察	

表 6-17　柴枕防冲体制备施工质量标准

项次		检验项目	质量要求	检验方法	检验数量
主控项目	1	柴枕的长度和直径	不小于设计值	检验	全数
	2	石料用量	符合设计要求	检验	
一般项目	1	捆枕工艺	符合 SL 260《堤防工程施工规范》的要求	观察	

表 6-18　防冲体抛投施工质量标准

项次		检验项目	质量要求	检验方法	检验数量
主控项目	1	抛投数量	符合设计要求， 允许偏差为 0~+10%	量测	全数
	2	抛投程序	符合 SL 260 的要求， 或抛投试验的要求	检查	
一般项目	1	抛投断面	符合设计要求	量测	抛头前、后每 20~50 m 测 1 个横断面，每个横断面 5~10 m 测 1 个点

2.沉排护脚

（1）沉排护脚工程宜按平顺护岸的施工段长 60~80 m 或以每个丁坝、垛的护脚工程为一个单元工程。

（2）沉排护脚单元工程宜分为沉排锚定和沉排铺设 2 个工序。其中，沉排铺设工序为主要工序。

（3）沉排锚定施工质量标准如表 6-19 所示。

表 6-19　沉排锚定施工质量标准

项次		检验项目	质量要求	检验方法	检验数量
主控项目	1	系排梁、锚桩等锚定系统的制作	符合设计要求	参照 SL 632	
一般项目	1	锚定系统平面位置及高程	允许偏差为±10 cm	量测	全数
	2	系排梁或锚桩尺寸	允许偏差为±3 cm	量测	每 5 m 长系排梁或每 5 根锚桩检查 1 处(点)

（4）旱地或冰上铰链混凝土块沉排铺设施工质量标准如表 6-20 所示。

表 6-20　旱地或冰上铰链混凝土块沉排铺设施工质量标准

项次		检验项目	质量要求	检验方法	检验数量
主控项目	1	铰链混凝土块沉排制作与安装	符合设计要求	观察	全数
	2	沉排搭接宽度	不小于设计值	量测	每条搭接缝或每 30 m 长搭接缝检查 1 个点
一般项目	1	旱地沉排保护层厚度	不小于设计值	量测	每 40~80 m^2 检查 1 个点
	2	旱地沉排铺放高程	允许偏差为±0.2 m	量测	

（5）水下铰链混凝土块沉排铺设施工质量标准如表 6-21 所示。

（6）旱地或冰上土工织物软体沉排铺设施工质量标准如表 6-22 所示。

表 6-21　水下铰链混凝土块沉排铺设施工质量标准

项次		检验项目	质量要求	检验方法	检验数量
主控项目	1	铰链混凝土块沉排制作与安装	符合设计要求	观察	全数
	2	沉排搭接宽度	不小于设计值	量测	每条搭接缝或每 30 m 长搭接缝检查 1 个点
一般项目	1	沉排船定位	符合设计要求和 SL 260 的要求	观察	全数
	2	铺排程序	符合 SL 260 的要求	检查	

表 6-22　旱地或冰上土工织物软体沉排铺设施工质量标准

项次		检验项目	质量要求	检验方法	检验数量
主控项目	1	沉排搭接宽度	不小于设计值	量测	每条搭接缝或每 30 m 长搭接缝检查 1 个点
	2	软体排厚度	允许偏差为±5%设计值	量测	每 10~20 m^2 检测 1 个点
一般项目	1	旱地沉排铺放高程	允许偏差为±0.2 m	量测	每 40~80 m^2 检查 1 个点
	2	旱地沉排保护层厚度	不小于设计值	量测	

（7）水下土工织物软体沉排铺设施工质量标准如表 6-23 所示。

表 6-23　水下土工织物软体沉排铺设施工质量标准

项次		检验项目	质量要求	检验方法	检验数量
主控项目	1	沉排搭接宽度	不小于设计值	量测	每条搭接缝或每 30 m 长搭接缝检查 1 个点
	2	软体排厚度	允许偏差为±5%设计值	量测	每 10~20 m^2 检测 1 个点
一般项目	1	沉排船定位	符合设计要求和 SL 260 的要求	观察	全数
	2	铺排程序	符合 SL 260 的要求	检查	

（二）护坡施工质量控制

（1）平顺护岸的护坡工程宜按施工段长 60~100 m 划分为一个单元工程，现浇混凝土护坡宜按施工段长 30~50 m 划分为一个单元工程；丁坝、垛的护坡工程宜按每个坝、垛划分为一个单元工程。

（2）砂（石）垫层单元工程施工质量标准如表 6-24 所示。

（3）土工织物铺设单元工程施工质量标准如表 6-25 所示。

（4）毛石粗排护坡单元工程施工质量标准如表 6-26 所示。

表 6-24　砂(石)垫层单元工程施工质量标准

项次		检验项目	质量要求	检验方法	检验数量
主控项目	1	砂、石级配	符合设计要求	试验	每个单元工程取样 1 个
	2	砂、石垫层厚度	允许偏差为±15%设计厚度	量测	每 20 m^2检测 1 个点
一般项目	1	垫层基面表面平整度	符合设计要求	量测	每 20 m^2检测 1 处
	2	垫层基面坡度	符合设计要求	用坡度尺量测	

表 6-25　土工织物铺设单元工程施工质量标准

项次		检验项目	质量要求	检验方法	检验数量
主控项目	1	土工织物锚固	符合设计要求	检查	全面
一般项目	1	垫层基面表面平整度		量测	每 20 m^2检测 1 处
	2	垫层基面坡度		用坡度尺量测	
	3	土工织物垫层连接方式和搭接长度		观察、量测	全数

表 6-26　毛石粗排护坡单元工程施工质量标准

项次		检验项目	质量要求	检验方法	检验数量
主控项目	1	护坡厚度	厚度小于 50 cm,允许偏差为±5 cm; 厚度大于 50 cm,允许偏差为±10%	量测	每 50~100 m^2检测 1 处
一般项目	1	坡面平整度	坡度平顺,允许偏差为±10 cm	量测	每 50~100 m^2检测 1 处
	2	石料块重	符合设计要求	量测	沿护坡长度方向 每 20 m 检查 1 m^2
	3	粗排质量	石块稳固、无松动	观察	全数

(5)石笼护坡单元工程施工质量标准如表 6-27 所示。

表 6-27　石笼护坡单元工程施工质量标准

项次		检验项目	质量要求	检验方法	检验数量
主控项目	1	护坡厚度	允许偏差为±5 cm	量测	每 50~100 m^2检测 1 处
	2	绑扎点间距	允许偏差为±5 cm	量测	每 30~60 m^2检测 1 处
一般项目	1	坡面平整度	允许偏差为±8 cm	量测	每 50~100 m^2检测 1 处
	2	有间隔网的网片间距	允许偏差为±10 cm	量测	每幅网材检查 2 处

(6)干砌石护坡单元工程施工质量标准如表 6-28 所示。

(7)浆砌石护坡单元工程施工质量标准如表 6-29 所示。

表 6-28 干砌石护坡单元工程施工质量标准

项次		检验项目	质量要求	检验方法	检验数量
主控项目	1	护坡厚度	厚度小于 50 cm,允许偏差为±5 cm;厚度大于 50 cm,允许偏差为±10%	量测	每 50~100 m^2检测 1 处
	2	坡面平整度	允许偏差为±8 cm	量测	每 50~100 m^2检测 1 处
	3	石料块重	除腹石和嵌缝石外,面石用料符合设计要求	量测	沿护坡长度方向每 20 m 检查 1 m^2
一般项目	1	砌石坡度	不陡于设计坡度	量测	沿护坡长度方向每 20 m 检查 1 处
	2	砌筑质量	石块稳固、无松动,无宽度在 1.5 cm 以上、长度在 50 cm 以上的连续缝	检查	沿护坡长度方向每 20 m 检查 1 处

注:1 级、2 级、3 级堤防石料块重的合格率分别不应小于 90%、85%、80%。

表 6-29 浆砌石护坡单元工程施工质量标准

项次		检验项目	质量要求	检验方法	检验数量
主控项目	1	护坡厚度	允许偏差为±5 cm	量测	每 50~100 m^2检测 1 处
	2	坡面平整度	允许偏差为±5 cm	量测	每 50~100 m^2检测 1 处
	3	排水孔反滤层	符合设计要求	检查	每 10 孔检查 1 孔
	4	坐浆饱满度	大于 80%	检查	每层每 10 m 至少检查 1 处
一般项目	1	排水孔设置	连续贯通,孔径、孔距允许偏差为±5%设计值	量测	每 10 孔检查 1 孔
	2	变形缝结构与填充质量	符合设计要求	检查	全面
	3	勾缝	应按平缝勾填,无开裂、脱皮现象	检查	全面

(8)混凝土预制块护坡单元工程施工质量标准如表 6-30 所示。

表 6-30 混凝土预制块护坡单元工程施工质量标准

项次		检验项目	质量要求	检验方法	检验数量
主控项目	1	混凝土预制块外观及尺寸	符合设计要求,允许偏差为±5 mm,表面平整,无掉角断裂	观察、检测	每 50~100 m^2检测 1 处
	2	坡面平整度	允许偏差为±1 cm	量测	每 50~100 m^2检测 1 处
一般项目	1	混凝土块铺筑	应平整、稳固、缝线规则	检测	全数

(9)现浇混凝土护坡单元工程施工质量标准如表 6-31 所示。

表 6-31　现浇混凝土护坡单元工程施工质量标准

项次		检验项目	质量要求	检验方法	检验数量
主控项目	1	护坡厚度	允许偏差为±1 cm	量测	每 50~100 m^2检测 1 处
	2	排水孔反滤层	符合设计要求	检查	每 10 孔检查 1 孔
一般项目	1	坡面平整度	允许偏差为±1 cm	量测	每 50~100 m^2检测 1 处
	2	排水孔设置	连续贯通,孔径、孔距允许偏差为±5 cm 设计值	量测	每 10 孔检查 1 孔
	3	变形缝结构与填充质量	符合设计要求	检查	全面

(10)模袋混凝土护坡单元工程施工质量标准如表 6-32 所示。

表 6-32　模袋混凝土护坡单元工程施工质量标准

项次		检验项目	质量要求	检验方法	检验数量
主控项目	1	模袋搭接固定方式	符合设计要求	检验	全数
	2	护坡厚度	允许偏差为±5%设计值	检验	每 10~50 m^2检测 1 点
	3	排水孔反滤层	符合设计要求	检查	每 10 孔检查 1 孔
一般项目	1	排水孔设置	连续贯通,孔径、孔距允许偏差为±5%设计值	量测	每 10 孔检查 1 孔

(11)灌砌石护坡单元工程施工质量标准如表 6-33 所示。

表 6-33　灌砌石护坡单元工程施工质量标准

项次		检验项目	质量要求	检验方法	检验数量
主控项目	1	细石混凝土填灌	均匀密实、饱满	检查	每 10 m^2检查 1 次
	2	排水孔反滤层	符合设计要求	检查	每 10 孔检查 1 孔
	3	护坡厚度	允许偏差为±5 cm	量测	每 50~100 m^2检测 1 处
一般项目	1	坡面平整度	允许偏差为±8 cm	量测	每 50~100 m^2检测 1 处
	2	排水孔设置	连续贯通,孔径、孔距允许偏差为±5%设计值	量测	每 10 孔检查 1 孔
	3	变形缝结构与填充质量	符合设计要求	检查	全面

(12)植草护坡单元工程施工质量标准如表 6-34 所示。

(13)防浪护堤林单元工程施工质量标准如表 6-35 所示。

表 6-34　植草护坡单元工程施工质量标准

项次		检验项目	质量要求	检验方法	检验数量
主控项目	1	坡面清理	符合设计要求	观察	全面
一般项目	1	铺植密度	符合设计要求	观察	全面
	2	铺植范围	长度允许偏差为±30 cm，宽度允许偏差为±20 cm	量测	每 20 m 检测 1 处
	3	排水沟	符合设计要求	检查	全面

表 6-35　防浪护堤林单元工程施工质量标准

项次		检验项目	质量要求	检验方法	检验数量
主控项目	1	苗木规格与品质	符合设计要求	检查	全面
	2	株距、行距	允许偏差为±10%设计值	量测	每 300~500 m^2检测 1 处
一般项目	1	树坑尺寸	符合设计要求	检查	全面
	2	种植范围	允许偏差：不大于株距	量测	每 20~50 m 检测 1 处
	3	树坑回填	符合设计要求	观察	全数

第二节　疏浚和吹填工程

一、疏浚工程

(1)单位工程项目宜按单个合同工程划分。当合同工程金额较小时，可将若干个合同工程合并划分为一个单位工程。当合同工程涉及不同地域时，可按不同地域分别划分单位工程。

(2)分部工程项目宜按面积或长度进行划分。当合同工程金额较小时，可将一个合同工程划分为一个分部工程。附属工程视情况划分为若干分部工程，可参照堤防或其他工程项目划分原则进行项目划分。

(3)疏浚工程宜以每一疏浚河段划分为一个单元工程。当设计无特殊要求时，河道疏浚施工宜以 200~500 延米长河段划分为一个单元工程；邻近堤防工程或涉及地下通信、管道安全等部位应划分为关键单元工程。

(4)河道疏浚单元工程施工质量标准如表 6-36 所示。

(5)不同类型挖泥船开挖横断面计算及最大允许超宽、超深值如表 6-37 所示。

表 6-36　河道疏浚单元工程施工质量标准

工序	项次		检验项目		质量要求	检验方法	检验数量
疏浚	主控项目	1	挖槽中心线偏差		±1.0 m	测量	逐断面
		2	允许欠挖	欠挖深度	<设计水深的 5%;<0.3 m	测量	逐断面
		3		横向浅埂长度	<设计底宽的 5%;<2.0 m	测量	逐断面
		4		纵向浅埂长度	<2.5 m	测量	逐断面
		5		一般欠挖面积	<5.0 m^2	测量	逐断面
		6	允许超深		符合表 6-37 的要求	测量	逐断面
		7	挖槽每边允许超宽		符合表 6-37 的要求	测量	逐断面
	一般项目	1	排泥场使用情况		设计要求的使用顺序和排放质量	现场查看	逐场
		2	疏浚土输送过程		(1)未发生泄漏; (2)未对航道造成回淤; (3)未对周围环境造成污染	现场查看、测量	全面
		3	泥浆流失		(1)设计允许流失率; (2)未对周围环境与建筑物造成影响	检查出口泥浆浓度、现场查看	全面

表 6-37　不同类型挖泥船开挖横断面计算及最大允许超宽、超深值

类别				计算及最大允许超宽值(每边)(m)	计算超深值(m)	最大允许超深值(m)
绞吸式挖泥船	普通绞吸式	绞刀直径	<1.5 m	0.5	0.3	0.4
			1.5~2.0 m	1.0	0.3	0.5
			>2.0 m	1.5	0.4	0.6
	斗轮式	斗轮直径	<1.5 m	0.3	0.2	0.3
			1.5~2.4 m	0.5	0.2	0.3
			>2.4 m	1.0	0.3	0.4
链斗式挖泥船		斗容量	≤0.5 m^3	1.0	0.2	0.3
			>0.5 m^3	1.5	0.3	0.4
抓斗式挖泥船		斗容量	<2.0 m^3	0.5	0.3	0.4
			2.0~4.0 m^3	1.0	0.4	0.6
			>4.0 m^3	1.5	0.5	0.8
铲扬式挖泥船		斗容量	≤2.0 m^3	1.0	0.3	0.4
			>2.0 m^3	1.5	0.3	0.5
水利冲挖机组		不限		0.3	0.05	0.1
环保疏浚		不限		2.0	0.1	0.2

二、吹填工程

(1)单位工程项目宜按单个合同工程划分。当合同工程金额较小时,可将若干个合同工程合并划分为一个单位工程。当合同工程涉及不同地域时,可按不同地域分别划分单位工程。

(2)分部工程项目宜按面积或长度进行划分,当合同工程金额较小时,可将一个合同工程划分为一个分部工程。附属工程视情况划分为若干分部工程,可参照堤防或其他工程项目划分原则进行项目划分。

(3)吹填工程吹填区面积小于或等于 5 000 m^2时,宜以每个吹填区划分为一个单元工程;吹填区面积大于 5 000 m^2时,单元工程划分宜符合表 6-38 的规定。

表 6-38　吹填区单元工程划分

项目		单元工程面积(m^2)
吹填厚度(m)	<2 m	10 000
	≥2 m	5 000

(4)吹填工程施工质量检验评定应遵守下列规定:

①施工质量检验评定应参照 SL 176 及 SL 631 的规定执行。

②对有特殊要求的吹填工程,应按工程设计文件和工程合同中规定的要求进行施工质量检验评定。

③吹填工程施工质量检验评定的依据应包括工程设计阶段、施工阶段及完工阶段的有关图纸与资料。

(5)吹填工程应按下列规定进行施工:

①吹填区表面(除泄水口前外)不应有面积大于 100 m^2、深度大于 1 m 的积水坑。

②吹填区表面平整度(测点)允许偏差应符合表 6-39 的规定。监理单位复核检验测量点数:平行检测不应少于施工单位检测点数的 5%,跟踪检测不应少于施工单位检测点数的 10%。

③吹填区施工质量检验测量平均高程与设计高程差应控制在-0.1~+0.3 m。

④单元工程检验测量方法应符合表 6-40 的规定。

(6)吹填工程施工质量标准应符合表 6-41 的规定。

表 6-39　吹填区表面平整度(测点)允许偏差

吹填土特性			测点允许偏差
土类	D_{50}(mm)	吹填状态	正负高差(m)
淤泥质土	<0.005	流/软塑	-0.2~+0.3
粉质黏土	0.01~0.05	软塑土团	-0.4~+0.6
中(硬)塑黏土	0.005~0.01	硬塑土团	-0.8~+1.2
粉细砂	0.05~0.2	松散	-0.2~+0.4
中砂	0.2~0.5	松散	-0.3~+0.5
粗砂	0.5~2.0	松散	-0.4~+0.6

注:1.正负高差以设计吹填高程为基准面,欠填为负、超填为正。

2.本表适用于吹填土层大于 1 m 的工程项目。

表 6-40　单元工程检验测量方法

项目	每一单元工程检测数量	说明
断面法检测	不少于 5 个独立断面	检测断面间距 20~35 m
平均高程法检测	不少于 200 个测点	测点间距 5~10 m

表 6-41　吹填工程施工质量标准

<table>
<tr><th>工序</th><th colspan="2">项次</th><th>检验项目</th><th>质量要求</th><th>检验方法</th><th>检验数量</th></tr>
<tr><td rowspan="5">吹填</td><td rowspan="3">主控项目</td><td>1</td><td>吹填高程</td><td>−0.1~+0.3 m</td><td>测量</td><td>符合表 6-40 的要求</td></tr>
<tr><td>2</td><td>吹填平整度</td><td>符合表 6-39 的要求</td><td>测量</td><td>符合表 6-40 的要求</td></tr>
<tr><td>3</td><td>吹填土质</td><td>符合设计要求</td><td>现场查看、抽检</td><td>随机抽样、全面检查</td></tr>
<tr><td rowspan="2">一般项目</td><td>1</td><td>泥浆流失</td><td>流失率符合设计要求；
未对周围环境与建筑物造成影响</td><td>检测出口泥浆浓度、现场查看</td><td>全面检查</td></tr>
<tr><td>2</td><td>泥沙颗粒分布</td><td>泥沙沿程沉积均匀，无显著差异</td><td>现场查看</td><td>全面检查</td></tr>
</table>

第三节　渠道工程

一、施工质量要求

(1)机械压实时，每层铺土厚度不应大于 30 cm；人工夯实时，每层铺土厚度不应大于 20 cm。土料含水量应按最优含水量控制。小型渠道或无条件试验时，土料含水量可按表 6-42 选用。

表 6-42　土料含水量

<table>
<tr><th>土壤名称</th><th>砂壤土</th><th>轻壤土</th><th>黄土</th><th>中壤土</th><th>重壤土</th><th>黏土</th></tr>
<tr><td>含水量(%)</td><td>12~15</td><td>15~17</td><td>15~21</td><td colspan="3">21~25</td></tr>
</table>

(2)模板制作的允许偏差值应符合表 6-43 的规定。现浇混凝土模板安装净距，沿渠道纵向的允许偏差为±10 mm，沿宽度方向的允许偏差为±30 mm。预制混凝土板框架模板两对角线长度差的允许偏差为 7 mm。

表 6-43 模板制作的允许偏差值 （单位:mm）

项目	允许偏差	
	木板	钢板
与现浇边坡混凝土板设计斜长和表面模板设计长度相应尺寸的偏差	+20	+10
与混凝土板设计厚度和伸缩缝设计深度、宽度相应尺寸的偏差	±3	±2
模板面局部不平整度(用 2 m 直尺检查)	±3	±2
拼接的相邻两板面高度差	±1	—
拼接板的缝隙	±1	—
连接配件的孔眼位置	—	±1

二、施工质量控制

(一)渠道防渗施工质量控制

(1)工程采用的主要材料、构件等应进行现场验收。有关重要产品应经监理工程师(建设单位技术负责人)检查认可。

(2)各工序应按施工技术标准进行质量控制,每道工序完成后,应进行检查。

(3)相关专业工种之间应进行交接检验,并应形成记录。未经监理工程师(建设单位技术负责人)检查认可,不得进行下一道工序施工。

(4)渠道基槽填筑时,应控制土的含水量和干密度,干密度应满足设计要求。开挖时应严格控制渠道基槽断面的高程尺寸和平整度。开挖好的渠道基槽,应尺寸准确、平整、密实,其断面各部分偏差值应符合规范的规定。

(5)施工过程中,应对原材料进行分期分批取样检验。对所使用材料的配合比,应随时抽检复查。施工中的各道工序,均应严格检查并验收,前一道工序未验收合格,不得进行下一道工序。施工中各种材料称量的允许偏差值应符合表 6-44 的规定。

表 6-44 材料称量的允许偏差值

材料名称	混凝土、灰土、砂浆							沥青混凝土、沥青砂浆			
	水	外加剂	石灰	水泥	砂料	粉煤灰	石料	沥青	填料	砂料	石料
称量的允许偏差值(%)	±2	±2	±2	±2	±2	±2	±2	±2	±2	±2	±2

(二)防渗结构质量控制及检验标准

(1)砌石防渗应控制和检查下列内容:

①石料的尺寸、材质应满足设计要求。

②应严格按设计要求检查砌石厚度和平整度以及砌筑质量和密实性。

③砌筑砂浆每 100 m 渠段宜取 1 组试样进行抗压试验。

(2)混凝土防渗应控制和检查下列内容:

①施工前,对原材料抽样检测,其性能满足设计要求。

②施工中,应严格控制混凝土的配合比,检查混凝土拌和的均匀性、坍落度、振捣的密实性。每 100 m 渠段宜取 1 组试样进行强度试验,必要时进行抗渗、抗冻试验。

③砂石料的含水量、外加剂的配用量、混凝土的拌和时间和含气量,每台班检查 1 次。含气量的变化范围控制在±5%以内。

④钢筋架设的位置间距、保护层厚度及钢筋的型号、直径和各部位尺寸应符合设计要求。在混凝土浇筑过程中,应配备专人随时检查。

⑤混凝土拆模后,检查混凝土外观质量,发现问题及时处理。

(3)沥青混凝土防渗应控制和检查下列内容:

①防渗渠道所用的沥青、骨料、填料的质量和技术要求应符合设计要求。

②沥青混合料的制备质量标准应符合表 6-45 的规定。

③沥青混凝土原材料加热、混合料拌和、摊铺、碾压的温度控制应符合规范规定。

④检测拌和的均匀性、摊铺厚度及压实后防渗层的密度和厚度。90%以上的密度应达到设计密度,最小厚度不小于设计厚度的 90%。

表 6-45　沥青混合料的制备质量标准

<table>
<tr><th>检测项目</th><th>取样地点</th><th>检测内容</th><th>质量标准</th><th>取样数量</th></tr>
<tr><td rowspan="4">原材料</td><td rowspan="4">拌和机称重系统(允许偏差)</td><td>沥青(%)</td><td>±0.3</td><td rowspan="4">每日 1 次</td></tr>
<tr><td>石料(%)</td><td>±2</td></tr>
<tr><td>砂料(%)</td><td>±2</td></tr>
<tr><td>填料(%)</td><td>±1</td></tr>
<tr><td rowspan="6">沥青混合料</td><td rowspan="2">出机口</td><td>外观检查</td><td>色泽均匀、稀稠一致,
无花白料、黄烟及异常现象</td><td rowspan="2">每单元 5 次以上</td></tr>
<tr><td>温度</td><td>正常 165~180 ℃,盛夏最低 145 ℃,
冬季最低 155 ℃,最高不大于 185 ℃</td></tr>
<tr><td rowspan="4">配合比抽样(允许偏差)</td><td>沥青(%)</td><td>±0.3</td><td rowspan="4">每单元 1 次</td></tr>
<tr><td>石料(%)</td><td>±5</td></tr>
<tr><td>砂料(%)</td><td>±4</td></tr>
<tr><td>填料(%)</td><td>±1</td></tr>
</table>

(4)膜料防渗应控制和检查下列内容:

①防渗渠道所用膜料应进行检测,并应符合设计要求。

②膜料防渗工程应检测渠基平整度、膜料接缝、膜料损伤等情况。若有损伤,则应进行修补,修补合格后再进行下一道工序。

③控制膜层与保护层施工进度。膜层铺好后,应及时进行过渡层和保护层的施工。

(5)渠道防渗工程各部位尺寸的允许偏差值应符合表 6-46 的规定。

表 6-46　渠道防渗工程各部位尺寸的允许偏差值

项目		允许偏差值(cm)	
		土基	石基
渠底高程		±(1~3)	±(1~2)
渠道中心线		±(1~3)	±(1~2)
渠底宽度		+(2~4)	+(3~5)
断面上口宽度		+(3~5)	+(4~6)
平整度		±(1~2)	±(1~2)
伸缩缝间距	现场浇筑施工	±2	±2
	预制铺砌施工	±5	—
边坡防渗结构斜长度		+(1~2)	+(1~2)
现浇施工,渠坡、渠底防渗结构纵向分块长度		±(0.5~1)	±(0.5~1)
现浇施工,渠坡、渠底防渗结构横向分块长度		+(3~5)	+(1~6)
预制板两对角线长度差值		±0.7	—
防渗结构厚度	现场浇筑施工	±5%	-5%~-15%
	砌石防渗及预制铺砌施工	±(5%~10%)	—

注:大型、中型渠道取大值,小型渠道取小值。

第七章　水工建筑物金属结构安装工程

第一节　压力钢管安装工程

一、基本要求

(1)压力钢管以一个安装单元或一个混凝土浇筑段或一个钢管段的钢管安装划分为一个单元工程。

(2)压力钢管安装由管节安装、焊接与检验、表面防腐蚀等部分组成,其安装技术要求应符合 SL 432《水利工程压力钢管制造安装及验收规范》及其设计文件的规定。

(3)压力钢管单元工程安装质量验收评定时,应提供钢管等主要材料合格证、管节主要尺寸复测记录、安装质量检验项目检测记录、重大缺欠(缺陷)处理记录、焊接量检验记录、表面防腐蚀记录、水压试验及安装图样等资料。其中,压力钢管的水压试验应按 SL 432 和设计文件的规定进行。

二、管节安装质量控制

(1)安装管节前应对钢管、伸缩节和岔管的各项尺寸进行复测,并应符合 SL 432 和设计文件的规定。

(2)管节就位调整后,应与支墩和锚栓加固焊牢,防止浇筑混凝土时管节发生变形及移位。

(3)钢管、伸缩节和岔管的表面防腐蚀工作,除安装焊缝坡口两侧(100 mm)外,均应在安装前全部完成;若设计文件另有规定,则应按设计文件的要求执行。

(4)管节安装质量标准如表 7-1 所示。

三、焊接与检验质量控制

(1)压力钢管焊接与检验的技术要求应符合 SL 36《水工金属结构焊接通用技术条件》和 SL 432 的规定。

(2)焊缝的无损检验应根据施工图样和相关标准的规定进行。一、二类焊缝的射线、超声波、磁粉、渗透探伤等应分别符合 GB/T 3323《金属溶化焊焊接接头射线照相》、GB/T 11345《焊缝无损检测 超声检测技术、检测等级和评定》、GB/T 26951《焊缝无损检测 磁粉检测》、GB/T 26953《焊缝无损检测 焊缝渗透检测验收等级》的规定。

(3)焊缝焊接质量由焊缝外观质量和焊缝内部质量组成。焊缝外观质量标准如表 7-2 所示。焊缝内部质量标准如表 7-3 所示。

表 7-1　管节安装质量标准

（单位：mm）

项次		检验项目	质量标准								检验方法	检验数量
			合格				优良					
			$D\leqslant$ 2 000	2 000 < $D\leqslant$ 5 000	5 000 < $D\leqslant$ 8 000	$D>$ 8 000	$D\leqslant$ 2 000	2 000 < $D\leqslant$ 5 000	5 000 < $D\leqslant$ 8 000	$D>$ 8 000		
主控项目	1	始装节管口里程	±5				±4				钢尺、钢板尺、垂球或激光指向仪、经纬仪、水准仪、全站仪	始装节在上、下游管口测量，其余管节管口中心只测一端管口
	2	始装节管口中心	5				4					
	3	始装节两端管口垂直度	3				3					
	4	钢管圆度	$\frac{4D}{1\ 000}$，且不大于 40				$\frac{5D}{1\ 000}$，且不大于 30				钢尺	最大管口直径与最小管口直径的差值，且每端管口至少测 2 对直径
	5	纵缝对口径向错边量	任意板厚 δ，不大于 10%δ，且不大于 2				任意板厚 δ，不大于 5%δ，且不大于 2				钢板尺或焊接检验规	沿焊缝全长测量，每延米布设 1 个测点
	6	环缝对口径向错边量	板厚 $\delta\leqslant30$，不大于 15%δ，且不大于 3				不大于 10%δ，且不大于 3					
			$30<\delta\leqslant60$，不大于 10%δ				不大于 5%δ					
			板厚 $\delta>60$，且不大于 6				不大于 6					
			不锈钢复合钢板焊缝，任意板厚 δ，不大于 10%δ，且不大于 1.5				不锈钢复合钢板焊缝，任意板厚 δ，不大于 5%δ，且不大于 1.5					

续表 7-1

项次		检验项目	质量标准								检验方法	检验数量
			合格				优良					
			$D\leqslant$ 2 000	2 000 < $D\leqslant$ 5 000	5 000 < $D\leqslant$ 8 000	$D>$ 8 000	$D\leqslant$ 2 000	2 000 < $D\leqslant$ 5 000	5 000 < $D\leqslant$ 8 000	$D>$ 8 000		
一般项目	1	与蜗壳、伸缩节、蝴蝶阀、球阀、岔管连接的管节及弯管起点的管口中心	6	10	12	12	6	10	12	12	钢尺、钢板尺、垂球或激光指向仪	始装节在上、下游管口测量,其余管节管口中心只测一端管口
	2	其他部位管节的管口中心	15	20	25	30	10	15	20	25		
	3	鞍式支座顶面弧度和样板间隙	不大于 2								用样板检查	测 3 ~5 个点
	4	滚动支座或摇摆支座的支墩垫板高程和纵、横中心	±5				±4				全站仪、水准仪和经纬仪	每项各测 1 个点
	5	支墩垫板与钢管设计轴线的倾斜度	不大于 $\frac{2}{1\ 000}$									每米测 1 个点
	6	各接触面的局部间隙(滚动支座和摇摆支座)	不大于 0.5								塞尺	各接触面至少测 1 个点

注:D 为钢管内径,mm。

表 7-2　焊缝外观质量标准

（单位：mm）

项次		检验项目		质量标准		检验方法	检验数量
				合格	优良		
主控项目	1	裂纹		不允许		检查（必要时用 5 倍放大镜检查）	沿焊缝长度
	2	表面夹渣		一、二类焊缝：不允许； 三类焊缝：深不大于 0.1δ，长不大于 0.3δ，且不大于 10			
	3	咬边	钢管	一、二类焊缝：深不大于 0.5；三类焊缝：深不大于 1			
			钢闸门	一、二类焊缝：深不大于 0.5；连续咬边长度不大于焊缝总长的 10%，且不大于 100；两侧咬边累计长度不大于该焊缝总长的 15%；角焊缝不大于 20%。三类焊缝深不大于 1			
	4	表面气孔	钢管	一、二类焊缝：不允许；三类焊缝：每米范围内允许直径小于 1.5 的气孔 5 个，间距不小于 20	不允许		全部表面
			钢闸门	一类焊缝：不允许； 二类焊缝：直径不大于 1 mm 气孔每米范围内允许 3 个，间距不小于 20； 三类焊缝：直径不大于 1.5 mm 气孔每米范围内允许 5 个，间距不小于 20			
	5	未焊满		一、二类焊缝：不允许； 三类焊缝：深不大于 0.2 +0.02δ 且不大于 1，每 100 mm 焊缝内缺欠总长不大于 25			

续表 7-2

项次		检验项目		质量标准		检验方法	检验数量
				合格	优良		
一般项目	1	焊缝余高 Δh	手工焊	一、二类/三类(仅钢闸门)焊缝: $\delta \leqslant 12$　$\Delta h = 0 \sim 1.5/(0 \sim 2)$ $12 < \delta \leqslant 25$　$\Delta h = 0 \sim 2.5/(0 \sim 3)$ $25 < \delta \leqslant 50$　$\Delta h = 0 \sim 3/(0 \sim 4)$ $\delta > 50$　$\Delta h = 0 \sim 4/(0 \sim 5)$		钢板尺或焊接检验规	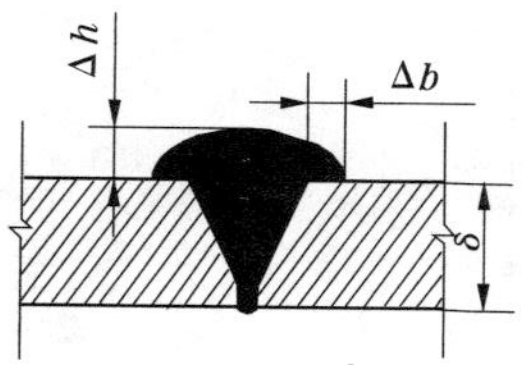
			自动焊	$0 \sim 4/(0 \sim 5)$			
	2	对接焊缝宽度 Δb	手工焊	盖过每边坡口宽度 1~2.5,且平缓过渡			
			自动焊	盖过每边坡口宽度 2~7,且平缓过渡			
	3	飞溅		不允许(对高强钢、不锈钢,此项作为主控项目)		检查	全部表面
	4	电弧擦伤		不允许(对高强钢、不锈钢,此项作为主控项目)			
	5	焊瘤		不允许			
	6	角焊缝焊脚高 K	手工焊	$K < 12, \Delta K = 0 \sim 2; K \geqslant 12, \Delta K = 0 \sim 3$		焊接检验规	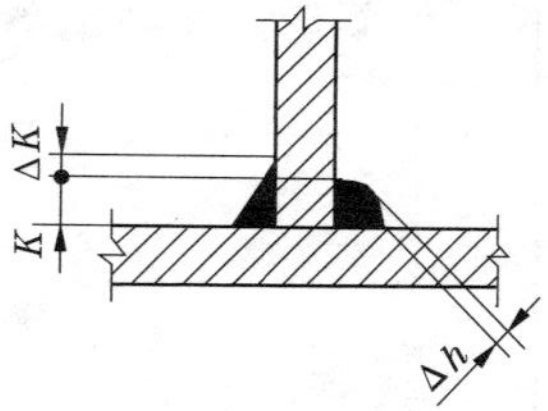
			自动焊	$K < 12, \Delta K = 0 \sim 2; K \geqslant 12, \Delta K = 0 \sim 3$			
	7	端部转角		连续绕角施焊		检查	—

注:1. δ 为钢板厚度,mm。

2. 手工焊是指焊条电弧焊、CO_2 半自动气保焊、自保护药芯半自动焊以及手工 TIG 焊等。自动焊是指埋弧自动焊、MAG 自动焊、MIG 自动焊等。

表7-3 焊缝内部质量标准

项次		检验项目	质量标准		检验方法
			合格	优良	
主控项目	1	射线探伤	一类焊缝不低于Ⅱ级合格；二类焊缝不低于Ⅲ级合格	一次合格率不低于90%	压力钢管：按SL 432要求；钢闸门及拦污栅：按GB/T 14173《水利水电工程钢闸门制造、安装及验收规范》要求；启闭机：按SL 381《水利水电工程启闭机制造安装及验收规范》和SL 36《水工金属结构焊接通用技术条件》要求
	2	超声波探伤	一类焊缝不低于Ⅰ级合格；二类焊缝不低于Ⅱ级合格	一次合格率不低于95%	压力钢管：按SL 432要求；钢闸门及拦污栅：按GB/T 14173要求；启闭机：按SL 381和SL 36要求
	3	磁粉探伤	一、二类焊缝不低于Ⅱ级合格	一次合格率不低于95%	厚度大于32 mm的高强度钢，不低于焊缝总长的20%，且不小于200 mm
	4	渗透探伤	一、二类焊缝不低于Ⅱ级合格	一次合格率不低于95%	厚度大于32 mm的高强度钢，不低于焊缝总长的20%，且不小于200 mm

注：1. 射线探伤一次合格率为：$\frac{合格底片(张)}{拍片总数(张)}\times 100\%$。

2. 其余探伤一次合格率为：$\frac{合格焊缝总长度(m)}{所检焊缝总长度(m)}\times 100\%$。

3. 当焊缝长度小于200 mm时，按实际焊缝长度检测。

四、压力钢管表面防腐蚀质量控制

（1）压力钢管表面防腐蚀的技术要求应符合SL 432和SL 105《水工金属结构防腐蚀规范》的规定。

（2）压力钢管表面防腐蚀质量评定包括管道内外壁表面清除局部凹坑焊补、灌浆孔堵焊和表面防腐蚀（焊缝两侧）等检验项目。

（3）水工金属结构表面防腐蚀质量标准如表7-4所示。

表 7-4　水工金属结构表面防腐蚀质量标准

<table>
<tr><th colspan="2" rowspan="2">项次</th><th colspan="2" rowspan="2">检验项目</th><th colspan="2">质量标准</th><th rowspan="2">检验方法</th><th rowspan="2">检验数量</th></tr>
<tr><th>合格</th><th>优良</th></tr>
<tr><td rowspan="3">主控项目</td><td>1</td><td colspan="2">钢管表面清除</td><td>管壁临时支撑割除，焊疤清除干净</td><td>管壁临时支撑割除，焊疤清除干净并磨光</td><td rowspan="2">目测检查</td><td rowspan="2">全部表面</td></tr>
<tr><td>2</td><td colspan="2">钢管局部凹坑焊补</td><td>凡凹坑深度大于板厚 10% 或大于 2 mm 应焊补</td><td>凡凹坑深度大于板厚的 10% 或大于 2 mm 应焊补并磨光</td></tr>
<tr><td>3</td><td colspan="2">灌浆孔堵焊</td><td colspan="2">堵焊后表面平整，无渗水现象</td><td>检查（5 倍放大镜检查）</td><td>全部灌浆孔</td></tr>
<tr><td rowspan="3">一般项目</td><td>1</td><td colspan="2">表面预处理</td><td colspan="2">明管内外壁和埋管内壁用压缩空气喷砂或喷丸除锈，除锈清洁度等级应达到 GB/T 8923.1 ~ 4《涂覆涂料前钢材表面处理 表面清洁度的目视评定》中规定的 Sa2 $\frac{1}{2}$；表面粗糙度对非厚浆型涂料应达到为 Rz40 ~ Rz70 μm，对厚浆型涂料及金属热喷涂为 Rz60 ~ Rz100 μm。
埋管外壁经喷射或抛射除锈后，采用改性水泥浆防腐蚀，除锈等级不低于 Sa1 级</td><td>清洁度按 GB/T 8923.1 ~ 4 照片对比；粗糙度用触针式轮廓仪测量或比较样板目测评定</td><td>每 2 m^2 表面至少要有 1 个评定点。触针式轮廓仪在 40 mm 长度范围内测 5 点，取其算术平均值；比较样块法每一评定点面积不小于 50 mm^2</td></tr>
<tr><td rowspan="2">2</td><td rowspan="2">涂料涂装</td><td>外观检查</td><td colspan="2">表面光滑、颜色均匀一致，无皱纹、起泡、流挂、针孔、裂纹、漏涂等缺欠</td><td>目测检查</td><td>安装焊缝两侧</td></tr>
<tr><td>涂层厚度</td><td colspan="2">85% 以上的局部厚度应达到设计文件规定厚度，漆膜最小局部厚度应不低于设计文件规定厚度的 85%</td><td>测厚仪</td><td>平整表面，每 10 m^2 表面应不少于 3 个测点；结构复杂、面积较小的表面，每 2 m^2 表面应不少于 1 个测点；单节钢管在两端和中间的圆周上每隔 1.5 m 测 1 点</td></tr>
</table>

续表 7-4

项次		检验项目			质量标准 合格	质量标准 优良	检验方法	检验数量
一般项目	2	涂料涂装	针孔		厚浆型涂料，按规定的电压值检测针孔，发现针孔，用砂纸或弹性砂轮片打磨后补涂		针孔检测仪	侧重在安装环缝两侧检测，每个区域 5 个测点，探测距离 300 mm 左右
			附着力	涂膜厚度大于 250 μm	在涂膜上划两条夹角为 60°的切割线，应划透至基底，用透明压敏胶黏带黏牢划口部分，快速撕起胶带，涂层应无剥落		专用刀具	符合 SL 105 附录 E 色漆和清漆漆膜划格试验的规定
				涂膜厚度不小于 250 μm	用划格法检查（0 ~ 60 μm，刀口间距 1 mm；61 ~ 120 μm，刀口间距 2 mm；121 ~ 250 μm，刀口间距 3 mm），涂层沿切割边缘或切口交叉处脱落明显大于5%，但受影响明显不大于15%	切割的边缘完全平滑，无一格脱落，或在切割交叉处涂层有少许薄片分离，划格区受影响明显不大于 5%		
	3	金属喷涂	外观检查		表面均匀，无金属熔融粗颗粒、起皮、鼓泡、裂纹、掉块及其他影响使用的缺陷		目测检查	全部表面
			涂层厚度		最小局部厚度不小于设计文件规定厚度		测厚仪	平整表面上每 10 m^2 不少于 3 个局部厚度（取 1 dm^2 的基准面，每个基准面测 10 个测点，取算术平均值）
			综合性能		胶带上有破断的涂层黏附，但基底为裸露	涂层的任何部位都未与基体金属剥离	切割刀、布胶带	当涂层厚度小于或等于 200 μm 时，在 15 mm × 15 mm 面积内按 3 mm 间距，用刀切划网格，切痕深度应将涂层切断至基体金属，再用一个辊子施以 5 N 的荷载将一条合适的胶带压紧在网格部位，然后沿垂直涂层表面方向快速将胶带拉开；当涂层厚度大于 200 μm 时，在 25 mm × 25 mm 面积内按 5 mm 间距切划网格，按上述方法检测

第二节　闸门埋件和门体安装工程

一、平面闸门安装工程

（一）平面闸门埋件安装工程

1. 基本要求

（1）平面闸门埋件宜以每一孔（段）门槽的埋件安装划分为一个单元工程。

（2）平面闸门埋件的安装及检查等技术要求应符合 GB/T 14173 和设计文件的规定。

（3）埋件就位调整后，应用加固钢筋或调整螺栓，将其与预埋螺栓或插筋焊牢，以防浇筑二期混凝土时发生移位。二期混凝土拆模后，应进行复测，同时清除遗留的钢筋头等杂物，并将埋件表面清理干净。

（4）平面闸门埋件单元工程安装质量验收评定时，应提交埋件的安装图样、安装记录、埋件焊接与表面防腐蚀记录、重大缺陷处理记录等资料。

2. 平面闸门埋件安装

（1）平面闸门埋件安装质量评定包括底槛、主轨、侧轨、反轨、止水板、门楣、护角、胸墙和埋件表面防腐蚀等检验项目。

（2）平面闸门埋件安装质量标准如表 7-5 所示。

（3）平面闸门埋件焊接与表面防腐蚀质量应符合压力钢管表面的有关规定。

（二）平面闸门门体安装工程

1. 基本要求

（1）平面闸门门体宜以每扇门体的安装划分为一个单元工程。

（2）平面闸门门体的安装、表面防腐蚀及检查等技术要求应符合 GB/T 14173 和设计文件的规定。

（3）平面闸门门体安装质量验收评定时，应提交门体设计与安装图样、安装记录、门体焊接与门体表面防腐蚀记录、闸门试验及试运行记录、重大缺陷处理记录等资料。

2. 平面闸门门体安装

（1）平面闸门门体安装质量评定包括正向支承装置安装、反向支承装置安装、门体焊缝焊接、门体表面防腐蚀、止水橡皮安装、闸门试验和试运行等检验项目。

（2）平面闸门门体安装质量标准如表 7-6 所示。

（3）平面闸门门体焊缝焊接与表面防腐蚀质量应符合压力钢管的有关规定。

（4）平面闸门门体应按设计文件要求和相关标准规定做好无水试验、平衡试验和静水试验以及试运行，并做好记录备查。

表 7-5　平面闸门埋件安装质量标准

（单位：mm）

序号			1	2	3		4	5	6	7	8			
安装部位			底槛	门楣	主轨		侧轨	反轨	止水板	护角兼作侧轨	胸墙			
					加工	不加工					兼作止水		不兼作止水	
											上部	下部	上部	下部
简图			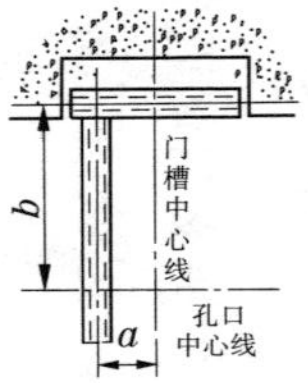	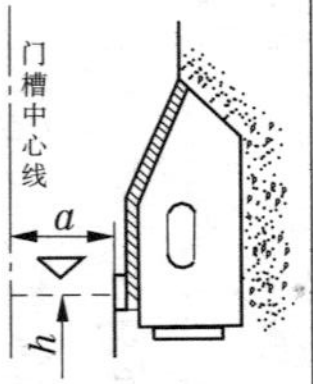	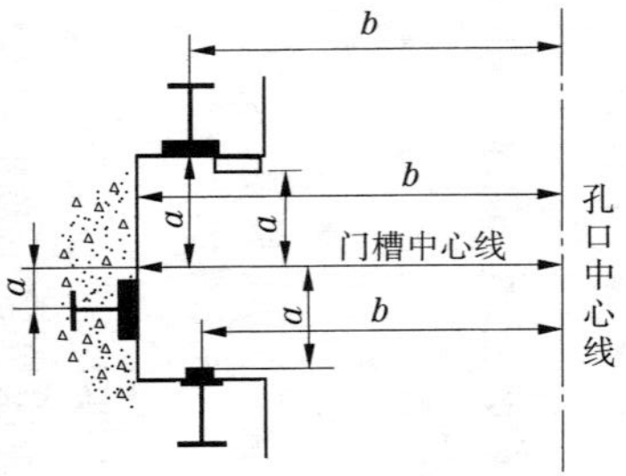					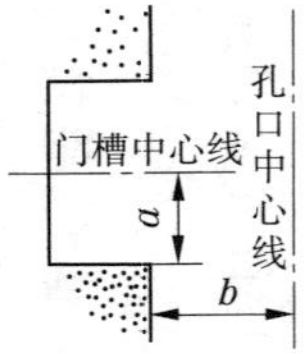	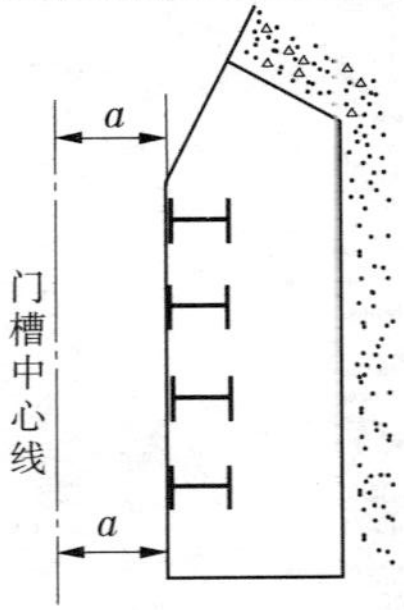			
主控项目	对门槽中心线 a	工作范围内	±5	+2 −1	+2 −1	+3 −1	±5	+3 −1	+2 −1	±5	+5 0	+2 −1	+8 −1	+2 −1
	对孔口中心线 b	工作范围内	±5	—	+3	+3	±5	±3	±3	±5	—	—	—	—
	门楣中心对底槛面的距离 h		—	±3	—	—	—	—	—	—	—	—	—	—
	工作表面一端对另一端的高差	$L<10\,000$	2	—	—	—	—	—	—	—	—	—	—	—
		$L\geqslant 10\,000$	3	—	—	—	—	—	—	—	—	—	—	—
	工作表面平面度	工作范围内	2	2	—	2	—	—	2	—	2	2	4	4
	工作表面组合处的错位	工作范围内	1	0.5	0.5	1	1	1	0.5	1	1	1	1	1

续表 7-5

序号			1	2	3		4	5	6	7	8			
安装部位			底槛	门楣	主轨		侧轨	反轨	止水板	护角兼作侧轨	胸墙			
					加工	不加工					兼作止水		不兼作止水	
											上部	下部	上部	下部
一般项目	对门槽中心线 a	工作范围内	—	—	+3 −1	+5 −2	±5	+5 −2	—	±5	—	—	—	—
一般项目	对孔口中心线 b	工作范围内	—	—	±4	±4	±5	±5	—	±5	—	—	—	—
一般项目	工作表面组合处的错位	工作范围内	—	—	1	2	2	2	—	2	—	—	—	—
一般项目	高程		±5	—	—	—	—	—	—	—	—	—	—	—
简图			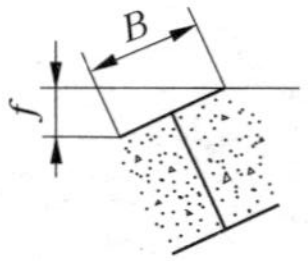	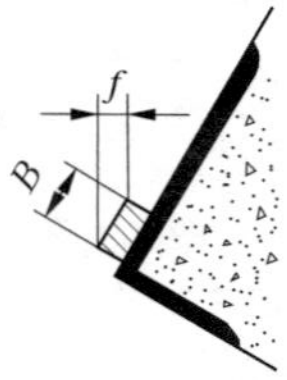	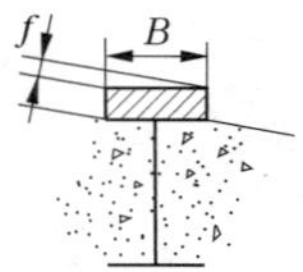		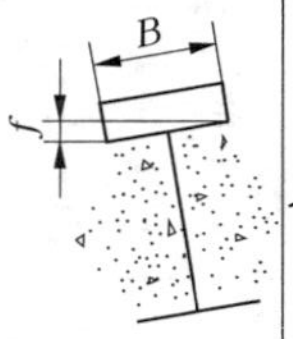		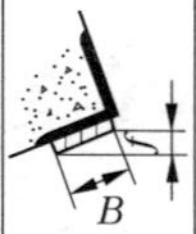	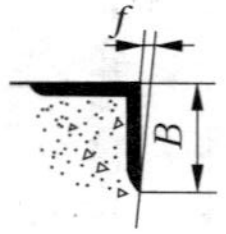	—			
主控项目	表面扭曲值 f：工作范围内表面宽度	$B<100$	1	1	0.5	1	2		2	1	2			
主控项目	表面扭曲值 f：工作范围内表面宽度	$B=100\sim200$	1.5	1.5	1	2	2.5		2.5	1.5	2.5			
主控项目	表面扭曲值 f：工作范围内表面宽度	$B>200$	2	—	1	2	3		3	—	3			
一般项目	表面扭曲值 f：工作范围外允许增加值		—	—	2	2	2		2	—	2			

注：1. L 为闸门宽度。

2. 胸墙下部是指和门楣结合处。

3. 门楣工作范围高度：静水启闭闸门为孔口高；动水启闭闸门为承压主轨高度。

表 7-6 平面闸门门体安装质量标准 （单位：mm）

<table>
<tr><th rowspan="2">部位</th><th rowspan="2" colspan="2">项次</th><th rowspan="2">检验项目</th><th colspan="2">质量标准</th><th rowspan="2">检验方法</th><th rowspan="2">检验数量</th></tr>
<tr><th>合格</th><th>优良</th></tr>
<tr><td>反向滑块</td><td>主控项目</td><td>1</td><td>反向支承装置至正向支承装置的距离(反向支承装置自由状态)</td><td>±2</td><td>+2
-1</td><td>钢丝线、钢板尺、水准仪、经纬仪</td><td>通过反向支承装置踏面、正向支承装置踏面拉钢丝线测量</td></tr>
<tr><td>焊缝对口错边</td><td>主控项目</td><td>1</td><td>焊缝对口错边(任意板厚δ)</td><td>不大于10%δ，且不大于2</td><td>不大于5%δ，且不大于2</td><td>钢板尺或焊接检验规</td><td>沿焊缝全长测量</td></tr>
<tr><td rowspan="2">表面清除和凹坑焊补</td><td rowspan="2">一般项目</td><td>1</td><td>门体表面清除</td><td>焊疤清除干净</td><td>焊疤清除干净并磨光</td><td rowspan="2">钢板尺</td><td rowspan="2">全部表面</td></tr>
<tr><td>2</td><td>门体局部凹坑焊补</td><td>凡凹坑深度大于板厚10%或大于2 mm应焊补</td><td>凡凹坑深度大于板厚10%或大于2 mm应焊补并磨光</td></tr>
<tr><td rowspan="4">止水橡皮</td><td rowspan="2">主控项目</td><td>1</td><td>止水橡皮顶面平度</td><td colspan="2">2</td><td>钢丝线、钢板尺、水准仪、经纬仪</td><td>通过止水橡皮顶面拉线测量，每0.5 m测1点</td></tr>
<tr><td>2</td><td>止水橡皮与滚轮或滑道面距离</td><td>±1.5</td><td>±1</td><td>钢丝线、钢板尺、水准仪、经纬仪</td><td>通过滚轮顶面或滑道面(每段滑道至少在两端各测1个点)拉线测量</td></tr>
<tr><td rowspan="2">一般项目</td><td>1</td><td>两侧止水中心距离和顶止水中心至底止水底缘距离</td><td colspan="2">±3</td><td>钢丝线、钢板尺、水准仪、经纬仪、全站仪</td><td>每米测1个点</td></tr>
<tr><td>2</td><td>止水橡皮实际压缩量和设计压缩量之差</td><td colspan="2">+2
-1</td><td>钢尺</td><td>每米测1个点</td></tr>
</table>

注：止水橡皮应用专用空心钻头掏孔，严禁烫孔、冲孔。

二、弧形闸门安装工程

（一）弧形闸门埋件安装工程

1. 基本要求

(1)弧形闸门埋件宜以每孔闸门埋件的安装划分为一个单元工程。

(2)弧形闸门埋件的安装、表面防腐蚀及检查等技术要求应符合 GB/T 14173 和设计文件的规定。

(3)弧形闸门埋件单元工程安装质量验收评定时,应提供埋件的安装图样、安装记录、埋件焊接与表面防腐蚀记录、重大缺陷处理记录等资料。

2. 弧形闸门埋件安装

(1)弧形闸门埋件安装质量评定包括底槛、门楣、侧止水板、侧轮导板安装、铰座钢梁安装和表面防腐蚀等检验项目。

(2)弧形闸门埋件(底槛、门楣、侧止水板、侧轮导板)安装质量标准如表 7-7 所示。

(3)弧形闸门铰座钢梁及其相关埋件安装质量标准如表 7-8 所示。

(4)弧形闸门埋件焊接与表面防腐蚀质量应符合压力钢管的有关规定。

表 7-7　弧形闸门埋件(底槛、门楣、侧止水板、侧轮导板)安装质量标准　(单位:mm)

序号			1	2	3		4
安装部位			底槛	门楣	侧止水板		侧轮导板
					潜孔式	露顶式	
简图			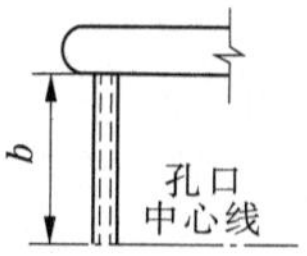	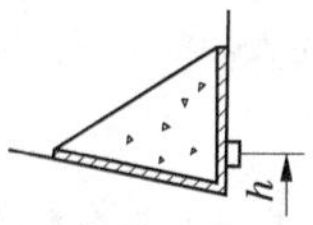	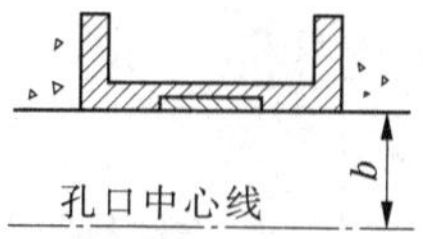		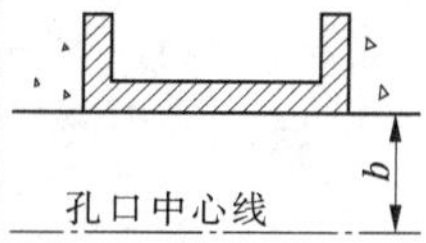
主控项目	门楣中心至底槛面的距离 h		—	±3	—	—	—
	对孔口中心线 b(工作范围内)		±5	—	±2	+3 -2	+3 -2
	工作表面一端对另一端的高差	$L \geq 10\ 000$	3	—	—	—	—
		$L < 10\ 000$	2	—	—	—	—
	工作表面平面度		2	2	2	2	2
	工作表面组合处的错位		1	0.5	1	1	1
	侧止水板和侧轮导板中心线的曲率半径		—	—	±5	±5	±5
一般项目	里程		±5	+2 -1	—	—	—
	高程		±5	—	—	—	—
	对孔口中心线 b(工作范围外)		—	—	+4 -2	+6 -2	+6 -2

续表 7-7

序号				1	2	3		4
安装部位				底槛	门楣	侧止水板		侧轮导板
						潜孔式	露顶式	
简图				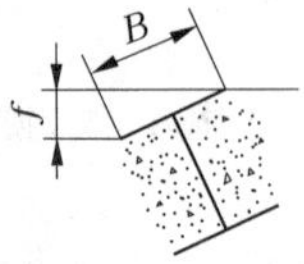	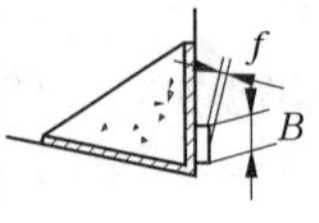	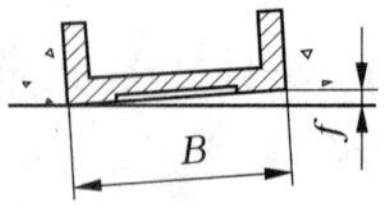		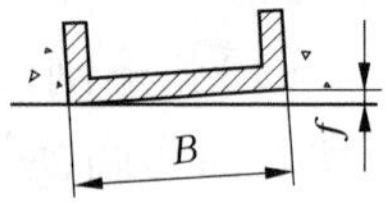
主控项目	表面扭曲值 f	工作范围内表面宽度 B	$B<100$	1	1	1	1	2
			$B=100\sim200$	1.5	1.5	1.5	1.5	2.5
			$B>200$	2	—	2	2	2
一般项目		工作范围外允许增加值		—	—	2	2	2

注:1. L 为闸门宽度。

2. 安装时,门楣一般为最后固定,故门楣位置可按门叶实际位置进行调整。

3. 工作范围指孔口高度。

表 7-8　弧形闸门铰座钢梁及其相关埋件安装质量标准　（单位:mm）

部位	项次		项目	质量标准		检验方法	检验数量/简图
				潜孔式	露顶式		
铰座钢梁	主控项目	1	铰座钢梁里程	±1.5		钢丝线、钢尺、钢板尺或水准仪、经纬仪、全站仪	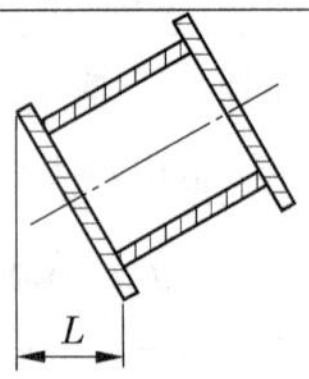
		2	铰座钢梁高程	±1.5			
		3	铰座钢梁中心对孔口中心的距离	±1.5			
		4	铰座钢梁倾斜度	$L/1\ 000$			
	一般项目	1	铰座基础螺栓中心	1		钢尺、垂球或水准仪、经纬仪、全站仪	若各螺栓的相对位置已用样板或框架准确固定在一起,则可测样板或框架的中心
埋件	主控项目	1	两侧止水板间距离	+4 −3	+5 −3	用钢尺、垂球、水准仪、经纬仪、全站仪直接测量或通过计算求得	每米测 1 个点
		2	两侧轮导板距离	+5 −3	+5 −3		每隔 2 m 测 1 个点
	一般项目	1	底槛中心与铰座中心水平距离	±4	±5		两端各测 1 个点
		2	铰座中心和底槛垂直距离	±4	±5		两端各测 1 个点
		3	侧止水板中心线曲率半径	±4	±6		两端各测 1 个点,中间每米测 1 个点

注:L 为铰座钢梁倾斜的水平投影尺寸。

(二)弧形闸门门体安装工程

1.基本要求

(1)弧形闸门门体宜以每扇门体的安装划分为一个单元工程。

(2)弧形闸门门体的安装、表面防腐蚀及检查等技术要求应符合 GB/T 14173 的规定和设计文件的要求。

(3)弧形闸门门体单元工程安装质量验收评定时,应提供闸门的安装图样、安装记录、门体焊接与门体表面防腐蚀记录、闸门试验及试运行记录、重大缺陷记录等资料。

2.弧形闸门门体安装

(1)弧形闸门门体安装质量评定包括铰座安装、铰轴安装、支臂安装、焊缝焊接、门体表面清除和凹坑焊补、门体表面防腐蚀和止水橡皮安装等检验项目。

(2)弧形闸门门体安装质量标准如表 7-9 所示。

(3)弧形闸门门体焊缝焊接与表面防腐蚀质量应符合压力钢管的有关规定。

表 7-9　弧形闸门门体安装质量标准　(单位:mm)

部位	项次		项目	质量标准		检验方法	检验数量/简图
				合格	优良		
铰座	主控项目	1	铰座轴孔倾斜度	1/1 000	1/1 000	钢丝线、钢板尺、垂球、水准仪、经纬仪、全站仪	—
		2	两铰座轴线的同轴度	1	1		
	一般项目	1	铰座中心对孔口中心线的距离	±1.5	±1		
		2	铰座里程	±2	±1.5		
		3	铰座高程	±2	±1.5		
焊缝对口错边	主控项目	1	焊缝对口错边(任意板厚 δ)	$\leq 10\%\delta$,且不大于 2	$\leq 5\%\delta$,且不大于 2	钢板尺或焊接检验规	沿焊缝全长测量
表面清除和凹坑焊补	一般项目	1	门体表面清除	焊疤清除干净	焊疤清除干净并磨光	钢板尺	全部表面
		2	门体局部凹坑焊补	凡凹坑深度大于板厚 10% 或大于 2 mm 应焊补	凡凹坑深度大于板厚 10% 或大于 2 mm 应焊补并磨光		
止水橡皮	一般项目	1	止水橡皮实际压缩量和设计压缩量之差	+2 −1		钢板尺	沿止水橡皮长度检查

续表 7-9

部位	项次		项目	质量标准		检验方法	检验数量/简图
				合格	优良		
门体铰轴与支臂	主控项目	1	铰轴中心至面板外缘曲率半径 R	潜孔式 ±4 露顶式 ±8	潜孔式 ±4 露顶式 ±6	钢丝线、钢板尺、垂球、水准仪、经纬仪、全站仪	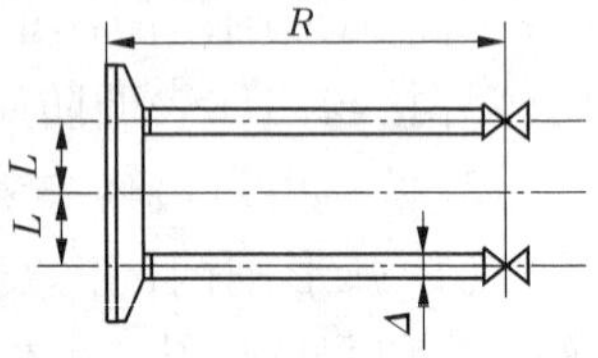
		2	两侧曲率半径相对差	潜孔式 3 露顶式 5	潜孔式 3 露顶式 4		
		3	支臂中心线与铰链中心线吻合值	潜孔式 2 露顶式 1.5	潜孔式 2 露顶式 1.5		
	一般项目	1	支臂中心至门叶中心的偏差 L	潜孔式 ±1.5 露顶式 ±1.5	潜孔式 ±1.5 露顶式 ±1.5		
		2	支臂两端的连接板和铰链、主梁接触	良好，互相密贴，接触面不小于 75%		塞尺	—
		3	抗剪板与连接板接触	顶紧			—

注：铰座轴孔倾斜是指任何方向的倾斜；L 为轴孔宽度。

三、人字闸门安装工程

（一）人字闸门埋件安装工程

1. 基本要求

（1）人字闸门埋件宜以每孔埋件的安装划分为一个单元工程。

（2）人字闸门埋件的安装、表面防腐蚀及检查等技术要求应符合 GB/T 14173 和设计文件的规定。

（3）人字闸门埋件单元工程安装质量验收评定时，应提供埋件的安装图样、安装记录、埋件焊接与表面防腐蚀记录、重大缺陷处理记录等资料。

2. 人字闸门埋件安装

（1）人字闸门埋件安装工程质量评定包括顶枢装置安装、枕座安装和底枢装置安装等检验项目。

（2）人字闸门埋件安装质量标准如表 7-10 所示。

（3）人字闸门埋件焊接与表面防腐蚀质量应符合压力钢管的有关规定。

（二）人字闸门门体安装工程

1. 基本要求

（1）人字闸门门体宜以每两扇门体的安装划分为一个单元工程。

（2）人字闸门门体的安装、焊接与表面防腐蚀及检查等技术要求应符合 GB/T 14173 和设计文件的规定。

表 7-10 人字闸门埋件安装质量标准 (单位:mm)

部位	项次		项目	质量标准 合格	质量标准 优良	检验方法	检验数量/简图
顶枢装置与枕座	主控项目	1	两拉杆中心线交点与顶枢中心重合	2	1.5	垂球、钢丝线、钢板尺、经纬仪、水准仪、全站仪	—
		2	拉杆两端高差	1	0.8		
		3	顶枢轴线与底枢轴线的同轴度	2	1.5		
		4	顶枢轴孔的同轴度和垂直度	GB/T 1184《形状和布置公差 未注公差值》的9级精度			
		5	枕座中心线对顶、底枢轴线的平行度	3	2		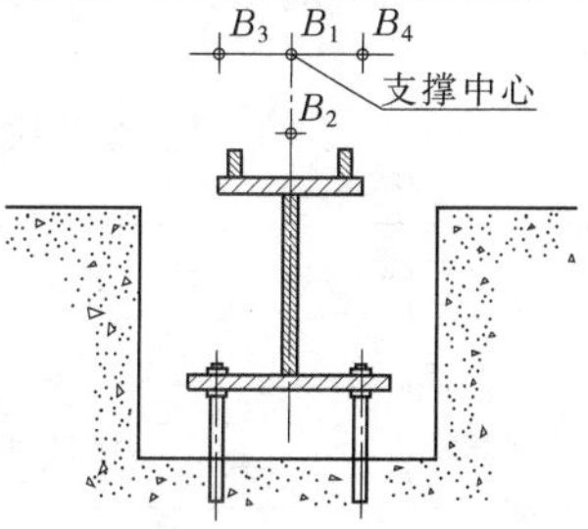
		6	中间支、枕座对顶、底部枕座中心线的对称度	2	1.5		
底枢装置	主控项目	1	底枢轴孔蘑菇头中心	2	1.5	钢板尺、经纬仪、水准仪、全站仪	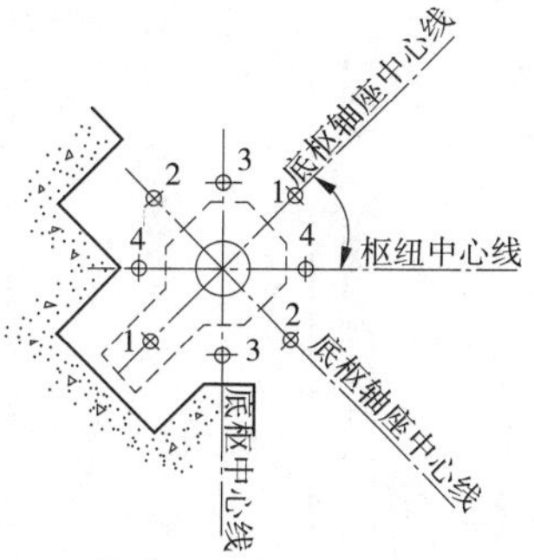
		2	左、右两蘑菇头高程相对差	2	1.5		
		3	底枢轴座水平倾斜度	1/1 000	1/1 250		
	一般项目	1	左、右两蘑菇头高程	±3	±2		

(3)人字闸门门体单元工程安装质量验收评定时,应提供门体的安装图样、安装记录门体焊接与表面防腐蚀记录、门叶检查调试记录、闸门试运行记录、重大缺陷处理记录等资料。

2. 人字闸门门体安装

(1)人字闸门门体安装质量评定包括顶、底枢安装,支、枕垫块安装,焊缝对口错边,焊缝焊接质量,门体表面清除和局部凹坑焊补,门体表面防腐蚀及止水橡皮安装等检验项目。

(2)人字闸门门体安装质量标准如表 7-11 所示。

(3)人字闸门门体焊缝焊接及门体表面防腐蚀质量应符合压力钢管的相关规定。

(4)人字闸门的试验和试运行应符合设计文件的要求和 GB/T 14173 的规定,并做好记录备查。

表7-11　人字闸门门体安装质量标准　　（单位:mm）

部位	项次		检验项目		质量标准		检验方法	检验位置
					合格	优良		
顶、底枢	主控项目	1	顶、底枢轴线同轴度		2	1.5	垂球、钢板尺、经纬仪、水准仪、全站仪	—
		2	旋转门叶，从全开到全关过程中斜接柱上任一点的跳动量	门宽不大于12 m	1	1		用胶布将钢板尺贴于门体斜接柱上
				门宽12~24 m	1.5	1		
				门宽大于24 m	2	1.5		
		3	底横梁在斜接柱一端的位移	顺水流方向	±2	±1.5		—
				垂直方向	±2	±1.5		
支、枕垫块	主控项目	1	支、枕垫块间隙局部的		0.4且连续长度不大于垫块全长的10%		钢板尺、塞尺	每块支、枕垫块的全长
			连续的		0.2			
	一般项目	1	每对相接处的支、枕垫块中心线偏移		5	4		每块支、枕垫块的两端
焊缝对口错边	主控项目	1	焊缝对口错边（任意板厚δ）		≤10%δ，且不大于2	≤5%δ，且不大于2	钢板尺或焊接检验规	沿焊缝全长测量
门体表面清除和局部凹坑焊补	一般项目	1	门体表面清除		焊疤清除干净	焊疤清除干净并磨光	钢板尺	全部表面
		2	门体局部凹坑焊补		凡凹坑深度大于板厚10%或大于2 mm应焊补	凡凹坑深度大于板厚10%或大于2 mm应焊补并磨光		
止水橡皮	主控项目	1	止水橡皮顶面平度		2		钢丝线、钢板尺	通过止水橡皮顶面拉线测量、每0.5 m测1个点
	一般项目	1	止水橡皮实际压缩量和设计压缩量之差		+2 −1		钢板尺	沿止水橡皮长度检测

第三节　活动式拦污栅安装工程

一、基本要求

(1)活动式拦污栅宜以每孔埋件和栅体的安装划分为一个单元工程。

(2)拦污栅的安装、表面防腐蚀及检查等技术要求应符合 GB/T 14173 和设计文件的规定。

(3)活动式拦污栅单元工程安装质量验收评定时,应提供埋件和栅体的安装图样、安装记录、埋件与栅体的表面防腐蚀记录、拦污栅升降试验、试运行记录、重大缺陷处理记录等资料。

二、拦污栅安装

(1)活动式拦污栅安装质量评定包括埋件、各埋件间距离及栅体安装等检验项目。

(2)活动式拦污栅安装质量标准如表 7-12 所示。

表 7-12　活动式拦污栅安装质量标准　（单位:mm）

部位	项次		检验项目	质量标准		检验方法	检验数量
				合格	优良		
埋件	主控项目	1	主轨对栅槽中心线	+3 −2	+3 −2	钢丝线、钢板尺、垂球、水准仪、全站仪	每米至少测 1 个点
		2	反轨对栅槽中心线	+5 −2	+5 −2		
	一般项目	1	底槛里程	±5	±4		两端各测 1 个点，中间测 1 ~3 个点
		2	底槛高程	±5	±4		
		3	底槛对孔口中心线	±5	±4		—
		4	主、反轨对孔口中心线	±5	±4		每米至少测 1 个点
		5	底槛工作面一端对另一端的高差	3	2		—
		6	倾斜设置的拦污栅倾斜度	±10′	±10′		—
栅体安装	主控项目	1	栅体间连接	应牢固可靠		检查	—
		2	栅体在栅槽内升降	灵活、平稳、无卡阻现象			
各埋件间距离	一般项目	1	主、反轨工作面距离	+7 −3		钢丝线、钢板尺、垂球、水准仪、全站仪	每米测 1 个点
		2	主轨中心距离	±8			
		3	反轨中心距离	±8			

第四节　启闭设备安装工程

一、启闭机轨道安装工程

（一）基本规定

（1）启闭机轨道安装宜以连续的、轨距相同的、可供 1 台或多台启闭机运行的两条轨道安装划分为一个单元工程。

（2）启闭机轨道安装技术要求应符合 SL 381《水利水电工程启闭机制造安装及验收规范》的规定。

（3）钢轨若有弯曲、歪扭等变形，应予矫形，但不应采用火焰法矫形，不合格的钢轨不应安装。

（4）轨道基础螺栓对轨道中心线距离偏差不应超过 ±2 mm。拧紧螺母后，螺栓应露出螺母，其露出的长度宜为 2 ~ 5 个螺距。

（5）两平行轨道接头的位置应错开，其错开距离不应等于启闭机前后车轮的轮距。

（6）启闭轨道单元工程安装质量评定时，应提供大车轨道的安装图样、安装记录及轨道安装前的检查记录等资料。

（二）轨道安装质量控制

（1）大车轨道安装质量评定包括轨道实际中心线对轨道设计中心线位置的偏差等检验项目。

（2）大车轨道安装质量标准如表 7-13 所示。

表 7-13　大车轨道安装质量标准　（单位：mm）

项次		检验项目	质量标准		检验方法	检验数量
			合格	优良		
主控项目	1	轨道实际中心线对轨道设计中心线位置的偏差	2	1.5	钢尺、钢板尺、钢丝线	轨道设计中心线应根据启闭机起吊中心线、坝轴线或厂房中心线测定。在轨道接头处及其他部位间距 2 m 布设测点
	2	轨距	±4	±3		
	3	轨道侧向局部弯曲（任意 2 m 内）	1	1		
	4	轨道在全行程上最高点与最低点之差	2	1.5	全站仪、水准仪	
	5	同一横截面上两轨道标高相对差	5	4		
一般项目	1	轨道接头处高低差和侧面错位	1	1	钢板尺、塞尺、欧姆表	每个接头左、右、上三面各测 1 个点
	2	轨道接头间隙	2	2		
	3	轨道接地电阻	4 Ω	3 Ω		

二、固定卷扬式启闭机安装工程

（一）基本要求

（1）固定卷扬式启闭机宜以每一台的安装划分为一个单元。

（2）固定卷扬式启闭机出厂前，应进行整体组装和空载模拟试验，有条件的应做额定载荷试验，经检验合格后，方可出厂。

（3）固定卷扬式启闭机进场后，应按订货合同检查其产品合格证，随机构配件、专用工具及完整的技术文件等。

（4）固定卷扬式启闭机减速器清洗后应注入新的润滑油，油位不应低于高速级大齿轮最低齿的齿高，但不应高于最低齿2倍齿高，其油封和结合面处不应漏油。

（5）应检查基础螺栓埋设位置及螺栓伸出部分的长度是否符合安装要求。

（6）钢丝绳应有序地逐层缠绕在卷筒上，不应挤叠、跳槽或乱槽。当吊点在下限位置时，钢丝绳留在卷筒上的缠绕圈数应不小于4圈，其中2圈作为固定用，另外2圈为安全圈；当吊点处于上限位置时，钢丝绳不应缠绕到圈筒绳槽以外。

（7）固定卷扬式启闭机安装工程由启闭机位置、制动器安装、电气设备安装等部分组成，其安装技术要求应符合SL 381的规定。其中，电气设备安装应符合SL 638的有关规定。

（8）制动器安装质量应符合桥式启闭机的有关规定。

（9）固定卷扬式启闭机单元工程安装质量验收评定时，应提供各部分安装图纸、安装记录、试运行记录以及进场检验记录。

（二）固定卷扬式启闭机安装质量控制

（1）固定卷扬式启闭机安装质量评定包括纵、横向中心线与起吊中心线之差等检验项目。

（2）固定卷扬式启闭机安装位置质量标准如表7-14所示。

表7-14　固定卷扬式启闭机安装位置质量标准　（单位：mm）

<table>
<tr><th colspan="2" rowspan="2">项次</th><th rowspan="2">检验项目</th><th colspan="2">质量标准</th><th rowspan="2">检验方法</th><th rowspan="2">检验数量</th></tr>
<tr><th>合格</th><th>优良</th></tr>
<tr><td rowspan="2">主控项目</td><td>1</td><td>纵、横向中心线与起吊中心线之差</td><td>±3</td><td>±2.5</td><td rowspan="4">经纬仪、水准仪、全站仪、垂球、钢板尺</td><td rowspan="2">每台启闭机纵、横两个方向各测1个值</td></tr>
<tr><td>2</td><td>启闭机平台水平偏差（每延米）</td><td>0.5</td><td>0.4</td></tr>
<tr><td rowspan="2">一般项目</td><td>1</td><td>启闭机平台高程偏差</td><td>±5</td><td>±4</td><td rowspan="2">每台启闭机四个角各测1个值</td></tr>
<tr><td>2</td><td>双卷筒串联的双吊点启闭机吊距偏差</td><td>±3</td><td>±2.5</td></tr>
</table>

（三）固定卷扬式启闭机试运行质量控制

（1）固定卷扬式启闭机试运行由电气设备试验、无载荷试验、载荷试验等三部分组成。

（2）固定卷扬式启闭机试运行质量标准如表7-15所示。

表 7-15　固定卷扬式启闭机试运行质量标准

序号	检验项目			质量标准
1	电气设备试验	全部接线		符合图样规定
2		线路的绝缘电阻		大于 0.5 MΩ
3		试验中各电动机和电气元件温升		不超过各自的允许值
4	无载荷试验（全行程往返 3 次）	电动机		三相电流不平衡度不超过 10%
5		电气设备		无异常发热现象
6		主令开关		启闭机运行到行程的上下极限位置，主令开关能发出信号并自动切断电源，使启闭机停止运转
7		机械部件		无冲击声及其他异常声音，钢丝绳在任何部位不与其他部件相摩擦
8		制动闸瓦		松闸时全部打开，闸瓦与制动轮间隙符合 0.5 ~ 1 mm 的要求
9		快速闸门启闭机		利用直流松闸时，松闸直流电流值不大于名义最大电流值，松闸持续 2 min 时电磁线圈的温度不大于 100 ℃
10		轴承和齿轮		润滑良好，轴承温度不超过 65 ℃
11	载荷试验（带闸门在设计水头工况下运行）	电动机		三相电流不平衡度不超过 10%
12		电气设备		无异常发热现象，所有保护装置和信号准确可靠
13		机械部件		无冲击声，开式齿轮啮合状态满足要求
14		制动器		无打滑、无焦味和冒烟现象
15		机构各部分		无破裂、永久变形、连接松动或破坏
16		快速闸门启闭机	快速闭门时间	不超过设计值，闸门接近底槛的最大速度不超过 5 m/min
17			电动机或调速器	最大转速一般不超过电动机额定转速的 2 倍
18			离心式调速器的摩擦面最高温度	≤200 ℃

三、螺杆式启闭机安装工程

（一）基本要求

（1）螺杆式启闭机宜以每一台的安装划分为一个单元工程。

（2）螺杆式启闭机出厂前，应进行整体组装和试运行，经检查合格后方可出厂。到货后应按合同验收，并对其主要零部件进行复测、检查、登记。

（3）检查基础螺栓埋设位置及螺栓伸出部分长度是否符合安装要求。

（4）螺杆式启闭机安装由启闭机安装位置、电气设备安装等组成，其安装技术要求应符合 SL 381 的规定，安装完毕后应进行试运行。

（5）螺杆式启闭机单元工程安装质量验收评定时，应提供产品到货验收记录、现场安装记录等资料。

（二）螺杆式启闭机安装质量控制

（1）螺杆式启闭机安装质量评定包括基座纵、横向中心线与闸门吊耳的起吊中心线之差等检验项目。

（2）螺杆式启闭机安装质量标准如表 7-16 所示。

表 7-16　螺杆式启闭机安装质量标准　（单位：mm）

<table>
<tr><th colspan="2" rowspan="2">项次</th><th rowspan="2">检验项目</th><th colspan="2">质量标准</th><th rowspan="2">检验方法</th><th rowspan="2">检验数量</th></tr>
<tr><th>合格</th><th>优良</th></tr>
<tr><td rowspan="3">主控项目</td><td>1</td><td>基座纵、横向中心线与闸门吊耳的起吊中心线之差</td><td>±1</td><td>±0.5</td><td rowspan="3">经纬仪、水准仪、全站仪、垂球、钢板尺</td><td rowspan="5">每台启闭机各项至少检测1个点</td></tr>
<tr><td>2</td><td>启闭机平台水平偏差（每延米）</td><td>0.5</td><td>0.4</td></tr>
<tr><td>3</td><td>螺杆与闸门连接前铅垂度（每延米）</td><td>0.2</td><td>0.2</td></tr>
<tr><td rowspan="2">一般项目</td><td>1</td><td>启闭机平台高程偏差</td><td>±5</td><td>±4</td><td rowspan="2">水准仪、塞尺</td></tr>
<tr><td>2</td><td>机座与基础板局部间隙</td><td>0.2，非接触面不大于总接触面 20%</td><td>0.2，非接触面不大于总接触面 20%</td></tr>
</table>

（三）螺杆式启闭机试运行质量控制

（1）螺杆式启闭机试运行由电气设备试验、无载荷试验、载荷试验等三部分组成。

（2）螺杆式启闭机试运行质量标准如表 7-17 所示。

表 7-17　螺杆式启闭机试运行质量标准

<table>
<tr><th>序号</th><th colspan="2">检验项目</th><th>质量标准</th></tr>
<tr><td>1</td><td rowspan="3">电气设备试验</td><td>全部接线</td><td>符合图样规定</td></tr>
<tr><td>2</td><td>线路的绝缘电阻</td><td>大于 0.5 MΩ</td></tr>
<tr><td>3</td><td>试验中各电动机和电气元件温升</td><td>不超过各自的允许值</td></tr>
<tr><td>4</td><td rowspan="3">无载荷试验（全行程往返3次）</td><td>电动机</td><td>三相电流不平衡度不超过 10%</td></tr>
<tr><td>5</td><td>行程限位开关</td><td>运行到上下限位置时，能发出信号并自动切断电源，使启闭机停止运转</td></tr>
<tr><td>6</td><td>机械部件</td><td>无冲击声及其他异常声音</td></tr>
</table>

续表 7-17

序号	检验项目		质量标准
7	载荷试验（带闸门在设计水头工况下运行）	传动零件	运行平稳，无异常声音、发热和漏油现象
8		行程开关	动作灵敏可靠
9		载荷控制装置及高度指示装置的信号发送、接收	动作灵敏、指示正确、安全可靠
10		手摇或电机驱动	操作方便，运行平稳，传送皮带无打滑现象
11		双吊点启闭机	同步升降，无卡阻现象
12		地脚螺栓	螺栓紧固，无松动

四、液压式启闭机安装工程

（一）基本要求

（1）液压式启闭机宜以每一个液压系统的安装划分为一个单元工程。

（2）液压式启闭机安装包括机架安装、钢梁与推力支座安装、油桶及储油箱管道安装等部分，其安装技术要求应符合 SL 381 的规定。各部分安装完毕后应进行试运行。

（3）液压式启闭机设备出厂前应进行整体组装和试验。设备运到现场后，应经检查，开箱验收后方可安装。

（4）液压式启闭机单元工程安装质量验收评定时，应提供启闭机到货检验记录（资料）、安装记录、试运行记录等。

（二）液压式启闭机安装质量控制

（1）液压式启闭机机械系统的安装，主要包括机架、钢梁与推力支座的安装。

（2）现场安装管路应进行整体循环油冲洗，冲洗速度宜达到紊流状态，滤网过滤精度应不低于 10 μm，冲洗时间不应少于 30 min。

（3）现场注入的液压油型号、油量及油位应符合设计要求，液压油过滤精度应不低于 20 μm。

（4）液压式启闭机机械系统机架安装质量标准如表 7-18 所示。

（5）液压式启闭机机械系统钢梁与推力支座安装质量标准如表 7-19 所示。

表 7-18　液压式启闭机机械系统机架安装质量标准　（单位：mm）

项次		检验项目	质量要求		检验方法	检验数量
			合格	优良		
主控项目	1	机架横向中心线与实际起吊中心线的距离	±2	±1.5	钢板尺、水准仪、经纬仪、全站仪、垂球	机架中心线应按门槽实际中心线测出
一般项目	1	机架高程偏差	±5	±4	钢板尺、水准仪、经纬仪、全站仪、垂球	启闭机四个角各测 1 个点
	2	双吊点液压式启闭机，支撑面的高差	±0.5	±0.5		

表 7-19 液压式启闭机机械系统钢梁与推力支座安装质量标准 （单位：mm）

<table>
<tr><th colspan="2" rowspan="2">项次</th><th colspan="2" rowspan="2">检验项目</th><th colspan="2">质量要求</th><th rowspan="2">检验方法</th><th rowspan="2">检验数量</th></tr>
<tr><th>合格</th><th>优良</th></tr>
<tr><td rowspan="2">主控项目</td><td>1</td><td colspan="2">机架钢梁与推力支座组合面通隙</td><td>0.05</td><td>0.05</td><td rowspan="5">塞尺、水准仪、全站仪</td><td>沿组合面检查 4～8 个点</td></tr>
<tr><td>2</td><td colspan="2">推力支座顶面水平偏差（每延米）</td><td>0.2</td><td>0.2</td><td>纵、横向各测 1 个点</td></tr>
<tr><td rowspan="3">一般项目</td><td rowspan="3">1</td><td rowspan="3">机架钢梁与推力支座的组合面</td><td>局部间隙</td><td>0.1</td><td>0.08</td><td rowspan="3">沿组合面检查 4～8 个点</td></tr>
<tr><td>局部间隙深度</td><td>$\frac{1}{3}$ 组合面宽度</td><td>$\frac{1}{4}$ 组合面宽度</td></tr>
<tr><td>局部间隙累计长度</td><td>20% 周长</td><td>15% 周长</td></tr>
</table>

（三）液压式启闭机试运行质量控制

（1）液压式启闭机试运行由试运行前检查、油泵试验、手动操作试验、自动操作试验、闸门沉降试验、双吊点同步试验等检验项目组成。

（2）液压式启闭机试运行质量标准如表 7-20 所示。

表 7-20 液压式启闭机试运行质量标准

<table>
<tr><th>序号</th><th colspan="3">检验项目</th><th>质量标准</th></tr>
<tr><td>1</td><td rowspan="5">试运行前检查</td><td colspan="2">门槽及运行区域</td><td>障碍物清除干净，闸门及油缸运行不受卡阻</td></tr>
<tr><td>2</td><td colspan="2">液压系统的滤油芯</td><td>清洗或更换，试运行前液压系统的污染度等级应不低于 NAS9 级</td></tr>
<tr><td>3</td><td colspan="2">环境温度</td><td>不低于设计工况的最低温度</td></tr>
<tr><td>4</td><td colspan="2">机架固定</td><td>焊缝达到要求，地脚螺栓紧固</td></tr>
<tr><td>5</td><td colspan="2">电气元件和设备</td><td>调试完毕，符合 GB 5226.1《机械电气安全 机械电气设备 第 1 部分：通用技术条件》的有关规定</td></tr>
<tr><td>6</td><td rowspan="5">油泵试验</td><td colspan="2">油泵溢流阀全部打开，连续空转 30 min</td><td>无异常现象</td></tr>
<tr><td rowspan="3">7</td><td rowspan="3">管路充油运转试验的工作压力</td><td>50%</td><td rowspan="3">分别连续运转 5 min，系统无振动、杂音、温升过高等现象。阀件及管路无漏油现象</td></tr>
<tr><td>75%</td></tr>
<tr><td>100%</td></tr>
<tr><td>8</td><td colspan="2">排油检查</td><td>油泵在 1.1 倍工作压力下排油，无剧烈振动和杂音</td></tr>
<tr><td>9</td><td>手动操作试验</td><td colspan="2">闸门升降</td><td>缓冲装置减速正常，闸门升降灵活、无卡阻</td></tr>
</table>

续表 7-20

序号	检验项目		质量标准
10	自动操作试验	闸门启闭	灵活、无卡阻，快速闭门时间符合设计要求
11	闸门沉降试验	活塞油封和管路系统漏油检查	将闸门提起，24 h 内闸门沉降量不大于 100 mm
12		警示信号和自动复位功能	24 h 后，闸门沉降量超过 100 mm 时，警示信号应提示；闸门沉降量超过 200 mm 时，液压系统能自动复位；72 h 内自动复位次数不大于 2 次
13	双吊点同步试验	同一台启闭机的两套油缸在全行程内同步运行	在行程内任意位置的同步偏差大于设计值时，若有自动纠偏装置，应自动投入纠偏装置

五、移动式启闭机安装工程

（一）桥式启闭机安装工程

1. 基本要求

（1）桥式启闭机安装工程宜以每一台桥式启闭机的安装划分为一个单元工程。

（2）桥式启闭机安装工程由桥架和大车行走机构、小车行走机构、制动器安装、电气设备安装等部分组成。在各部分安装完毕后应进行试运行。

（3）桥式启闭机到货后应按合同要求进行验收，检验其各部件的完好状态、产品合格证、整体组装图纸等资料，做好记录并由责任人签证。

（4）桥式启闭机的安装技术要求应符合 SL 381 的规定，其中电气设备安装应符合 SL 638 的有关规定。

（5）在现场装配联轴器时，其端面间隙、径向位移和轴向倾斜应符合设备技术文件的规定。设备技术文件无规定时，应符合 GB 50231《机械设备安装工程施工及验收通用规范》的规定。

（6）桥式启闭机单元工程安装质量验收评定时，应提供桥式启闭机的安装图样、安装记录、试验与试运行记录以及桥式启闭机到货验收资料等。

2. 桥架和大车行走机构安装

（1）桥架和大车行走机构安装质量评定包括大车跨度相对差 $|L_1 - L_2|$ 等检验项目。

（2）桥架和大车行走机构安装质量标准如表 7-21 所示。

（3）启闭机结构件尺寸检测位置图示如图 7-1 所示。

3. 小车行走机构安装

（1）小车行走机构安装质量评定包括小车跨度相对差 $|T_1 - T_2|$ 等检验项目。

（2）小车行走机构安装质量标准如表 7-22 所示。

表7-21　桥架和大车行走机构安装质量标准　　（单位：mm）

项次		检验项目		质量标准 合格	质量标准 优良	检验方法	检验数量
主控项目	1	大车跨度相对差 $\lvert L_1 - L_2 \rvert$		5	4	钢丝线、钢板尺、垂球、水准仪、经纬仪、全站仪	每个桥架检测1组，检测位置见图7-1(a)
	2	桥架对角线差 $\lvert D_1 - D_2 \rvert$		5	4		每个桥架检测1组，检测位置见图7-1(a)
	3	大车车轮的垂直偏斜 a（只许下轮缘向内偏斜，l 为测量长度）		$\frac{l}{400}$	$\frac{l}{450}$		每个车轮检测1组，检测位置见图7-1(b)
	4	大车车轮的水平偏斜 P（同一轴线上一对车轮的偏斜方向应相反，l 为测量长度）		$\frac{l}{1\,000}$	$\frac{l}{1\,200}$		每个车轮检测1组，检测位置见图7-1(c)
	5	同一端梁下，车轮的同位差	2个车轮时	2	1.5		每个车轮检测1组，检测位置见图7-1(d)
			2个以上车轮时	3	2.5		
			同一平衡梁上车轮的同位差	1	1		
	6	同一横截面上小车轨道标高相对差		3	2.5		在轨道接头处及其他部位间距2 m布设测点
一般项目	1	跨中上拱度 F（最大上拱度在跨度中部的 $L/10$ 范围内）		$\frac{(0.9 \sim 1.4)L}{1\,000}$		钢丝线、钢板尺、垂球、水准仪、经纬仪、全站仪	在跨中及1/3跨度处布设测点，每个主梁均检测，检测位置见图7-1(e)
	2	主梁的水平弯曲 f		$\frac{L}{200}$ 且不大于20 mm			测量位置离上盖板约100 mm的腹板处，每个主梁均检测，检测位置见图7-1(a)
	3	悬臂端上翘度 F_0		$\frac{(0.9 \sim 1.4)L_n}{350}$			每个悬臂末端测1点，检测位置见图7-1(f)
	4	主梁上翼缘的水平偏斜 b（B 为主梁上翼缘宽度）		$\frac{B}{200}$			测量位置在长筋板处，每个主梁上翼缘均检测，按2 m间距布设测点，检测位置见图7-1(g)
	5	主梁腹板的垂直偏斜 h（H 为主梁腹板的高度）		$\frac{H}{500}$			测量位置在长筋板处，每个主梁腹板均检测，按2 m间距布设测点，检测位置见图7-1(h)
	6	腹板波浪度（用1 m平尺检查，δ 为主梁腹板厚度）	距上盖板 $H/3$ 以内区域	0.7δ			每个主梁腹板均检测，按2 m间距布设测点，检测位置见图7-1(I)
			其余区域	1.0δ			

续表 7-21

项次		检验项目	质量标准		检验方法	检验数量
			合格	优良		
一般项目	7	大车跨度 L 偏差	±5	±4	钢丝线、钢板尺、垂球、水准仪、经纬仪、全站仪	大车两侧跨度均需测量，检测位置见图 7-1(e)
	8	小车轨距 T 偏差	±3	±2.5		在轨道接头处及其他部位间距 2 m 布设测点，检测位置见图 7-1(a)
	9	小车轨道中心线与轨道梁腹板中心线位置偏差(δ 为轨道梁腹板厚度)	0.5δ	0.5δ		两根轨道均测
	10	小车轨道侧向局部弯曲(任意 2 m 内)	1	1		按间距 2 m 设测点
	11	小车轨道接头处高低差和侧面错位	1	1		每个接头均检测
	12	小车轨道接头间隙	2	2		每个接头均检测

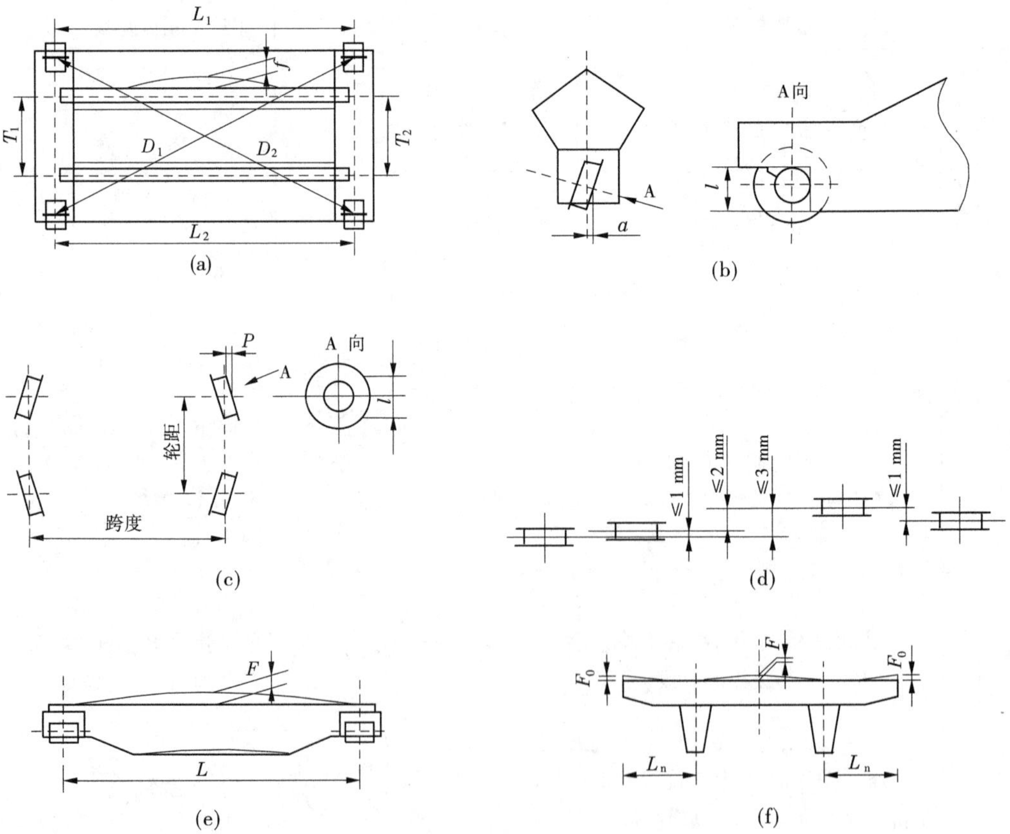

图 7-1　启闭机结构件尺寸检测位置图示

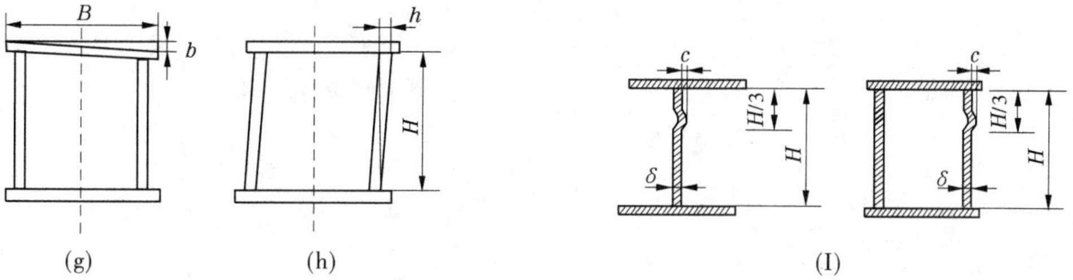

续图 7-1

表 7-22　小车行走机构安装质量标准　（单位：mm）

项次		检验项目	质量标准		检验方法	检验数量
			合格	优良		
主控项目	1	小车跨度相对差 $\|T_1 - T_2\|$	3	2.5	钢丝线、垂球、钢尺、钢板尺、水准仪、经纬仪、全站仪	每个小车检测 1 组，检测位置见图 7-1(a)
	2	小车车轮的垂直偏斜 a（只许下轮缘向内偏斜，l 为测量长度）	$\frac{l}{400}$	$\frac{l}{450}$		每个车轮检验 1 次，检测位置见图 7-1(b)
一般项目	1	对两根平行基准线每个小车轮水平偏斜	$\frac{l}{1\ 000}$	$\frac{l}{1\ 200}$	钢丝线、垂球、钢尺、钢板尺、水准仪、经纬仪、全站仪	每个车轮检验 1 次，检测位置见图 7-1(c)
	2	小车主动轮和被动轮同位差	2	2		每个车轮检验 1 次

4. 制动器安装

（1）制动器安装质量评定包括制动轮径向跳动等检验项目。

（2）制动器安装质量标准如表 7-23 所示。

表 7-23　制动器安装质量标准

项次		检验项目	质量标准			检验方法	检验数量
			制动轮直径 D(mm)				
			≤200	200～300	>300		
一般项目	1	制动轮径向跳动	0.10	0.12	0.18	百分表	端面圆跳动在联轴器的结合面上测量。每个制动器均需检测
	2	制动轮端面圆跳动	0.15	0.20	0.25		
	3	制动带与制动轮的实际接触面积不小于总面积	75%				

5. 桥式启闭机试运行

（1）桥式启闭机试运行质量检验包括试运行前检查、试运行、静载试验、动载试验等项目。

（2）桥式启闭机试运行质量标准如表 7-24 所示。

表 7-24　桥式启闭机试运行质量标准

序号	检查项目			质量标准
1	试运行前检查	所有机械部件、连接部件，各种保护装置及润滑系统		安装、注油情况符合设计要求，并清除轨道两侧所有杂物
2		钢丝绳固定压板与缠绕反方向		牢固，缠绕方向正确
3		电缆卷筒、中心导电装置、滑线、变压器以及各电机的接线		正确，无松动，接地良好
4		双电机驱动的起升机构	电动机的转向	转向正确
5			吊点的同步性	两侧钢丝绳尽量调至等长
6		行走机构的电动机转向		转向正确
7		用手转动各机构的制动轮，使最后一根轴（如车轮轴、卷筒轴）旋转一周		无卡阻现象
8	试运行（起升机构和行走机构分别在行程内往返3次）	电动机		运行平稳，三相电流不平衡度不超过10%，并测量电流值
9		电气设备		无异常发热现象，控制器触头无烧灼现象
10		限位开关、保护装置及联锁装置		动作正确可靠
11		大车、小车	行走时，车轮	无啃轨现象
12			运行时，导电装置	平稳，无卡阻、跳动及严重冒火花现象
13		机械部件		运转时，无冲击声及其他异常声音
14		运行过程中，制动闸瓦		全部离开制动轮，无任何摩擦
15		轴承和齿轮		润滑良好，轴承温度不超过 65 ℃
16		噪声		在司机座（不开窗）测得的噪声不应大于 85 dB(A)
17		双吊点启闭机	闸门吊耳轴中心线水平偏差	符合设计要求或使闸门顺利进入门槽
18			同步性	行程开关显示两侧钢丝绳等长
19	静载试验	主梁上拱度和悬臂端上翘度		上拱度 $\frac{(0.9\sim1.4)L}{1\,000}$（$L$ 为跨度），上翘度 $\frac{(0.9\sim1.4)L_n}{350}$（$L_n$ 为悬臂长度）
20		小车分别停在主梁跨中和悬臂端起升 1.25 倍额定载荷	离地面 100～200 mm，停留 10 min，卸载	门架或桥架未产生永久变形
21			挠度测定	主梁挠度值 $\frac{L}{700}$（L 为跨度），悬臂端挠度值 $\frac{L_n}{350}$（L_n 为悬臂长度）
22	动载试验	在起升 1.1 倍额定载荷后，做起升、下降、停车等试验，同时开动大车、小车两个机构，应延续达 1 h，检查各机构		动作灵敏、工作平稳可靠，各限位开关、安全保护联锁装置动作正确可靠，各连接处无松动

(二)门式启闭机安装工程

1. 基本要求

(1)门式启闭机宜以每一台的安装划分为一个单元工程。

(2)门式启闭机安装由门架和大车行走机构、门腿、小车行走机构、制动器、电气设备安装等部分组成,其安装技术要求应符合 SL 381 的规定。在各部分安装完毕后应进行试运行。

(3)门式启闭机出厂前,应进行整体组装和试运行,经检查合格后方可出厂。

(4)门式启闭机单元工程安装质量验收评定时,应提供该设备进场检验记录、安装图样、安装记录、重大缺陷处理记录及试运行记录等。

2. 门式启闭机安装

(1)门架和大车行走机构、小车行走机构、制动器、电气设备及试运行质量标准应符合桥式启闭机的有关规定。电气设备安装应符合 SL 638 的有关规定。

(2)门式启闭机门腿安装质量标准如表 7-25 所示。

(3)门式启闭机试运行的质量标准应符合桥式启闭机试运行的有关规定。

表 7-25　门式启闭机门腿安装质量标准　(单位:mm)

项次		检验项目	质量标准		检验方法	检验数量
			合格	优良		
主控项目	1	门架支腿从车轮工作面到支腿上法兰平面高度相对差	8	6	钢尺、垂球、钢板尺	每个门腿测 1 组值

第八章　水轮发电机组安装工程

第一节　水轮机安装工程

一、立式反击式水轮机安装工程

（一）尾水管里衬安装质量控制

（1）每台水轮机的尾水管里衬安装宜划分为一个单元工程。

（2）尾水管里衬安装验收评定应在混凝土浇筑之前进行，按设计要求做好加固工作；应提供安装前的设备检验记录、机坑清扫测量记录、安装质量项目（主控项目和一般项目）的检验记录以及焊缝质量检查记录等，并由相关责任人签认的资料。

（3）尾水管里衬安装质量标准如表 8-1 所示。

（二）转轮室、基础环、座环安装质量控制

（1）每台水轮机的转轮室、基础环、座环安装宜划分为一个单元工程。

（2）转轮室、基础环、座环安装验收评定应在混凝土浇筑之前进行，按设计要求做好加固工作；应提供的资料包括清扫与检验记录表、机坑测量记录表、焊缝质量检验记录、安装调整实测记录等资料。

（3）转轮室、基础环、座环安装质量标准如表 8-2 所示。

（三）蜗壳安装质量控制

（1）每台水轮机的蜗壳安装宜划分为一个单元工程。

（2）蜗壳安装验收评定应在混凝土浇筑之前进行，按设计要求做好加固工作；应提供清扫、拼装和挂装记录，安装调试记录，焊缝质量检验记录及水压试验报告等资料。

（3）蜗壳安装质量标准如表 8-3 所示。

（四）机坑里衬及接力器基础安装质量控制

（1）每台水轮机的机坑里衬及接力器基础安装宜划分为一个单元工程。

（2）机坑里衬及接力器基础安装验收评定应在混凝土浇筑之前进行，按设计要求做好加固工作；应提供拼装检验记录、重要焊缝检查记录、安装调整检测记录等资料。

（3）机坑里衬与接力器基础安装质量标准如表 8-4 所示。

（五）转轮装配质量控制

（1）每台水轮机的转轮装配宜划分为一个单元工程。

（2）单元工程安装验收时应提供转轮现场组焊工艺要求、焊缝质量检验记录、各组合面检查记录、静平衡记录、转桨式转轮静平衡及漏油量检验记录、转轮圆度检验记录等资料，均应由负责人签认。

（3）转轮装配质量标准分别如表 8-5 ~ 表 8-7 所示。

表 8-1　尾水管里衬安装质量标准

<table>
<tr><th rowspan="4" colspan="2">项次</th><th rowspan="4">检验项目</th><th colspan="10">质量标准</th><th rowspan="4">检验方法</th><th rowspan="4">检验数量</th></tr>
<tr><th colspan="5">合格</th><th colspan="5">优良</th></tr>
<tr><th colspan="5">转轮直径 D_1(mm)</th><th colspan="5">转轮直径 D_1(mm)</th></tr>
<tr><th>D_1 < 3 000</th><th>3 000 ≤ D_1 < 6 000</th><th>6 000 ≤ D_1 < 8 000</th><th>8 000 ≤ D_1 < 10 000</th><th>D_1 ≥ 10 000</th><th>D_1 < 3 000</th><th>3 000 ≤ D_1 < 6 000</th><th>6 000 ≤ D_1 < 8 000</th><th>8 000 ≤ D_1 < 10 000</th><th>D_1 ≥ 10 000</th></tr>
<tr><td rowspan="2">主控项目</td><td>1</td><td>肘管、锥管上管口中心及方位</td><td>4</td><td>6</td><td>8</td><td>10</td><td>12</td><td>3</td><td>5</td><td>6</td><td>8</td><td>10</td><td>挂钢琴线，用钢板尺</td><td>对称位置不少于 8 个点</td></tr>
<tr><td>2</td><td>焊缝</td><td colspan="10">无表面裂纹及明显咬边缺肉</td><td>PT/MT</td><td>全部</td></tr>
<tr><td rowspan="5">一般项目</td><td>1</td><td>锥管管口直径</td><td colspan="5">±0.001 5D</td><td colspan="5">±0.001 0D</td><td>挂钢琴线，用钢卷尺</td><td>按圆周对称不少于 8 个点</td></tr>
<tr><td>2</td><td>内壁焊缝错牙</td><td colspan="10">符合设计要求</td><td>钢板尺</td><td>全部</td></tr>
<tr><td>3</td><td>上管口高程</td><td>0 ~ 8</td><td>0 ~ 12</td><td>0 ~ 15</td><td>0 ~ 18</td><td>0 ~ 20</td><td>0 ~ 6</td><td>0 ~ 10</td><td>0 ~ 12</td><td>0 ~ 15</td><td>0 ~ 18</td><td>水准仪、钢板尺</td><td>对称位置不少于 8 个点</td></tr>
<tr><td>4</td><td>肘管断面尺寸</td><td>±0.001 5$H(B,r)$</td><td colspan="4">±0.001 0$H(B,r)$</td><td colspan="2">±0.001 2$H(B,r)$</td><td colspan="3">±0.000 8$H(B,r)$</td><td>挂钢琴线，用钢板尺</td><td>检查进出口断面</td></tr>
<tr><td>5</td><td>下管口</td><td colspan="10">与混凝土管口平滑过渡</td><td>目测</td><td>全部</td></tr>
</table>

注：1. D 为锥管管口直径设计值，mm；H 为断面高度，mm；B 为断面长度，mm；r 为断面弧段半径，mm。

2. 表中数值为允许偏差值，mm。

表 8-2　转轮室、基础环、座环安装质量标准

项次		检验项目	质量标准										检验方法	检验数量
			合格					优良						
			转轮直径 D_1(mm)					转轮直径 D_1(mm)						
			$D_1<$ 3 000	3 000≤ $D_1<$ 6 000	6 000≤ $D_1<$ 8 000	8 000≤ $D_1<$ 10 000	$D_1\geq$ 10 000	$D_1<$ 3 000	3 000≤ $D_1<$ 6 000	6 000≤ $D_1<$ 8 000	8 000≤ $D_1<$ 10 000	$D_1\geq$ 10 000		
主控项目	1	中心及方位	2	3	4	5	6	1.5	2	3	4	5	挂钢琴线，用钢板尺	对称位置不少于 8 个点
	2	安装顶盖和底环的法兰面平面度 径向测量 现场不机加工	≤0.05 mm/m,最大不超过 0.60					≤0.04 mm/m,最大不超过 0.50					平衡梁、方型水平仪或水准仪或全站仪	一般不少于 +x、-x、+y、-y 四个点
		安装顶盖和底环的法兰面平面度 径向测量 现场机加工	0.25					0.20						
		安装顶盖和底环的法兰面平面度 周向测量 现场不机加工	0.3	0.4		0.6		0.2	0.3		0.5			
		安装顶盖和底环的法兰面平面度 周向测量 现场机加工	0.35					0.3						
	3	转轮室圆度	±10% 设计平均间隙					±8% 设计平均间隙					挂钢琴线，用侧杆	对称 8 个点
	4	基础环、座环及转轮室同轴度	1.0	1.5	2.0	2.5	3.0	0.8	1.2	1.6	2.0	2.4		在基础环、座环出口及转轮室对应位置各 8 个点
一般项目	1	高程	±3.0					±2.0					水准仪，钢板尺	1～2 个点
	2	各组合缝间隙	符合 GB/T 8564《水轮发电机组安装技术规范》的要求										塞尺	全部

注：表中数值为允许偏差值，mm。

表 8-3　蜗壳安装质量标准

项次		检验项目		质量标准		检验方法	检验数量
				合格	优良		
主控项目	1	直管段中心与机组 Y 轴线距离		$\pm 0.003D$	$\pm 0.002D$	挂钢琴线，用钢卷尺	上下端各1个点
	2	直管段中心高程		±5	±4	水准仪、钢板尺	1个点
	3	焊缝射线探伤	环缝	Ⅲ级	Ⅲ级一次合格率85%以上	射线探伤	按设计要求或GB/T 8564
			纵缝与蝶形边	Ⅱ级	Ⅱ级一次合格率85%以上		
	4	焊缝超声波探伤	环缝	BⅡ级	BⅡ级一次合格率90%以上	超声波探伤	按设计要求
			纵缝与蝶形边	BⅠ级	BⅠ级一次合格率90%以上		
	5	蜗壳水压试验(有要求时)		符合设计要求		打压	全部
一般项目	1	最远点高程		±15	±12	水准仪、钢板尺	每节1个点
	2	定位节管口与基准线偏差		±5	±4	拉线用钢板尺	2个点
	3	定位节管口倾斜值		5	4	吊线锤用钢板尺	2个点
	4	最远点半径		$\pm 0.004R$	$\pm 0.003R$	经纬仪放点	每节1个点
	5	焊缝外观检查		符合GB/T 8564的要求		目测和用钢板尺	全部
	6	混凝土蜗壳钢衬焊缝		无贯穿性缺陷		煤油渗透试验	全部

注:1. D 为蜗壳进口直径,mm;R 为最远点半径设计值,mm。

2. 表中数值为允许偏差值,mm。

表 8-4 机坑里衬与接力器基础安装质量标准

项次		检验项目	质量标准										检验方法	检验数量
			合格					优良						
			转轮直径 D_1(mm)					转轮直径 D_1(mm)						
			$D_1 <$ 3 000	3 000≤ $D_1 <$ 6 000	6 000≤ $D_1 <$ 8 000	8 000≤ $D_1 <$ 10 000	$D_1 \geq$ 10 000	$D_1 <$ 3 000	3 000≤ $D_1 <$ 6 000	6 000≤ $D_1 <$ 8 000	8 000≤ $D_1 <$ 10 000	$D_1 \geq$ 10 000		
主控项目	1	接力器基础法兰垂直度(mm/m)	≤0.30			≤0.25		≤0.20					方型水平仪	2 个点隔 90°
	2	接力器基础法兰中心及高程	±1.0	±1.5	±2.0	±2.5	±3.0	±1.0	±1.5	±1.5	±2.0	±2.5	挂钢琴线,用钢板尺	各 1 个点
一般项目	1	机坑里衬中心(mm)	5	10	15	20		4	8	12	15		钢板尺	90°交叉
	2	机坑里衬上口直径(mm)	±5	±8	±10	±12		±3	±5	±8	±10		钢卷尺	不少于 8 个点
	3	接力器基础与机组基准线平行度(mm)	1.0	1.5	2.0	2.5	3.0	<1.0	<1.5	1.5	2.0	2.5	挂钢琴线,用钢板尺	各 1 个点
	4	接力器基础至机组基准线距离(mm)	±3.0					±2.0					用钢卷尺	各 1 个点

注:表中数值为允许偏差值,mm。

表 8-5　转轮装配质量标准

<table>
<tr><th colspan="2" rowspan="2">项次</th><th colspan="3" rowspan="2">检验项目</th><th colspan="2">质量标准</th><th rowspan="2">检验方法</th><th rowspan="2">检验数量</th></tr>
<tr><th>合格</th><th>优良</th></tr>
<tr><td rowspan="11">主控项目</td><td>1</td><td colspan="3">分瓣转轮焊缝探伤</td><td>Ⅰ级</td><td>Ⅰ级一次合格率 95% 以上</td><td>超声波探伤</td><td>全部</td></tr>
<tr><td rowspan="9">2</td><td rowspan="9">转轮各部位圆度及同轴度</td><td rowspan="5">工作水头小于 200 m</td><td>止漏环</td><td rowspan="3">±10% 设计间隙</td><td rowspan="3">±8% 设计间隙</td><td rowspan="9">测圆架</td><td rowspan="9">均布不少于 8 个点</td></tr>
<tr><td>止漏环安装面</td></tr>
<tr><td>叶片外缘</td></tr>
<tr><td>引水板止漏圈</td><td rowspan="2">±15% 设计间隙</td><td rowspan="2">±12% 设计间隙</td></tr>
<tr><td>法兰护罩（兼作检修密封）</td></tr>
<tr><td rowspan="4">工作水头不小于 200 m</td><td>上冠外缘</td><td rowspan="2">±5% 设计间隙</td><td rowspan="2">±4% 设计间隙</td></tr>
<tr><td>下环外缘</td></tr>
<tr><td>上梳齿止漏环</td><td rowspan="2">±0.10 mm</td><td rowspan="2">±0.08 mm</td></tr>
<tr><td>下止漏环</td></tr>
<tr><td>3</td><td colspan="3">转轮单位质量允许不平衡量值（g·mm/kg）</td><td colspan="4">见表 8-6</td></tr>
<tr><td>4</td><td colspan="3">转桨式转轮允许每小时漏油量（mL/h）</td><td colspan="4">见表 8-7</td></tr>
<tr><td rowspan="7">一般项目</td><td>1</td><td colspan="3">分瓣转轮焊缝错牙</td><td>≤0.50 mm</td><td><0.50 mm</td><td>焊缝检验规</td><td>2～4 个点</td></tr>
<tr><td>2</td><td colspan="3">分瓣转轮组合缝间隙</td><td colspan="2">符合 GB/T 8564 的要求</td><td>塞尺</td><td>全部</td></tr>
<tr><td rowspan="3">3</td><td colspan="2" rowspan="3">转轮上冠法兰</td><td>下凹值</td><td>≤0.07 mm/m</td><td>≤0.06 mm/m</td><td>塞尺</td><td>垂直方向 4～8 个点</td></tr>
<tr><td rowspan="2">上凸值</td><td>≤0.03 mm/m，最大不超过 0.06 mm</td><td>≤0.02 mm/m，最大不超过 0.04 mm</td><td>—</td><td rowspan="2">—</td></tr>
<tr><td colspan="2">对于主轴采用摩擦传递力矩的，一般不允许上凸</td><td>—</td></tr>
<tr><td>4</td><td colspan="3">转轮叶片最低操作油压</td><td>≤15% 工作油压</td><td><15% 工作油压</td><td>动作试验</td><td>2 次</td></tr>
<tr><td>5</td><td colspan="3">连接螺栓伸长值</td><td colspan="2">符合设计要求</td><td>百分表或传感器</td><td>全部</td></tr>
</table>

注：表中数值为允许偏差值。

表 8-6　转轮单位质量允许不平衡量值

项次	检测项目	质量标准												检验方法
		合格						优良						
		最大工作转速(r/min)						最大工作转速(r/min)						
		125	150	200	250	300	400	125	160	200	250	300	400	
主控项目	单位质量允许不平衡量值(g·mm/kg)	550	450	330	270	220	170	385	315	231	189	154	119	用静平衡专用工具检查，整体出厂的转轮由制造厂检验，出具记录；现场组焊的转轮检验配重至符合标准

注：表中数值为允许偏差值。

表 8-7　转桨式转轮允许每小时漏油量

项次	检验项目	质量标准										检验方法	检验数量
		合格					优良						
		转轮直径 D_1(mm)					转轮直径 D_1(mm)						
		$D_1<$ 3 000	3 000≤ $D_1<$ 6 000	6 000≤ $D_1<$ 8 000	8 000≤ $D_1<$ 10 000	$D_1\geqslant$ 10 000	$D_1<$ 3 000	3 000≤ $D_1<$ 6 000	6 000≤ $D_1<$ 8 000	8 000≤ $D_1<$ 10 000	$D_1\geqslant$ 10 000		
主控项目	每小时漏油量(mL/h)	5	7	10	12	15	4	6	9	11	14	量杯秒表	加压与未加压各 1 次

注：表中数值为允许偏差值。

(六)导水机构安装质量控制

(1)每台水轮机的导水机构安装宜划分为一个单元工程。

(2)单元工程安装验收时应提供各部件的圆度、水平度和间隙的安装测量记录等，并由责任人签认。

(3)导水机构预装和安装质量标准分别见表 8-8 和表 8-9。对于导叶立面间隙项目，在用钢丝绳捆紧的情况下，用 0.05 mm 塞尺检查，不能通过；局部立面间隙不应超过表 8-9 的要求。其间隙的总长度不应超过导叶高度的 25%。当设计有特殊要求(如导叶表面有抗磨涂层)时，应符合设计要求。

(七)接力器安装质量控制

(1)每台水轮机的接力器安装宜划分为一个单元工程。

(2)单元工程验收时应提供由责任人签字的全部安装检测记录。

(3)接力器安装质量标准如表 8-10 所示。对于接力器的压紧行程项目，偏差应符合制造厂设计要求，制造厂无要求时，应按表 8-10 的要求确定。

表 8-8　导水机构预装和安装质量标准

项次		检验项目	质量标准：合格，转轮直径 D_1(mm)：$D_1<3\ 000$	合格：$3\ 000\leqslant D_1<6\ 000$	合格：$6\ 000\leqslant D_1<8\ 000$	合格：$8\ 000\leqslant D_1<10\ 000$	合格：$D_1\geqslant 10\ 000$	优良，转轮直径 D_1(mm)：$D_1<3\ 000$	优良：$3\ 000\leqslant D_1<6\ 000$	优良：$6\ 000\leqslant D_1<8\ 000$	优良：$8\ 000\leqslant D_1<10\ 000$	优良：$D_1\geqslant 10\ 000$	检验方法	检验数量
主控项目	1	各固定止漏环圆度	5%转轮止漏环设计间隙					4%转轮止漏环设计间隙					挂钢琴线用测杆	均布8个点
主控项目	2	各固定止漏环同轴度	0.15		0.20			0.12		0.15			挂钢琴线用测杆	8个点以上
主控项目	3	导叶局部立面间隙	见表 8-9											
一般项目	1	底环上平面水平	0.35	0.45		0.60		0.30	0.40		0.50		方型水平仪	x向、y向2~4个点
一般项目	2	端部间隙	按设计间隙控制										塞尺	全部
一般项目	3	导叶拐臂连杆两端高差	≤1.0					<1.0					用钢板尺、方型水平仪检查	全开和全关各1个点

注:表中数值为允许偏差值,mm。

表 8-9　导叶局部立面间隙

项次	检验项目		质量标准：合格，转轮直径 h(mm)：$h<600$	合格：$600\leqslant h<1\ 200$	合格：$1\ 200\leqslant h<2\ 000$	合格：$2\ 000\leqslant h<4\ 000$	合格：$h\geqslant 4\ 000$	优良，转轮直径 h(mm)：$h<600$	优良：$600\leqslant h<1\ 200$	优良：$1\ 200\leqslant h<2\ 000$	优良：$2\ 000\leqslant h<4\ 000$	优良：$h\geqslant 4\ 000$	检验方法	检验数量
主控项目	局部立面间隙	无密封条导叶	0.05	0.10	0.13	0.15	0.20	0.04	0.08	0.10	0.12	0.15	不装塞尺	全部
主控项目	局部立面间隙	带密封条导叶	0.15		0.20			0.12		0.15			不装塞尺	全部

注:表中数值为允许偏差值,mm。

表 8-10　接力器安装质量标准

<table>
<tr><th colspan="2" rowspan="4">项次</th><th colspan="2" rowspan="4">检验项目</th><th colspan="10">质量标准</th><th rowspan="4">检验方法</th><th rowspan="4">检验数量</th></tr>
<tr><th colspan="5">合格</th><th colspan="5">优良</th></tr>
<tr><th colspan="5">转轮直径 D_1(mm)</th><th colspan="5">转轮直径 D_1(mm)</th></tr>
<tr><th>D_1 < 3 000</th><th>3 000 ≤ D_1 < 6 000</th><th>6 000 ≤ D_1 < 8 000</th><th>8 000 ≤ D_1 < 10 000</th><th>D_1 ≥ 10 000</th><th>D_1 < 3 000</th><th>3 000 ≤ D_1 < 6 000</th><th>6 000 ≤ D_1 < 8 000</th><th>8 000 ≤ D_1 < 10 000</th><th>D_1 ≥ 10 000</th></tr>
<tr><td rowspan="4">主控项目</td><td>1</td><td colspan="2">接力器水平度(mm/m)</td><td colspan="5">≤0.10</td><td colspan="5">≤0.08</td><td>方形水平仪检查套筒或活塞杆</td><td>全关、中间、全开各 1 个点</td></tr>
<tr><td rowspan="3">2</td><td rowspan="3">接力器压紧行程(mm)</td><td>直缸接力器(导叶带密封条)</td><td>4 ~ 7</td><td>6 ~ 8</td><td>7 ~ 10</td><td>8 ~ 13</td><td>10 ~ 15</td><td>4 ~ 7</td><td>6 ~ 8</td><td>7 ~ 10</td><td>8 ~ 13</td><td>10 ~ 15</td><td rowspan="3">撤除油压测量活塞返回行程值</td><td rowspan="3">一般 2 次</td></tr>
<tr><td>直缸接力器(导叶无密封条)</td><td>3 ~ 6</td><td>5 ~ 7</td><td>6 ~ 9</td><td>7 ~ 12</td><td>9 ~ 14</td><td>3 ~ 6</td><td>5 ~ 7</td><td>6 ~ 9</td><td>7 ~ 12</td><td>9 ~ 14</td></tr>
<tr><td>摇摆接力器、单导叶接力器</td><td colspan="10">符合设计要求</td></tr>
<tr><td>一般项目</td><td>1</td><td colspan="2">两接力器活塞全行程偏差(mm)</td><td colspan="5">≤1.0</td><td colspan="5"><1.0</td><td>钢板尺</td><td>一般 2 次</td></tr>
</table>

注:表中数值为允许偏差值。

(八)转动部件安装质量控制

(1)每台水轮机的转动部件安装宜划分为一个单元工程。

(2)单元验收时应提供各项目调整检测记录(包括各部分间隙、摆度、水平度等记录表格),并由责任人签认。

(3)转动部件安装质量检验标准如表 8-11 所示。

(九)水导轴承及主轴密封安装质量控制

(1)每台水轮机的水导轴承及主轴密封安装宜划分为一个单元工程。

(2)单元验收时应提供该部件安装调整检测的原始记录并由责任人签认。

(3)水导轴承及主轴密封安装质量标准如表 8-12 所示。

表 8-11　转动部件安装质量检验标准

<table>
<tr><th rowspan="4" colspan="2">项次</th><th rowspan="4" colspan="2">检验项目</th><th colspan="8">质量标准</th><th rowspan="4">检验方法</th><th rowspan="4">检验数量</th></tr>
<tr><th colspan="4">合格</th><th colspan="4">优良</th></tr>
<tr><th colspan="4">转轮直径 D_1(mm)</th><th colspan="4">转轮直径 D_1(mm)</th></tr>
<tr><th>D_1 < 3 000</th><th>3 000 ≤ D_1 < 6 000</th><th>6 000 ≤ D_1 < 8 000</th><th>D_1 ≥ 8 000</th><th>D_1 < 3 000</th><th>3 000 ≤ D_1 < 6 000</th><th>6 000 ≤ D_1 < 8 000</th><th>D_1 ≥ 8 000</th></tr>
<tr><td rowspan="4">主控项目</td><td rowspan="3">1</td><td rowspan="3">转轮径向间隙</td><td>额定水头小于 200 m</td><td colspan="4">各间隙与实际平均间隙之差不超过实际平均间隙的 ±20%</td><td colspan="4">各间隙与实际平均间隙之差不超过实际平均间隙的 ±15%</td><td rowspan="4">塞尺</td><td rowspan="4">8 ~ 12 个点</td></tr>
<tr><td>额定水头不小于 200 m　外圆</td><td colspan="4" rowspan="2">各间隙与实际平均间隙之差不超过设计间隙的 ±10%</td><td colspan="4" rowspan="2">各间隙与实际平均间隙之差不超过设计间隙的 ±8%</td></tr>
<tr><td>额定水头不小于 200 m　迷宫环</td></tr>
<tr><td>2</td><td colspan="2">主轴法兰组合面</td><td colspan="8">0.03 mm 塞尺不能通过;对于涂撒摩擦粉末介质的法兰面间隙按设计要求控制</td></tr>
<tr><td rowspan="10">一般项目</td><td rowspan="3">1</td><td rowspan="3">转轮安装高程(mm)</td><td>混流式</td><td>±1.5</td><td>±2.0</td><td>±2.5</td><td>±3.0</td><td>±1.0</td><td>±1.5</td><td>±2.0</td><td>±2.5</td><td rowspan="3">按 GB/T 8564</td><td rowspan="3">2 ~ 4 个点</td></tr>
<tr><td>轴流式</td><td>0 ~ +2</td><td>0 ~ +3</td><td>0 ~ +4</td><td>0 ~ +5</td><td>0 ~ +1.5</td><td>0 ~ +2.5</td><td>0 ~ +3</td><td>0 ~ +4</td></tr>
<tr><td>斜流式</td><td>0 ~ +0.8</td><td>0 ~ +1</td><td>—</td><td>—</td><td>0 ~ +0.5</td><td>0 ~ +0.8</td><td>—</td><td>—</td></tr>
<tr><td>2</td><td colspan="2">联轴螺栓伸长值</td><td colspan="8">符合设计要求</td><td>百分表或传感器</td><td>全部</td></tr>
<tr><td rowspan="2">3</td><td rowspan="2">操作油管摆度(mm)</td><td>固定铜瓦</td><td colspan="4">≤0.20</td><td colspan="4">≤0.15</td><td rowspan="2">盘车检查</td><td rowspan="2">4 ~ 8 个点</td></tr>
<tr><td>浮动铜瓦</td><td colspan="4">≤0.30</td><td colspan="4">≤0.25</td></tr>
<tr><td>4</td><td colspan="2">受油器水平度</td><td colspan="4">≤0.05 mm/m</td><td colspan="4">≤0.04 mm/m</td><td>方型水平仪</td><td>x 向、y 向 1 ~ 2 个点</td></tr>
<tr><td>5</td><td colspan="2">旋转油盆径向间隙</td><td colspan="4">≥70% 设计值</td><td colspan="4">≥80% 设计值</td><td>塞尺</td><td>2 ~ 4 个点</td></tr>
<tr><td>6</td><td colspan="2">受油器对地绝缘</td><td colspan="8">≥0.5 MΩ</td><td>尾水管无水时用兆欧表</td><td>—</td></tr>
</table>

注:表中数值为允许偏差值。

表 8-12 水导轴承及主轴密封安装质量标准

<table>
<tr><th colspan="2" rowspan="2">项次</th><th colspan="2" rowspan="2">检验项目</th><th colspan="2">质量要求</th><th rowspan="2">检验方法</th><th rowspan="2">检验数量</th></tr>
<tr><th>合格</th><th>优良</th></tr>
<tr><td rowspan="6">主控项目</td><td rowspan="3">1</td><td rowspan="3">轴瓦间隙</td><td>分块瓦</td><td colspan="2">±0.02 mm</td><td rowspan="3">塞尺</td><td>每块瓦 1 个点</td></tr>
<tr><td>筒式瓦</td><td colspan="2">实测平均总间隙的 10% 以内</td><td rowspan="2">4 ~6 个点</td></tr>
<tr><td>橡胶瓦</td><td colspan="2">实测平均总间隙的 10% 以内</td></tr>
<tr><td>2</td><td colspan="2">轴承油槽渗漏试验</td><td colspan="2">4 h 无渗漏</td><td>煤油渗漏试验</td><td rowspan="2">1 次</td></tr>
<tr><td>3</td><td colspan="2">轴承冷却器耐压试验</td><td colspan="2">符合 GB/T 8564 的要求</td><td>水压试验</td></tr>
<tr><td>4</td><td colspan="2">平板密封间隙</td><td colspan="2">轴向、径向间隙符合设计要求且在 ±20% 实际平均间隙值以内</td><td>塞尺</td><td>4 ~6 个点</td></tr>
<tr><td rowspan="5">一般项目</td><td>1</td><td colspan="2">工作密封动作检查</td><td colspan="2">符合设计要求</td><td>目测，有水量要求时测水量</td><td rowspan="3">1 次</td></tr>
<tr><td>2</td><td colspan="2">轴瓦检查及研刮</td><td colspan="2">按设计要求控制</td><td>外观及着色</td></tr>
<tr><td>3</td><td colspan="2">检修密封充气试验</td><td colspan="2">充气 0.05 MPa 无漏气</td><td>充气在水中检查</td></tr>
<tr><td>4</td><td colspan="2">检修密封径向间隙</td><td colspan="2">±20% 设计间隙以内</td><td>塞尺</td><td>4 ~6 个点</td></tr>
<tr><td>5</td><td colspan="2">组合面间隙检查</td><td colspan="2">按设计（制造）要求控制，若设计无技术要求，则可按 GB/T 8564 的要求</td><td>塞尺</td><td>全部</td></tr>
</table>

注：表中数值为允许偏差值。

（十）附件安装质量控制

（1）每台水轮机的附件安装宜划分为一个单元工程。

（2）单元工程验收时应提供相关附件安装调整和试验的原始记录并由责任人签认。

（3）附件安装质量标准如表 8-13 所示，附件绝缘电阻应符合 GB/T 8564 规定的要求。

表 8-13 附件安装质量标准

<table>
<tr><th colspan="2" rowspan="2">项次</th><th rowspan="2">检验项目</th><th colspan="2">质量要求</th><th rowspan="2">检验方法</th><th rowspan="2">检验数量</th></tr>
<tr><th>合格</th><th>优良</th></tr>
<tr><td rowspan="2">主控项目</td><td>1</td><td>盘形阀阀座水平度（mm/m）</td><td>≤0.20</td><td>≤0.15</td><td>方型水平仪</td><td>$+x$ 和 $+y$ 方向</td></tr>
<tr><td>2</td><td>盘形阀密封面间隙</td><td colspan="2">无间隙</td><td>塞尺</td><td>周向均布 4 ~6 个点</td></tr>
</table>

续表 8-13

项次		检验项目	质量要求		检验方法	检验数量
			合格	优良		
一般项目	1	真空破坏阀,补气阀动作试验	符合设计要求		动作试验	1～2次
	2	真空破坏阀,补气阀密封面间隙	无间隙		塞尺	周向均布4～6个点
	3	蜗壳及尾水管排水阀接力器严密性试验	符合 GB/T 8564 的要求		水压或油压试验	1次
	4	盘形阀动作试验	符合设计要求		动作试验	开、关各1次
	5	主轴中心补气管偏心度	不超过实际密封间隙平均值的20%,最大不超过0.3 mm	不超过实际密封间隙平均值的15%,最大不超过0.25 mm	塞尺	在密封处各测4～6个点

注:表中数值为允许偏差值。

二、贯流式水轮机安装工程

(一)尾水管安装质量控制

(1)每台水轮机的尾水管安装宜划分为一个单元工程。

(2)尾水管安装验收评定时应提供安装前的设备检查记录,机坑清扫测量记录,安装、调试的检测记录及焊缝质量检验记录等,并由相关责任人签认。

(3)尾水管安装质量标准如表8-14所示。

表 8-14　尾水管安装质量标准

项次		检验项目	质量标准						检验方法	检验数量
			合格			优良				
			转轮直径 D_1(mm)			转轮直径 D_1(mm)				
			$D_1<$ 3 000	3 000≤ $D_1<$ 6 000	6 000≤ $D_1<$ 8 000	$D_1<$ 3 000	3 000≤ $D_1<$ 6 000	6 000≤ $D_1<$ 8 000		
主控项目	1	管口法兰至转轮中心距离	±2.0	±2.5	±3.0	±1.5	±2.0	±2.5	钢卷尺(若先装管形座,应以其下游侧法兰为基准)	测上、下、左、右4个点
	2	中心及高程	±1.5	±2.0	±2.5	±1.0	±1.5	±2.0	挂钢琴线,用钢板尺	1～2个点

续表 8-14

项次		检验项目	质量标准						检验方法	检验数量
			合格			优良				
			转轮直径 D_1(mm)			转轮直径 D_1(mm)				
			$D_1 <$ 3 000	3 000≤ $D_1 <$ 6 000	6 000≤ $D_1 <$ 8 000	$D_1 <$ 3 000	3 000≤ $D_1 <$ 6 000	6 000≤ $D_1 <$ 8 000		
主控项目	3	法兰面垂直平面度	0.8	1.0	1.2	0.6	0.8	1.0	经纬仪和钢板尺,测法兰面对机组中心线的垂直度	2~4个点
一般项目	1	管口法兰最大与最小直径差	≤3	≤4	≤5	≤2	≤3	≤4	挂钢琴线,用钢卷尺,有基础环的结构指基础环上法兰	按圆周等分4~8个点

注:表中数值为允许偏差值,mm。

(二)管形座安装质量控制

(1)每台水轮机的管形座安装宜划分为一个单元工程。

(2)管形座安装验收评定时应提供的资料有清扫检验记录,安装前机坑测量记录,焊缝质量检验记录,安装、调试实测记录等,并由责任人签认。

(3)管形座安装质量标准如表 8-15 所示。

表 8-15 管形座安装质量标准

项次		检验项目	质量标准						检验方法	检验数量
			合格			优良				
			转轮直径 D_1(mm)			转轮直径 D_1(mm)				
			$D_1 <$ 3 000	3 000≤ $D_1 <$ 6 000	6 000≤ $D_1 <$ 8 000	$D_1 <$ 3 000	3 000≤ $D_1 <$ 6 000	6 000≤ $D_1 <$ 8 000		
主控项目	1	方位及高程(mm)	±2.0	±3.0	±4.0	±1.5	±2.0	±3.0	挂钢琴线,用钢卷尺	2~4个点
	2	最大尺寸法兰面垂直度及平面度(mm)	0.8	1.0	1.2	0.6	0.8	1.0	经纬仪和钢板尺	
	3	法兰面至转轮中心距离(mm)	±2.0	±2.5	±3.0	±1.5	±2.0	±2.5	钢卷尺(若先装尾水管,应以其法兰为基准)	
	4	下游侧内外法兰面的距离(mm)	0.6	1.0	1.2	0.5	0.8	1.0	经纬仪和钢板尺	

续表 8-15

项次		检验项目		质量标准						检验方法	检验数量
				合格			优良				
				转轮直径 D_1(mm)			转轮直径 D_1(mm)				
				$D_1<$ 3 000	3 000≤ $D_1<$ 6 000	6 000≤ $D_1<$ 8 000	$D_1<$ 3 000	3 000≤ $D_1<$ 6 000	6 000≤ $D_1<$ 8 000		
一般项目	1	法兰圆度(mm)		1.0	1.5	2.0	0.5	1.0	1.5	挂钢琴线，用钢卷尺	对称 2～4 个点
	2	流道盖板	流道盖板竖井孔中心及位置(框架中心线与设计中心线偏差)(mm)	±2.0	±3.0	±4.0	±1.5	±2.0	±3.0	拉线，用钢卷尺	
			基础框架高程(mm)	±5.0			±3.5			水准仪，钢板尺	2～4 个点
			基础框架四角高差(mm)	4.0	5.0	6.0	3.0	3.5	4.0		4 个点
			流道盖板竖井孔法兰水平度(mm/m)	0.8			0.6			方型水平仪	$+x$ 和 $+y$ 方向

(三)导水机构安装质量控制

(1)每台贯流式水轮机导水机构安装宜划分为一个单元工程。

(2)单元安装验收时应提供各部件圆度、水平和间隙的安装测量记录，由责任人签认。

(3)导水机构安装质量标准如表 8-16 所示。

表 8-16　导水机构安装质量标准

项次		检验项目	质量标准		检验方法	检验数量
			合格	优良		
主控项目	1	内外导水环同轴度	≤0.5	≤0.4	挂钢琴线，用钢卷尺	对称 2 个点
	2	上游侧内外法兰面距离	≤0.4	≤0.3	经纬仪和钢板尺	2～4 个点
一般项目	1	导叶端部间隙	符合设计要求		塞尺	全部
	2	导叶立面间隙	局部不超过 0.25，间隙的总长度不超过导叶高度的 25%	局部不超过 0.20，间隙的总长度不超过导叶高度的 20%		
	3	接力器基础至基准线距离	±3.0	±2.0	钢卷尺	每个基础 2 个点
	4	调速环与外导水环间隙	符合设计要求		塞尺	4～8 个点

注：表中数值为允许偏差值，mm。

（四）轴承安装质量控制

（1）每台水轮机的轴承安装宜划分为一个单元工程。

（2）单元验收时应提供该部件安装调整检测的原始记录，并由责任人签认。

（3）轴承安装质量标准如表 8-17 所示。

表 8-17　轴承安装质量标准

项次		检验项目		质量标准		检验方法	检验数量
				合格	优良		
主控项目	1	轴瓦间隙		符合设计要求		用压铅法或用塞尺检查	2～4 个点
	2	镜板与主轴垂直度（mm）		0.05	0.04	用水平仪检查	对称 2～4 个点
一般项目	1	下轴瓦与轴颈接触角		符合设计要求但不大于 60°		用着色法检查	1 次
	2	轴承体各组合缝间隙		符合 GB/T 8564 的要求		用塞尺检查	全部
	3	轴瓦与轴承外壳配合接触面积	圆柱面配合	≥60%	≥70%	用着色法检查	
			球面配合	≥75%	≥80%		

注：表中数值为允许偏差值。

（五）转动部件安装质量控制

（1）每台水轮机的转动部件安装宜划分为一个单元工程。

（2）单元验收时应提供各项目调整检测记录（包括各部件间隙、摆度、水平度等记录表格），并由责任人签认。

（3）转动部件安装质量标准如表 8-18 所示，有对地绝缘要求的轴承，绝缘电阻应符合 GB/T 8564 规定的要求。

三、冲击式水轮机安装工程

（一）引水管路安装质量控制

（1）每台水轮机的引水管路安装宜划分为一个单元工程。

表 8-18　转动部件安装质量标准

项次		检验项目	质量标准		检验方法	检验数量
			合格	优良		
主控项目	1	转轮耐压及动作试验	符合表 8-7 的要求		测定加压及未加压时的漏油量	1 次
	2	转轮允许每小时漏油量（mL/h）	符合设计要求		塞尺	对称均布 4～8 个点

续表 8-18

项次		检验项目		质量标准		检验方法	检验数量
				合格	优良		
一般项目	1	转轮与主轴法兰组合缝面间隙		无间隙,用 0.03 mm 塞尺不能塞入	无间隙,用 0.02 mm 塞尺不能塞入	塞尺	全部
	2	操作油管摆度值(mm)	固定瓦	≤0.15	<0.10	盘车	周向 4 ~ 8 个点
			浮动瓦	≤0.20	<0.15		
	3	主轴平板密封间隙		±20% 设计间隙		塞尺	4 ~ 8 个点
	4	转轮与主轴联轴螺栓伸长值		符合设计要求		百分表或传感器	全部

注:表中数值为允许偏差值。

(2)引水管路安装验收评定时应提供的资料有清扫检验记录,焊缝质量检验记录,安装、调整实测记录,并由责任人签认。

(3)引水管路安装质量标准如表 8-19 所示。

表 8-19　引水管路安装质量标准

项次		检验项目	质量标准		检验方法	检验数量
			合格	优良		
主控项目	1	引水管进口中心与机组坐标线距离	不超过进口直径的 ±2‰	±2‰	拉钢琴线,用钢板尺	1 ~ 2 个点
	2	分流管叉管试验	焊缝无渗漏、法兰无变形		水压	1 次
一般项目	1	分流管法兰高程及垂直度	符合设计要求		水准仪、钢板尺、方型水平仪	2 ~ 4 个点

注:表中数值为允许偏差值。

(二)机壳安装质量控制

(1)每台水轮机的机壳安装宜划分为一个单元工程。

(2)机壳安装验收评定时应提供的资料有清扫检验记录,焊缝质量检验记录,安装、调整实测记录,并由责任人签认。

(3)机壳安装质量标准如表 8-20 所示。

(三)喷嘴与接力器安装质量控制

(1)每台水轮机的喷嘴与接力器安装宜划分为一个单元工程。

(2)喷嘴与接力器安装验收评定时应提供的资料有清扫检验记录,安装、调整及实测记录,并由责任人签认。

(3)喷嘴与接力器安装质量标准如表 8-21 所示。

表 8-20　机壳安装质量标准

项次		检验项目	质量标准		检验方法	检验数量
			合格	优良		
主控项目	1	卧式上法兰面水平度(mm/m)	≤0.04	≤0.03	方型水平仪	交叉方向2个点
	2	卧式双轮机壳中心距(mm)	0～+1.0	0～+0.8	钢卷尺	—
	3	立式机组各喷嘴法兰垂直度(mm/m)	≤0.30	≤0.20	方型水平仪	交叉方向2个点
一般项目	1	机壳组合缝	符合 GB/T 8564 的要求		塞尺	全部
	2	机壳组合缝安装面错牙(mm)	≤0.10	≤0.08		
	3	机壳中心位置(mm)	≤1.0	≤0.8	拉钢琴线,用钢板尺	1～2个点
	4	机壳中心高程(mm)	±2.0	±1.5	水准仪、钢板尺	
	5	卧式双轮机壳高差(mm)	≤1.0	≤0.8	水准仪	
	6	立式机组各喷嘴法兰高差(mm)	≤1.0	≤0.8		各1个点

注:表中数值为允许偏差值。

表 8-21　喷嘴与接力器安装质量标准

项次		检验项目	质量标准		检验方法	检验数量
			合格	优良		
主控项目	1	喷嘴及接力器组装后动作试验	符合 GB/T 8564 要求		在接力器处于关闭侧用塞尺检查喷针与喷嘴口无间隙	全部
	2	喷嘴中心与转轮节圆径向偏差	不超过±0.20% d_1	不超过±0.15% d_1	专用工具	1～2个点
	3	喷嘴及接力器严密性耐压试验	符合设计标准		水压或油压	1次
	4	喷嘴中心与水斗分水刃轴向偏差	不超过±0.50% W	不超过±0.35% W	专用工具	2～4个点均布
一般项目	1	折向器中心与喷嘴中心距	≤4.0	≤3.0	用专用工具检查	1～2个点
	2	缓冲器弹簧压缩长度与设计值偏差	±1.0	±0.8	在压力机上检查	1次
	3	各喷嘴的喷针行程的不同步偏差	≤2%设计值	<2%设计值	录制关系曲线检查	
	4	反向制动喷嘴中心线轴向、径向偏差	±5	±4	用专用工具检查	1～2个点

注:1. d_1 为转轮节圆直径,mm;W 为水斗内侧最大宽度,mm。

2. 表中数值为允许偏差值,mm。

(四)转动部件安装质量控制

(1)每台水轮机的转动部件安装划分为一个单元工程。

(2)在单元工程验收时应提供各项目调整检测记录(包括各部分间隙、摆度、垂直度的记录表格等),并由责任人签认。

(3)转动部件安装质量标准如表 8-22 所示。

表 8-22　转动部件安装质量标准

<table>
<tr><th colspan="2" rowspan="2">项次</th><th colspan="2" rowspan="2">检验项目</th><th colspan="2">质量标准</th><th rowspan="2">检验方法</th><th rowspan="2">检验数量</th></tr>
<tr><th>合格</th><th>优良</th></tr>
<tr><td rowspan="2">主控项目</td><td>1</td><td colspan="2">主轴水平度或垂直度(mm/m)</td><td>≤0.02</td><td><0.02</td><td>方型水平仪</td><td>对称 2 ~ 4 个点</td></tr>
<tr><td>2</td><td colspan="2">主轴密封间隙偏差</td><td>不大于平均间隙的 ±20%</td><td>不大于平均间隙的 ±15%</td><td>塞尺或百分表</td><td>4 ~ 6 个点</td></tr>
<tr><td rowspan="9">一般项目</td><td>1</td><td colspan="2">转轮端面跳动量(mm/m)</td><td>不超过 0.05</td><td>≤0.04</td><td>盘车用百分表</td><td>4 ~ 8 个点</td></tr>
<tr><td>2</td><td colspan="2">转轮与挡水板间隙</td><td colspan="2">应符合设计要求</td><td>塞尺</td><td>周向 4 ~ 8 个点</td></tr>
<tr><td>3</td><td colspan="2">水斗分水刃旋转平面与喷管的法兰中心偏差</td><td>±0.50% W</td><td>±0.35% W</td><td>专用工具</td><td>4 ~ 8 个点</td></tr>
<tr><td rowspan="4">4</td><td rowspan="4">立式轴承装配</td><td>轴承法兰高程偏差(mm)</td><td>±2.0</td><td>±1.5</td><td>水平仪、钢板尺</td><td>1 ~ 2 个点</td></tr>
<tr><td>轴承法兰水平(mm/m)</td><td>≤0.04</td><td><0.04</td><td>方型水平仪</td><td>对称 2 ~ 4 个点</td></tr>
<tr><td>油箱渗油试验</td><td colspan="2" rowspan="4">符合 GB/T 8564 的要求</td><td>煤油渗漏试验</td><td rowspan="2">1 次</td></tr>
<tr><td>冷却器耐压试验</td><td>水压试验</td></tr>
<tr><td rowspan="2">5</td><td rowspan="2">卧式轴承装配</td><td>轴瓦研刮</td><td>着色法</td><td rowspan="2">全部</td></tr>
<tr><td>轴瓦间隙</td><td>塞尺,压铅法</td></tr>
</table>

注:表中数值为允许偏差值;W 为水斗内侧最大宽度,mm。

(五)控制机构安装质量控制

(1)每台水轮机的控制机构安装划分为一个单元工程。

(2)单元安装验收评定时应提供的资料有清扫检验记录,安装、调整及实测记录等,并由责任人签认。

(3)控制机构安装质量标准如表 8-23 所示。

四、油压装置及调速器安装工程

(一)油压装置安装质量控制

(1)油压装置安装划分为一个单元工程。

表 8-23　控制机构安装质量标准

<table>
<tr><th colspan="2" rowspan="2">项次</th><th rowspan="2">检验项目</th><th colspan="2">质量标准</th><th rowspan="2">检验方法</th><th rowspan="2">检验数量</th></tr>
<tr><th>合格</th><th>优良</th></tr>
<tr><td>主控项目</td><td>1</td><td>折向器与喷针协联关系偏差</td><td>≤2% 设计值</td><td><2% 设计值</td><td>检查协联关系</td><td>1 次</td></tr>
<tr><td rowspan="5">一般项目</td><td>1</td><td>各元件水平度或垂直度(mm/m)</td><td>≤0.10</td><td>≤0.08</td><td>用方型水平仪检查</td><td rowspan="3">全部</td></tr>
<tr><td>2</td><td>各元件中心(mm)</td><td>≤2.0</td><td>≤1.5</td><td>拉线用钢板尺检查</td></tr>
<tr><td>3</td><td>各元件高程(mm)</td><td colspan="2">±1.5</td><td>用水准仪、钢板尺检查</td></tr>
<tr><td>4</td><td>折向器开口</td><td colspan="2">大于射流半径 3 mm 但不超过 6 mm</td><td>用钢板尺检查</td><td>1 ~ 2 次</td></tr>
<tr><td>5</td><td>各折向器同步偏差</td><td colspan="2">≤2% 设计值</td><td>钢板尺</td><td>全部</td></tr>
</table>

注:表中数值为允许偏差值。

(2)单元工程安装验收评定时应提供的资料有清扫检查记录,安装、调整及实测记录等,并由责任人签认。

(3)油压装置安装质量标准如表 8-24 所示。

表 8-24　油压装置安装质量标准

<table>
<tr><th colspan="2" rowspan="2">项次</th><th rowspan="2">检验项目</th><th colspan="2">质量标准</th><th rowspan="2">检验方法</th><th rowspan="2">检验数量</th></tr>
<tr><th>合格</th><th>优良</th></tr>
<tr><td rowspan="3">主控项目</td><td>1</td><td>压力罐、油管路及承压元件严密性试验</td><td colspan="2" rowspan="3">符合 GB/T 8564 的要求</td><td>油压试验</td><td>全部</td></tr>
<tr><td>2</td><td>油泵试运转</td><td>动作试验</td><td>1 ~ 2 次</td></tr>
<tr><td>3</td><td>油压装置工作严密性</td><td>记录油压下降值换算</td><td>1 次</td></tr>
<tr><td rowspan="3">一般项目</td><td>1</td><td>集油槽、压油罐的中心高程、水平度、垂直度</td><td>符合 GB/T 8564 的要求</td><td>合格标准偏差值的 70% 以下</td><td>钢卷尺、水准仪、钢板尺</td><td>全部</td></tr>
<tr><td>2</td><td>油泵及电动机弹性联轴节的偏心和倾斜值(mm)</td><td>≤0.08</td><td>≤0.05</td><td>专用工具或塞尺</td><td>对称 2 ~ 4 个点</td></tr>
<tr><td>3</td><td>油压装置压力整定值</td><td colspan="2">符合 GB/T 8564 的要求</td><td>标准压力表校验</td><td>全部</td></tr>
</table>

注:表中数值为允许偏差值。

(二)调速器(机械柜和电气柜)安装质量控制

(1)调速器(机械柜和电气柜)安装划分为一个单元工程。

(2)单元工程安装质量验收评定时应提供的资料有清扫检查记录,元部件的清洗、组装、调整及实测记录,并由责任人签认。

(3)调速器(机械柜和电气柜)安装质量标准如表 8-25 所示。

表 8-25 调速器(机械柜和电气柜)安装质量标准

项次		检验项目	质量标准		检验方法	检验数量
			合格	优良		
主控项目	1	柜内管路严密性检查	符合 GB/T 8564 的要求		油压试验	1 次
	2	电液转换器灵敏度	符合设计要求		录制特性曲线	
	3	齿盘测速装置	齿头摆度及其与测速装置探头间距符合设计要求		百分表和卡尺	2~4 个点
一般项目	1	机械、电气柜中心、高程、水平度、垂直度	符合 GB/T 8564 的要求	合格标准偏差值的 70% 以下	钢卷尺、水准仪、钢板尺和方型水平仪	全部
	2	各指示器及杠杆位置	≤1.0 mm		游标卡尺	
	3	导叶及轮叶接力器在中间位置时回复机构水平度或垂直度	≤1.0 mm/m		方型水平仪	
	4	电气回路绝缘检查	符合 GB 50150《电气装置安装工程 电气设备交接试验标准》的要求		兆欧表	
	5	稳压电源输出电压	±1% 设计值		电压表	
	6	电气调节器死区、放大系数及线性度	符合设计要求和 GB/T 8564 的要求		录制关系曲线	1~2 次

注:表中数值为允许偏差值。

(三)调速系统静态调整试验质量控制

(1)调速系统静态调整试验划分为一个单元工程。

(2)单元安装验收评定时应提供设备全面检查调试记录,并由责任人签认。

(3)调速系统静态调整试验质量标准如表 8-26 所示。

表 8-26 调速系统静态调整试验质量标准

项次		检验项目	质量标准		检验方法	检验数量
			合格	优良		
主控项目	1	导叶及桨叶紧急关闭时间	±5% 设计值		动作试验检查	2 次
	2	事故配压阀关闭导叶时间	±5% 设计值			
	3	分段关闭时间	±5% 设计值			
	4	模拟手动、自动开停机及紧急停机	动作应正常,报警信号正确			1 次

续表 8-26

项次		检验项目	质量标准		检验方法	检验数量
			合格	优良		
一般项目	1	导叶及轮叶最低操作油压	≤16%额定油压		无水情况下动作试验检查	1次
	2	手动、自动及各种控制方式切换	符合 GB/T 8564 的要求		动作试验检查	各1次
	3	模拟调速系统的各种故障	保护装置应可靠动作，报警信号正确			
	4	模拟电源故障	导叶、轮叶接力器应保持在故障前的位置			大、中、小三种开度各1次

注：表中数值为允许偏差值。

第二节　发电机安装工程

一、立式水轮发电机安装工程

（一）上、下机架安装质量控制

（1）发电机的上、下机架安装宜划分为一个单元工程。

（2）上、下机架安装验收评定时应提供的资料有清扫检验记录，焊缝质量检验记录，安装、调整、测试记录等，并由责任人签认。

（3）上、下机架安装质量标准如表 8-27 所示。

表 8-27　上、下机架安装质量标准

项次		检验项目		质量标准		检验方法	检验数量
				合格	优良		
主控项目	1	机架现场焊缝		按 GB/T 3323《金属熔化焊焊接接头射线照相》和 GB/T 11345《焊缝无损检测 超声检测 技术、检测等级和评定》对焊缝进行检查		射线和超声波探伤	全部
	2	机架中心（mm）		≤1.0	≤0.8	挂钢琴线，用测杆	1～2个点
	3	机架水平度（mm/m）		≤0.10	<0.08	水平梁加方型水平仪或水准仪加钢板尺	x、y 向各1个点
	4	机架高程（mm）		±1.5	±1.0	水准仪、钢板尺	1～2个点
	5	推力轴承座水平度（mm/m）	支柱螺栓式	≤0.04	≤0.03	水平梁加方型水平仪	x、y 向各1个点
			无支柱螺钉支撑的弹性油箱和多弹簧式	≤0.02	≤0.015		

续表 8-27

项次		检验项目	质量标准		检验方法	检验数量
			合格	优良		
一般项目	1	各组合缝间隙	符合 GB/T 8564 的要求		塞尺	全部
	2	分瓣式推力轴承支座安装面平面度(mm)	≤0.20	≤0.15	钢板尺加塞尺	4～8 个点
	3	推力轴承座中心(mm)	≤1.5	≤1.0	挂钢琴线,用测杆	2～4 个点

注:表中数值为允许偏差值。

(二)定子安装质量控制

(1)每台发电机的定子安装划分为一个单元工程。

(2)定子安装验收评定时应提供的资料有:清扫检验记录,焊缝质量检验记录,安装、调整、测试记录等,并由责任人签认。

(3)定子安装质量标准如表 8-28 所示。

表 8-28　定子安装质量标准

项次		检验项目	质量标准		检验方法	检验数量
			合格	优良		
主控项目	1	分瓣组装定子铁芯合缝间隙	无间隙,线槽底部径向错牙不大于 0.30 mm		塞尺及钢板尺	全部
	2	定子圆度(各半径与平均半径之差)	±4.5%设计空气间隙	±3.5%设计空气间隙	测圆架或测杆	不少于 12 个点
	3	定位筋内圆半径与设计值偏差	不大于空气间隙 ±2%,最大不超过 ±0.50 mm	设计空气间隙 -1%～2%,最大不超过 ±0.40 mm	测圆架	8～16 个点
	4	铁芯压紧度	符合设计要求		钢尺测量	不少于 8 个点
	5	定子线圈接头焊接	符合 GB/T 8564 的要求	返修率不大于 5%	目测	全部
一般项目	1	分瓣定子机座组合缝间隙	用 0.05 mm 塞尺,在螺钉及定位销周围不能通过	用 0.04 mm 塞尺,在螺钉及定位销周围不能通过	塞尺	全部
	2	机座与基础板组合缝	符合 GB/T 8564 的要求			
	3	定位筋同一高度的弦长与平均值偏差	不大于平均值 ±0.25,积累值不超过 0.40 mm	不大于平均值 ±0.20,积累值不超过 0.35 mm	专用工具	

续表 8-28

项次		检验项目	质量标准		检验方法	检验数量
			合格	优良		
一般项目	4	铁芯高度	符合 GB/T 8564 的要求		钢卷尺	不少于 8 个点
	5	铁芯波浪度	符合 GB/T 8564 的要求		水准仪	
	6	定子机座焊接	符合设计要求	返修率不大于 15%	无损探伤	检查报告
	7	线圈槽楔紧度	空隙长度不大于 1/3 槽楔长度	在合格基础上有 50% 空隙长度不大于 1/5 槽楔长度	—	抽查 10%
	8	汇流母线焊接	符合 GB/T 8564 的要求	无返修	目测	全部

注:表中数值为允许偏差值。

(三)转子安装质量控制

(1)每台发电机的转子安装划分为一个单元工程。

(2)转子安装验收评定时应提供的资料有清扫检验记录,焊缝质量检验记录,安装、调整、测试记录等,并由责任人签认。

(3)转子装配质量标准如表 8-29 所示。

(4)转动部件安装质量标准如表 8-30 所示。

表 8-29　转子装配质量标准　　(单位:mm)

<table>
<tr><td colspan="2" rowspan="2">项次</td><td rowspan="2">检验项目</td><td colspan="8">质量标准</td><td rowspan="2">检验方法</td><td rowspan="2">检验数量</td></tr>
<tr><td colspan="4">合格</td><td colspan="4">优良</td></tr>
<tr><td rowspan="8">主控项目</td><td rowspan="4">1</td><td rowspan="4">转子整体偏心</td><td colspan="4">转速 n(r/min)</td><td colspan="4">转速 n(r/min)</td><td rowspan="4">由所测算圆度计算</td><td rowspan="6">全部</td></tr>
<tr><td>$n<100$</td><td>$100\leq n<200$</td><td>$200\leq n<300$</td><td>$n\geq 300$</td><td>$n<100$</td><td>$100\leq n<200$</td><td>$200\leq n<300$</td><td>$n\geq 300$</td></tr>
<tr><td>≤0.5</td><td>≤0.4</td><td>≤0.3</td><td>≤0.15</td><td><0.5</td><td><0.4</td><td><0.3</td><td><0.15</td></tr>
<tr><td colspan="4">但不大于设计空气间隙的 1.5%</td><td colspan="4">但不大于设计空气间隙的 1.1%</td></tr>
<tr><td>2</td><td>磁轭圆度(半径与设计半径之差)</td><td colspan="4">±3.5% 设计空气间隙</td><td colspan="4">±3.0% 设计空气间隙</td><td rowspan="2">测圆架</td></tr>
<tr><td>3</td><td>转子圆度(半径与设计半径之差)</td><td colspan="4">±4.0% 设计空气间隙</td><td colspan="4">±3.5% 设计空气间隙</td></tr>
<tr><td>4</td><td>圆盘支架焊接</td><td colspan="8" rowspan="2">符合设计要求</td><td>无损探伤</td><td>出具报告</td></tr>
<tr><td>5</td><td>磁轭压紧度</td><td>—</td><td>不少于 8 个点</td></tr>
</table>

续表 8-29

<table>
<tr><th colspan="2" rowspan="2">项次</th><th rowspan="2">检验项目</th><th colspan="12">质量标准</th><th rowspan="2">检验方法</th><th rowspan="2">检验数量</th></tr>
<tr><th colspan="6">合格</th><th colspan="6">优良</th></tr>
<tr><td rowspan="13">一般项目</td><td>1</td><td>各组合缝间隙</td><td colspan="12">符合 GB/T 8564 的要求</td><td>塞尺</td><td rowspan="5">全部</td></tr>
<tr><td rowspan="2">2</td><td rowspan="2">轮臂下端各挂钩高程</td><td colspan="3">外直径
小于 8 m</td><td colspan="3">外直径
不小于 8 m</td><td colspan="3">外直径
小于 8 m</td><td colspan="3">外直径
不小于 8 m</td><td rowspan="2">水准仪、
钢板尺</td></tr>
<tr><td colspan="3">≤1.0</td><td colspan="3">≤1.5</td><td colspan="3">≤1.0</td><td colspan="3">≤1.5</td></tr>
<tr><td>3</td><td>轮臂各键槽弦长</td><td colspan="12">符合设计要求</td><td>钢卷尺</td></tr>
<tr><td>4</td><td>轮臂键槽径向和
切向倾斜度</td><td colspan="6">≤0.25 mm/m，
最大不超过 0.5</td><td colspan="6">≤0.20 mm/m，
最大不超过 0.4</td><td>挂钢琴线，
用千分尺</td></tr>
<tr><td>5</td><td>制动闸板径向水平度</td><td colspan="6">≤0.50</td><td colspan="6"><0.50</td><td>方型
水平仪</td><td>4～8
个点</td></tr>
<tr><td>6</td><td>制动闸板周向波浪度</td><td colspan="12">整个圆周不大于 2.0</td><td>水准仪、
钢板尺</td><td>8～12
个点</td></tr>
<tr><td>7</td><td>磁轭键安装</td><td colspan="12">符合设计要求</td><td>—</td><td>全部</td></tr>
<tr><td>8</td><td>磁轭压紧后周向
高度差</td><td colspan="12">符合 GB/T 8564 的要求</td><td rowspan="2">钢卷尺</td><td>沿周向
8～12 个
截面
测量</td></tr>
<tr><td>9</td><td>磁轭在同一截面
内外高度差</td><td colspan="6">≤5.0</td><td colspan="6">≤4.0</td><td>—</td></tr>
<tr><td rowspan="3">10</td><td rowspan="3">磁极挂装中心高程</td><td colspan="6">磁极铁芯长度</td><td colspan="6">磁极铁芯长度</td><td rowspan="3">水准仪、
钢板尺</td><td rowspan="3">8～12
个点</td></tr>
<tr><td colspan="2">≤1.5 m</td><td colspan="2">1.5～
2.0 m</td><td colspan="2">>2.0 m</td><td colspan="2">≤1.5 m</td><td colspan="2">1.5～
2.0 m</td><td colspan="2">>2.0 m</td></tr>
<tr><td colspan="2">±1.0</td><td colspan="2">±1.5</td><td colspan="2">±2.0</td><td colspan="2">±1.0</td><td colspan="2">±1.5</td><td colspan="2">±2.0</td></tr>
</table>

注：表中数值为允许偏差值。

表 8-30　转动部件安装质量标准

<table>
<tr><th colspan="2" rowspan="2">项次</th><th rowspan="2">检验项目</th><th colspan="2">质量标准</th><th rowspan="2">检验方法</th><th rowspan="2">检验数量</th></tr>
<tr><th>合格</th><th>优良</th></tr>
<tr><td>主控项目</td><td>1</td><td>镜板水平度</td><td>≤0.02 mm/m</td><td><0.02 mm/m</td><td>方型水平仪</td><td>4～6 个点</td></tr>
<tr><td rowspan="5">一般项目</td><td>1</td><td>热套推力头卡环
轴向间隙</td><td colspan="2">用 0.02 mm 塞尺检查，塞不进</td><td rowspan="2">塞尺</td><td rowspan="2">4～8 个点</td></tr>
<tr><td>2</td><td>螺栓连接推力头
连接面间隙</td><td colspan="2">用 0.03 mm 塞尺检查，塞不进</td></tr>
<tr><td>3</td><td>转子中心体与主轴
联轴螺栓伸长值</td><td rowspan="2">设计值的 ±10%</td><td rowspan="2">设计值的 ±6%</td><td rowspan="2">百分表</td><td rowspan="2">全部</td></tr>
<tr><td>4</td><td>转子中心体与上端轴
联轴螺栓伸长值</td></tr>
<tr><td>5</td><td>定、转子之间
相对高差</td><td>不超过定子铁芯有效长度的 ±0.15%，但最大不超过 ±4.0 mm</td><td>不超过定子铁芯有效长度的 ±0.12%，但最大不超过 ±3.5 mm</td><td>水准仪、
钢板尺</td><td>4～8 个点</td></tr>
</table>

注：表中数值为允许偏差值。

(四)制动器安装质量控制

(1)每台发电机的制动器安装划分为一个单元工程。

(2)单元工程验收评定时应提供清扫检查记录、安装检验记录和调整试验记录。

(3)制动器安装质量标准如表 8-31 所示。

表 8-31　制动器安装质量标准

项次		检验项目	质量要求		检验方法	检验数量
			合格	优良		
主控项目	1	制动器顶面高程差	±1.0 mm		水准仪、钢尺	全部
	2	制动器与制动闸板间隙差	±20% 设计间隙	±15% 设计间隙	钢尺、塞尺	每个制动器 1 次
一般项目	1	制动器动作试验	动作灵活,正确复位		通压缩空气试验	全部
	2	制动器严密性试验	符合制造厂要求		油压试验	
	3	制动管路试验	符合设计要求		油压试验	1 次

注:表中数值为允许偏差值。

(五)推力轴承和导轴承安装质量控制

(1)每台发电机的推力轴承和导轴承安装划分为一个单元工程。

(2)对油槽、冷却器、推力轴承的高压油顶起系统的主要部件,在安装前应按设计要求进行渗漏、耐压和动作试验检查,并做出记录。

(3)进行单元工程安装质量验收评定时应提供各项安装检验记录和试验记录。

(4)轴承安装质量标准如表 8-32 所示。

(5)轴承的绝缘电阻应符合 GB/T 8564 规定的要求。

(六)机组轴线调整质量控制

(1)每台水轮发电机组的轴线调整划分为一个单元工程。

(2)进行单元工程安装验收评定时应提供调整检查记录。

(3)机组轴线调整质量标准如表 8-33 所示。其中,水轮机导轴承处的绝对摆度在任何情况下,不应超过以下值:

①转速在 250 r/min 以下的机组为 0.35 mm。

②转速在 250 ~ 600 r/min 的机组为 0.25 mm。

③转速在 600 r/min 及以上的机组为 0.2 mm。

表 8-32　轴承安装质量标准

项次		检验项目	质量标准		检验方法	检验数量
			合格	优良		
主控项目	1	高压油顶起装置单向阀试验	无渗漏		反向加压在 50%、75%、1.0 倍、1.25 倍工作压力下各停留 10 min	全部
	2	推力瓦受力调整	符合设计要求	小于允许偏差值的 90%	百分表	

续表 8-32

项次		检验项目	质量标准		检验方法	检验数量
			合格	优良		
一般项目	1	推力轴瓦研刮	符合 GB/T 8564 的要求		瓦与镜板研磨	全部
	2	导轴瓦研刮	符合 GB/T 8564 的要求		着色法	
	3	轴承油槽渗漏试验	无渗漏		用煤油检查 4 h	1 次
	4	油槽冷却器耐压试验	无异常		1.25 倍工作压力水压试验 30 min	
	5	无调节结构推力瓦块间高差	符合设计要求	小于允许偏差值的 80%	百分表	全部
	6	轴承油质	符合 GB 11120《涡轮机油》的规定		油化验单	每批抽检
	7	分块导轴瓦间隙调整	≤0.02 mm	<0.02 mm	百分表	全部
	8	挡油圈与机组同心度	中心偏差不大于 1 mm，同时满足挡油圈与轴头径向距离偏差不超过平均间隙的 ±10%		塞尺或百分表、钢尺	4～8 个点

注：表中数值为允许偏差值。

表 8-33　机组轴线调整质量标准

项次		检验项目		质量标准						检验方法	检验数量
				合格					优良		
				转速 n(r/min)							
			测量部位	$n<150$	$150\le n<300$	$300\le n<500$	$500\le n<700$	$n\ge700$			
主控项目	1	刚性盘车各部摆度	发电机轴上下导及法兰（相对摆度，mm/m）	0.03	0.03	0.02	0.02	0.02	小于合格数据 10%	百分表	4～8 个点
			水轮机轴导、轴承、轴颈（相对摆度，mm/m）	0.05	0.05	0.04	0.03	0.02			
			发电机集电环（绝对摆度，mm）	0.50	0.40	0.30	0.20	0.10			
	2	弹性盘车轴向摆度	镜板边缘跳动（mm）	镜板直径					小于合格数据 10%		
				<2 000	2 000～3 500	>3 500					
				0.10	0.15	0.20					

续表 8-33

<table>
<tr><th colspan="2" rowspan="2">项次</th><th rowspan="2">检验项目</th><th colspan="2">质量要求</th><th rowspan="2">检验方法</th><th rowspan="2">检验数量</th></tr>
<tr><th>合格</th><th>优良</th></tr>
<tr><td rowspan="2">一般项目</td><td>1</td><td>多段轴轴线折弯(mm/m)</td><td>≤0.40</td><td><0.03</td><td>盘车记录分析计算或吊钢琴线</td><td>分段各1处</td></tr>
<tr><td>2</td><td>定、转子之间空气间隙</td><td>±8%平均间隙</td><td>±7%平均间隙</td><td>塞尺</td><td>8～12个点</td></tr>
</table>

注:表中数值为允许偏差值。

二、卧式水轮发电机安装工程

(一)定子和转子安装质量控制

(1)每台卧式水轮发电机的定子与转子安装划分为一个单元工程。

(2)定子与转子安装质量验收评定时应提供的资料有清扫检验记录,安装、调整、测试记录,并由责任人签认。

(3)定子与转子安装质量标准如表 8-34 所示。

(4)定子和转子相关电气试验应符合 GB/T 8564 规定的要求。

表 8-34　定子与转子安装质量标准

<table>
<tr><th colspan="2" rowspan="2">项次</th><th colspan="2" rowspan="2">检验项目</th><th colspan="2">质量标准</th><th rowspan="2">检验方法</th><th rowspan="2">检验数量</th></tr>
<tr><th>合格</th><th>优良</th></tr>
<tr><td rowspan="5">主控项目</td><td>1</td><td colspan="2">空气间隙</td><td>±8%平均间隙</td><td>±7%平均间隙</td><td>塞尺</td><td rowspan="5">4～8个点</td></tr>
<tr><td rowspan="4">2</td><td rowspan="4">主轴连接后各部摆度</td><td>各轴颈处</td><td>0.03</td><td>0.02</td><td rowspan="4">百分表</td></tr>
<tr><td>推力盘端面跳动</td><td colspan="2">0.02</td></tr>
<tr><td>联轴法兰处</td><td>0.10</td><td>0.08</td></tr>
<tr><td>滑环整流子处</td><td>0.20</td><td>0.15</td></tr>
<tr><td rowspan="5">一般项目</td><td>1</td><td colspan="2">定子与转子轴向中心</td><td colspan="2">符合制造厂规定</td><td>钢卷尺</td><td>4～8个点</td></tr>
<tr><td>2</td><td colspan="2">推力轴承轴向间隙(主轴窜动量)</td><td colspan="2">0.3～0.6</td><td rowspan="3">塞尺</td><td rowspan="2">2～4个点</td></tr>
<tr><td>3</td><td colspan="2">密封环与转轴间隙</td><td colspan="2">符合设计要求</td></tr>
<tr><td>4</td><td colspan="2">风扇叶片与导风装置平均间隙</td><td>±20%平均间隙</td><td>±15%平均间隙</td><td rowspan="2">4～8个点</td></tr>
<tr><td>5</td><td colspan="2">风扇叶片与导风装置轴向间隙</td><td colspan="2">符合设计要求,或不小于5.0</td><td>钢板尺</td></tr>
</table>

注:表中数值为允许偏差值,mm。

(二)轴承安装质量控制

(1)卧式水轮发电机的轴承安装划分为一个单元工程。

(2)对油槽、冷却器、高压油顶起系统的主要部件,在安装前应按设计要求进行渗漏、耐压和动作试验检查,并做出记录。

(3)单元工程验收评定时应出具各项调整、安装、测试记录等。

(4)轴承安装质量标准如表8-35所示。对于轴瓦与轴承外壳配合项目,上瓦与轴承盖应无间隙,并有0.05 mm紧量;表内是指下瓦与轴承座承力面的配合要求;有绝缘要求的轴承座对地绝缘应符合GB/T 8564规定的要求。

表8-35　轴承安装质量标准

<table>
<tr><th colspan="2" rowspan="2">项次</th><th colspan="2" rowspan="2">检验项目</th><th colspan="2">质量要求</th><th rowspan="2">检验方法</th><th rowspan="2">检验数量</th></tr>
<tr><th>合格</th><th>优良</th></tr>
<tr><td rowspan="5">主控项目</td><td rowspan="2">1</td><td rowspan="2">轴瓦与轴颈间隙</td><td>顶部</td><td colspan="2">符合设计要求</td><td rowspan="2">压铅法或塞尺</td><td rowspan="2">4~6个点</td></tr>
<tr><td>两侧</td><td colspan="2">顶部间隙的一半,两侧间隙差不应超过间隙值的10%</td></tr>
<tr><td>2</td><td colspan="2">推力轴瓦接触面积</td><td>≥75%总面积</td><td>≥80%总面积</td><td rowspan="2">轴瓦与轴颈研磨</td><td rowspan="2">1次</td></tr>
<tr><td>3</td><td colspan="2">轴瓦与推力轴瓦接触点</td><td colspan="2">1~3个点/cm²</td></tr>
<tr><td>4</td><td colspan="2">轴承座中心(mm)</td><td>0.10</td><td>0.08</td><td>挂钢琴线,用内径千分尺</td><td>1~2个点</td></tr>
<tr><td rowspan="7">一般项目</td><td rowspan="2">1</td><td rowspan="2">轴瓦与轴承外壳配合</td><td>圆柱面配合</td><td>≥60%</td><td>≥70%</td><td rowspan="2">着色法</td><td rowspan="2">全部</td></tr>
<tr><td>球面配合</td><td>≥75%</td><td>≥80%</td></tr>
<tr><td>2</td><td colspan="2">轴瓦与下部轴颈接触角</td><td colspan="2">符合设计要求,但不超过60°</td><td>轴瓦与轴颈研磨</td><td>1次</td></tr>
<tr><td>3</td><td colspan="2">轴承座油室渗漏试验</td><td colspan="2">无异常</td><td>煤油试验4 h</td><td>1次</td></tr>
<tr><td>4</td><td colspan="2">轴承座横向水平度(mm/m)</td><td>≤0.20</td><td>≤0.15</td><td rowspan="2">方型水平仪</td><td rowspan="2">2~4个点</td></tr>
<tr><td>5</td><td colspan="2">轴承座轴向水平度(mm/m)</td><td>≤0.10</td><td>≤0.08</td></tr>
<tr><td>6</td><td colspan="2">轴承座与基础板组合缝</td><td colspan="2">符合GB/T 8564的要求</td><td>塞尺检查</td><td>全部</td></tr>
</table>

注:表中数值为允许偏差值。

三、灯泡式水轮发电机安装工程

(一)主要部件安装质量控制

(1)灯泡式水轮发电机的主要部件安装划分为一个单元工程。

(2)发电机主要部件安装质量验收评定时应提供的资料有清扫检验记录,焊缝质量检验记录,安装、调整、测试记录等,并应由责任人签认。

(3)灯泡式水轮发电机主要部件安装质量标准如表8-36所示。

(二)总体安装质量控制

(1)灯泡式水轮发电机的总体安装划分为一个单元工程。

(2)整体或现场组装的灯泡式水轮发电机,应按GB/T 8564的规定进行电气试验,并符合要求。

(3)总体安装验收评定时应提供安装质量项目的安装调整记录和试验记录,并由责任人签认。

(4)总体安装质量标准如表8-37所示。

表 8-36　灯泡式水轮发电机主要部件安装质量标准

<table>
<tr><th colspan="2" rowspan="2">项次</th><th colspan="2" rowspan="2">检验项目</th><th colspan="2">质量标准</th><th rowspan="2">检验方法</th><th rowspan="2">检验数量</th></tr>
<tr><th>合格</th><th>优良</th></tr>
<tr><td rowspan="4">主控项目</td><td>1</td><td colspan="2">定子机座组合缝间隙</td><td colspan="2">螺栓及定位销周围
0.05 mm 塞尺不能通过</td><td>塞尺</td><td>全部</td></tr>
<tr><td>2</td><td colspan="2">定子铁芯圆度</td><td>±4.0%空气间隙</td><td>±3.0%空气间隙</td><td>挂钢琴线，用测杆</td><td>不少于12个测点</td></tr>
<tr><td>3</td><td colspan="2">机壳、顶罩焊缝</td><td colspan="2">符合 GB/T 11345 Ⅱ级焊缝要求</td><td>超声波探伤仪</td><td>全部</td></tr>
<tr><td>4</td><td colspan="2">轴承支架中心</td><td>≤0.05</td><td>≤0.04</td><td>挂钢琴线，用钢板尺</td><td>1～2个点</td></tr>
<tr><td rowspan="6">一般项目</td><td>1</td><td colspan="2">定子铁芯组合缝间隙</td><td colspan="2">加垫后应无间隙，铁芯线槽底部径向错牙不大于0.3</td><td>塞尺</td><td>全部</td></tr>
<tr><td>2</td><td colspan="2">转子组装</td><td colspan="2">与立式机组要求相同</td><td>—</td><td>—</td></tr>
<tr><td rowspan="2">3</td><td rowspan="2">定子下游侧与管形座把合孔分布圆与定子铁芯的同心度</td><td>无倾斜和偏心结构</td><td colspan="2">中心偏差不大于1</td><td rowspan="3">挂钢琴线，用钢卷尺</td><td rowspan="3">4～8个点</td></tr>
<tr><td>有倾斜和偏心结构</td><td colspan="2">偏心及倾斜角符合图纸要求</td></tr>
<tr><td>4</td><td colspan="2">机壳、顶罩各法兰圆度</td><td colspan="2">±0.1%设计直径且最大不超过5.0</td></tr>
<tr><td>5</td><td colspan="2">顶罩各组合缝间隙</td><td colspan="2">符合 GB/T 8564 要求</td><td>塞尺</td><td>全部</td></tr>
</table>

注：表中数值为允许偏差值，mm。

表 8-37　总体安装质量标准

<table>
<tr><th colspan="2" rowspan="2">项次</th><th colspan="2" rowspan="2">检验项目</th><th colspan="2">质量标准</th><th rowspan="2">检验方法</th><th rowspan="2">检验数量</th></tr>
<tr><th>合格</th><th>优良</th></tr>
<tr><td rowspan="6">主控项目</td><td>1</td><td colspan="2">空气间隙</td><td>±8%平均间隙</td><td>±7%平均间隙</td><td rowspan="2">塞尺</td><td>6～8个点</td></tr>
<tr><td>2</td><td colspan="2">正反向推力轴瓦总间隙</td><td>0.1</td><td>0.08</td><td rowspan="5">4～6个点</td></tr>
<tr><td rowspan="4">3</td><td rowspan="4">主轴与转子连接后，盘车检查各部摆度</td><td>各轴颈处</td><td>≤0.03</td><td><0.03</td><td rowspan="4">百分表</td></tr>
<tr><td>镜板端面跳动</td><td>≤0.05</td><td>≤0.03</td></tr>
<tr><td>联轴法兰处</td><td>≤0.10</td><td>≤0.08</td></tr>
<tr><td>滑环处</td><td>≤0.20</td><td>≤0.15</td></tr>
</table>

续表 8-37

项次		检验项目	质量标准		检验方法	检验数量
			合格	优良		
一般项目	1	挡风板与转子径向、轴向间隙	0 ~ +20%设计值	0 ~ +15%设计值	钢板尺	4 ~6 个点
	2	机组整体严密性试验	无渗漏现象		—	全部
	3	组合轴承端面密封间隙	符合设计要求		塞尺	
	4	联轴螺栓预紧力	±10%设计值	±6%设计值	扭力扳手或百分表测伸长值	
	5	定子、转子轴向磁力中心	符合 GB/T 8564 的规定		—	—

注：表中数值为允许偏差值，mm。

第三节　主阀、机组管路、励磁装置安装工程

一、主阀安装工程

（一）蝴蝶阀安装工程

（1）每台蝴蝶阀的安装划分为一个单元工程。

（2）单元工程安装质量验收评定时应提供蝴蝶阀安装、调整和试验记录等，并由责任人签认。

（3）蝴蝶阀安装质量标准如表 8-38 所示。

表 8-38　蝴蝶阀安装质量标准

项次		检验项目			质量标准		检验方法	检验数量
					合格	优良		
主控项目	1	阀体水平度及垂直度			直径大于 4 m 的不大于 0.5 mm/m，其他不大于 1 mm/m	直径大于 4 m 的不大于 0.4 mm/m，其他不大于 0.8 mm/m	方型水平仪	对侧各 1 处
	2	活门关闭状态密封检查	实心橡胶密封、金属硬密封或橡胶密封		无间隙		塞尺	周向 6 ~ 12 个点
			橡胶密封	未充气	±20% 设计值	±15% 设计值		
				充气后	无间隙			
	3	关闭严密性试验			漏水量不超过设计允许值	漏水量不超过设计允许值的 80%	上游充水压，保持 30 min，测量漏水量，并折算至设计水头	1 次

续表 8-38

项次		检验项目	质量标准		检验方法	检验数量
			合格	优良		
一般项目	1	活门全开位置	不超过 ±1°		按制造厂规定	1 次
	2	阀体水流方向中心线	≤3	≤2	钢卷尺	1～2 个点
	3	阀体上下游位置	≤10	≤8		
	4	锁锭动作试验	包括行程开关接点应动作灵活、位置正确		现场用液压或手动操作	正、反向各 1 处

注:表中数值为允许偏差值,mm。

(二)球阀安装工程

(1)每台球阀的安装划分为一个单元工程。

(2)单元工程安装质量验收评定时,应提供球阀安装、调整和试验记录等,并由责任人签认。

(3)球阀安装质量标准如表 8-39 所示。

表 8-39　球阀安装质量标准

项次		检验项目	质量标准		检验方法	检验数量
			合格	优良		
主控项目	1	阀体水平度及垂直度	直径大于 4 m 的不大于 0.5 mm/m,其他不大于 1 mm/m	直径大于 4 m 的不大于 0.4 mm/m,其他不大于 0.8 mm/m	方型水平仪	对侧各 1 处
	2	关闭严密性试验	漏水量不超过设计允许值	漏水量不超过设计允许值的 80%	上游充水压,保持 30 min,测量漏水量,并折算至设计水头	1 次
一般项目	1	阀体水流方向中心线	≤3	≤2	钢卷尺	1～2 个点
	2	阀体上下游位置	≤10	≤8		
	3	工作密封和检修密封与止水面间隙	用 0.05 mm 塞尺检查不能通过		塞尺	周向 4～8 个点
	4	密封环行程	符合设计要求		钢板尺	周向 4～6 个点
	5	活门转动检查	转动灵活,与固定部件的间隙不小于 2			4～8 个点

注:表中数值为允许偏差值,mm。

(三)筒形阀安装工程

(1)每个筒形阀的安装项目划分为一个单元工程。

(2)筒形阀装于座环与活动导叶之间,正式安装前,筒形阀应参与导水机构的预装,并做好配合标记。

(3)单元工程验收评定时应提供各项检查、安装、调整和检验记录等,并应由责任人签认。

(4)筒形阀安装质量标准如表8-40所示。

表8-40　筒形阀安装质量标准

项次		检验项目	质量标准		检验方法	检验数量
			合格	优良		
主控项目	1	接力器同步性	符合设计要求		上、下操作	各1次
	2	密封压板平整度	过流面处不超过±1.0	过流面处不超过±0.8	钢板尺	每块压板
一般项目	1	阀体圆度	平均直径的±0.10%	平均直径的±0.08%	圆周等分实测8个断面以上,每个断面测上、下口,用测杆	2×8个点
	2	阀体与导轨间隙	不超过设计间隙±10%	不超过设计间隙±8%	上、中、下三处塞尺检查,实测4个对称断面	3×4个点
	3	阀体密封面严密度	硬密封局部不大于1.0,总长不超过密封面的5%,软密封无间隙	硬密封局部不大于0.8,总长不超过密封面的3%,软密封无间隙	塞尺和钢卷尺	8~12个点

注:表中数值为允许偏差值,mm。

(四)伸缩节安装工程

(1)伸缩节安装划分为一个单元工程。

(2)单元工程验收评定时应提供伸缩节安装、调整和检测记录等,并应由责任人签认。

(3)伸缩节安装质量标准如表8-41所示。

表8-41　伸缩节安装质量标准

项次		检验项目	质量标准		检验方法	检验数量
			合格	优良		
主控项目	1	接力器同步性	无滴漏		上、下操作	1次
一般项目	1	填料式伸缩节伸缩距离	符合设计要求		钢卷尺	4~6个点
	2	焊缝检查	符合设计要求		检查原始记录,或抽检	全部

(五)附件和操作机构安装工程

(1)主阀的附件和操作机构的安装划分为一个单元工程,附件和操作机构包括与蝴蝶阀、球阀配套的油压装置、旁通阀、空气阀、手动阀、接力器以及筒形阀的接力器同步装置等。

(2)单元工程安装质量验收评定时应提供安装、调整和试验记录等,并应由责任人签认。

(3)附件和操作机构安装质量标准如表 8-42 所示。

表 8-42　附件和操作机构安装质量标准

项次		检验项目	质量标准		检验方法	检验数量
			合格	优良		
主控项目	1	阀门开、关时间	符合设计要求		无水状态下用秒表计时	正、反各 1 次
	2	筒形阀操作检查	同步偏差符合要求		实测各接力器行程及油压	
一般项目	1	操作阀门接力器的位置、水平度、垂直度、高程	符合 GB/T 8564 要求	合格偏差值的 80%	钢卷尺、方型水平仪或水准仪	全部
	2	旁通阀、空气阀接力器严密性试验	符合 GB/T 8564 的要求		检查原始记录,或抽检	
	3	操作系统严密性试验	在 1.25 倍工作压力下 30 min 无渗漏		目测	

二、机组管路安装工程

(1)机组管路焊接和安装宜划分为一个单元工程。

(2)油管路不应采用焊制弯头,钢制油管道内壁应按设计要求进行酸洗、中和及钝化或按 GB/T 8564 的规定处理。

(3)无压排水、排油管路应按设计要求顺坡敷设。测压管路应尽量减少急弯,不应出现倒坡。

(4)单元工程安装质量验收评定时应提供安装、检验记录和焊缝的检验记录等,并应由责任人签认。

(5)机组管路安装质量标准如表 8-43 所示。

表 8-43　机组管路安装质量标准

项次		检验项目	质量标准		检验方法	检验数量
			合格	优良		
主控项目	1	工地加工管件强度耐压试验	无渗漏及裂纹等异常现象		1.5 倍额定工作压力水压试验,但不小于 0.4 MPa,保持 10 min。可检查记录	全部
	2	管路严密性耐压试验	无渗漏现象		1.25 倍实际工作压力保持 30 min	1 次

续表 8-43

项次		检验项目	质量标准		检验方法	检验数量
			合格	优良		
一般项目	1	管路过缝处理	符合设计要求		目测	全部
	2	明管位置和高程	≤10 mm	≤8 mm	钢尺	1/3 ~ 1/2
	3	明管水平偏差	不超过 0.15% 且不超过 20 mm	不超过 0.12% 且不超过 15 mm		
	4	明管垂直偏差	不超过 0.2% 且不超过 15 mm	不超过 0.15% 且不超过 12 mm		
	5	管路支架	牢固不晃动		目测	抽查 1/3
	6	通流试验	通畅，不堵塞		通入相应介质检查	全部
	7	油管路清洁度	符合设计要求		查清洗记录，对怀疑处抽检	—
	8	管路焊口错牙	不超过壁厚 20% 且不大于 2 mm	不超过壁厚 15% 且不大于 1.5 mm	钢板尺	全部
	9	焊缝检查	表面无裂纹、夹渣、气孔，咬边深度小于 0.5 mm，长度不超过 10% 焊缝长	无裂纹、夹渣、气孔和咬边等缺陷	目测	

注：表中数值为允许偏差值。

三、静止励磁装置及系统安装工程

（一）励磁装置及系统安装工程

（1）励磁装置及系统安装包括励磁变压器、励磁调节器、功率柜、灭磁开关柜、电制动装置（如果有）以及励磁电缆等，宜划分为一个单元工程。

（2）单元工程安装质量验收评定时应提供各项安装、调整、测试记录等，并应由责任人签认。

（3）励磁装置及系统安装质量标准如表 8-44 所示。

表 8-44　励磁装置及系统安装质量标准

项次		检验项目	质量标准		检验方法	检验数量
			合格	优良		
主控项目	1	励磁变压器器身水平度或垂直度(mm/m)	±2.0	±1.5	框形水平仪	交叉 2 ~ 4 个点
	2	隔离绝缘	符合设计要求		兆欧表	全部
	3	盘柜接缝(mm)	≤2.0	≤1.5	钢板尺	
	4	盘柜与屏蔽电缆接地	符合设计要求		检查	
一般项目	1	位置、高程(mm)	±5	±3	钢卷尺	全部
	2	电缆敷设	整齐美观，盘柜内不存在中间接头，编号正确、清晰		检查	

注：表中数值为允许偏差值。

（二）励磁系统试验

（1）励磁系统试验可按照 DL/T 489《大中型水轮发电机静止整流励磁系统试验规程》进行，其试验结果应满足 DL/T 489、DL/T 1166《大型发电机励磁系统现场试验导则》和 DL/T 583《大中型水轮发电机静止整流励磁系统技术条件》的要求。

（2）励磁系统试验标准如表 8-45 所示。

表 8-45　励磁系统试验标准

<table>
<tr><th>序号</th><th colspan="2">试验项目</th><th>试验标准</th><th>检查方法</th></tr>
<tr><td>1</td><td colspan="2">励磁变压器试验</td><td rowspan="5">符合 DL/T 489 的规定</td><td rowspan="14">检查试验记录</td></tr>
<tr><td>2</td><td colspan="2">磁场断路器及灭磁开关试验</td></tr>
<tr><td>3</td><td colspan="2">非线性电阻及过电压保护装置试验</td></tr>
<tr><td>4</td><td colspan="2">功率整流元件的测试</td></tr>
<tr><td>5</td><td colspan="2">自动励磁调节器试验</td></tr>
<tr><td rowspan="3">6</td><td rowspan="3">启励试验</td><td>零起升压试验</td><td>升压过程中发电机机端电压上升过程平稳无波动</td></tr>
<tr><td>自动升压试验</td><td>达到额定电压时，电压超调量不大于额定电压的 10%，振荡次数不超过 3 次，调节时间不大于 5 s</td></tr>
<tr><td>软启励试验</td><td>发电机机端电压上升过程平稳无超调</td></tr>
<tr><td>7</td><td colspan="2">升降压及逆变灭磁特性试验</td><td>升降压变化平稳；逆变时可靠灭磁</td></tr>
<tr><td>8</td><td colspan="2">自动/手动及两套自动调节通道的切换试验</td><td>切换过程可靠，发电机电压和无功功率无明显的波动</td></tr>
<tr><td>9</td><td colspan="2">空载状态下 10% 阶跃响应试验</td><td>电压超调量不大于额定电压的 10%，振荡次数不超过 3 次，调节时间不大于 5 s</td></tr>
<tr><td>10</td><td colspan="2">电压整定范围及变化速度测试</td><td>自动控制方式下的电压整定范围在 10% ~110% 额定电压范围内，在手动或备用控制方式下电压整定范围应在 10% ~110% 额定电压范围内，整定电压变化速度应满足每秒不大于额定电压的 1% 且不小于额定电压的 0.3%</td></tr>
<tr><td>11</td><td colspan="2">测录带自动励磁调节器的发电机电压—频率特性</td><td>在 47 ~52 Hz 范围，频率值每变化 1%，机端电压的变化值不大于额定值的 ±0.25%</td></tr>
<tr><td>12</td><td colspan="2">电压/频率限制试验</td><td>机组频率降至 47.5 Hz 时，电压/频率限制功能应开始动作，随着机组频率降低，机端电压自动降低且转子电流无明显增大；当频率降至 45 Hz 时，发电机逆变灭磁</td></tr>
</table>

续表 8-45

序号	试验项目	试验标准	检查方法
13	PT 断线模拟试验	励磁调节器从主用通道切至备用通道（切至手动），机端电压或无功功率基本保持不变；PT 断线恢复后，断线信号应自动复归	检查试验记录
14	整流功率柜均流试验	均流系数不应低于 0.85	
15	发电机电压调差率的测定	机端电压调差率整定范围为 ±15%，极差不大于 1%，调差特性应有较好的线性度	
16	发电机无功负荷调整及甩负荷试验	调整无功均匀无跳变；甩额定无功，电压超调量不大于 15% 额定值，振荡次数不超过 3 次，调节时间不大于 5 s	
17	发电机在空载和额定工况下的灭磁试验	符合设计要求	
18	过励磁限制功能试验	无功功率应被箝定在限制曲线整定值上且无明显摆动	
19	欠励磁限制功能试验	无功功率应被箝定在限制曲线整定值上且无明显摆动	
20	励磁系统各部分温升试验	励磁系统各部位温升不超过 DL/T 583 中的规定	
21	励磁装置额定工况下 24 h 运行	符合设计要求	

第九章　水力机械辅助设备系统安装工程

第一节　泵装置与滤水器安装工程

一、泵装置安装工程

(一)离心泵安装质量控制

(1)一台或数台同型号的泵装置、滤水器安装宜划分为一个单元工程。

(2)单元工程安装质量验收评定时应提供泵装置与滤水器安装、调试、检验、检测记录,以及试运转检验记录。

(3)离心泵安装质量标准如表9-1所示。

表9-1　离心泵安装质量标准

<table>
<tr><th colspan="2" rowspan="2">项次</th><th rowspan="2">检验项目</th><th colspan="2">质量标准</th><th rowspan="2">检验方法</th><th rowspan="2">检验数量</th></tr>
<tr><th>合格</th><th>优良</th></tr>
<tr><td rowspan="3">主控项目</td><td>1</td><td>叶轮和密封环间隙</td><td colspan="2" rowspan="2">符合设备技术文件的规定</td><td>压铅法、塞尺、百分表</td><td rowspan="6">均布,不少于4个点</td></tr>
<tr><td>2</td><td>联轴器径向位移</td><td rowspan="2">钢板尺、塞尺、百分表</td></tr>
<tr><td>3</td><td>轴线倾斜度</td><td>0.2 mm/m</td><td>0.1 mm/m</td></tr>
<tr><td rowspan="4">一般项目</td><td>1</td><td>机座纵、横向水平度</td><td>0.1 mm/m</td><td>0.08 mm/m</td><td>水平仪</td></tr>
<tr><td>2</td><td>多级泵叶轮轴向间隙</td><td colspan="2">大于推力头轴向间隙</td><td rowspan="2">钢板尺、塞尺、百分表</td></tr>
<tr><td>3</td><td>联轴器端面间隙</td><td colspan="2">符合设备技术文件的规定</td></tr>
<tr><td>4</td><td>离心泵内部清理</td><td colspan="2">通畅、无异物</td><td>观察、检测</td><td>全部</td></tr>
</table>

(4)离心泵试运转应符合下列要求:

①离心泵在额定负荷下试运转不小于2 h。

②各固定连接部位无松动、渗漏现象。

③转子及各运动部件运转正常,无异常声响和摩擦现象。

④附属系统的运转正常,管道连接牢固无渗漏。

⑤滑动轴承的温度不大于70 ℃,滚动轴承的温度不大于80 ℃。

⑥各润滑点的润滑油温度、密封液和冷却水的温度均符合设备技术文件的规定。

⑦机械密封的泄漏量不大于5 mL/h,填料密封的泄漏量不大于表9-2的规定,且温升正常。

⑧水泵压力、流量符合设计规定。

⑨需要测量轴承体处振动值的水泵,在运转无空蚀的条件下测量。

⑩电动机电流不超过额定值。

⑪安全保护和电控装置及各部分仪表均灵敏、正确、可靠。

表 9-2　填料密封的泄漏量允许值

水泵设计流量(m^3/h)	≤50	50～100	100～300	300～1 000	>1 000
泄漏量(mL/min)	15	20	30	40	60

(二)水环式真空泵安装质量控制

(1)一台或数台同型号的泵装置、滤水器安装宜划分为一个单元工程。

(2)单元工程安装质量验收评定时,应提供泵装置与滤水器安装、调试、检验、检测记录,以及试运转检验记录。

(3)水环式真空泵安装质量标准如表 9-3 所示。

表 9-3　水环式真空泵安装质量标准

项次		检验项目	质量标准		检验方法	检验数量
			合格	优良		
主控项目	1	联轴器径向位移	符合设备技术文件的规定		钢板尺、塞尺、百分表	均布,不少于4个点
	2	轴线倾斜度	0.2 mm/m	0.1 mm/m		
一般项目	1	机座纵、横向水平度	0.1 mm/m	0.08 mm/m	水平仪	
	2	联轴器端面间隙	符合设备技术文件的规定		钢板尺、塞尺、百分表	
	3	真空泵内部清理	通畅、无异物		观察、检测	全部

(4)气水分离器安装质量标准如表 9-4 所示。

表 9-4　气水分离器安装质量标准

项次		检验项目	质量标准		检验方法	检验数量
			合格	优良		
主控项目	1	本体水平度	1 mm/m	0.5 mm/m	钢板尺、钢卷尺、水平仪	均布,不少于4个点
一般项目	1	本体中心	±5 mm	±3 mm	水准仪或全站仪、钢板尺、钢卷尺	
	2	进水孔与外部供水管连接管道	通畅、无异物		观察、检测	全部
	3	气水分离器内部清理				

注:表中数值为允许偏差值。

(5)水环式真空泵试运转应符合下列要求:

①泵在规定的转速下和工作范围内进行试运转,连续试运转时间不少于 30 min。

②水环式真空泵真空度调节阀调整至合适的开度,泵填料函处的冷却水管道畅通。

③泵的供水正常,水温和供水压力符合设备技术文件的规定。

④轴承的温升不高于 30 ℃，其温度不高于 75 ℃。

⑤各连接部件严密，无泄漏现象。

⑥运转中无异常声响和异常振动。

⑦电动机电流不超过额定值。

（三）深井泵安装质量控制

（1）一台或数台同型号的泵装置、滤水器安装宜划分为一个单元工程。

（2）单元工程安装质量验收评定时，应提供泵装置与滤水器安装、调试、检验、检测记录，以及试运转检验记录。

（3）深井泵安装质量标准如表 9-5 所示。

表 9-5　深井泵安装质量标准

<table>
<tr><th colspan="2" rowspan="2">项次</th><th rowspan="2">检验项目</th><th colspan="2">质量标准</th><th rowspan="2">检验方法</th><th rowspan="2">检验数量</th></tr>
<tr><th>合格</th><th>优良</th></tr>
<tr><td rowspan="2">主控项目</td><td>1</td><td>叶轮轴向窜动量</td><td colspan="2">6 ~ 8 mm</td><td>钢板尺、钢卷尺</td><td rowspan="9">均布，不少于4个点</td></tr>
<tr><td>2</td><td>泵轴提升量</td><td colspan="2" rowspan="3">符合设备技术文件的规定</td><td>钢板尺、塞尺、百分表</td></tr>
<tr><td rowspan="8">一般项目</td><td>1</td><td>各级叶轮与密封环间隙</td><td>游标卡尺</td></tr>
<tr><td>2</td><td>叶轮轴向间隙</td><td rowspan="2">钢板尺、钢卷尺</td></tr>
<tr><td>3</td><td>叶轮与导流壳轴向间隙</td><td colspan="2">符合设备技术文件的规定，锁紧装置应牢固</td></tr>
<tr><td>4</td><td>泵轴伸出长度</td><td>≤2 mm</td><td>≤1 mm</td><td>钢板尺，拧紧出水叶壳后检测</td></tr>
<tr><td>5</td><td>泵轴与电动机轴线偏心</td><td>0.15 mm</td><td>0.10 mm</td><td>游标卡尺、钢板尺、塞尺、百分表</td></tr>
<tr><td>6</td><td>泵轴与电动机轴线倾斜度</td><td>0.50 mm/m</td><td>0.20 mm/m</td><td>钢板尺、百分表、塞尺</td></tr>
<tr><td>7</td><td>机座纵、横向水平度</td><td>0.10 mm/m</td><td>0.08 mm/m</td><td>水平仪</td></tr>
<tr><td>8</td><td>扬水管连接</td><td colspan="2">符合设备技术文件的规定</td><td>钢板尺、钢卷尺</td><td>全部</td></tr>
</table>

注：表中数值为允许偏差值。

（4）深井泵在额定负荷下连续试运转不小于 2 h，应符合下列要求：

①各固定连接部位无松动及渗漏。

②转子及各运动部件运转正常，无异常声响和摩擦现象。

③附属系统的运转正常，管道连接牢固无渗漏。

④滑动轴承的温度不大于 70 ℃。滚动轴承的温度不大于 80 ℃。

⑤各润滑点的润滑油温度、密封液和冷却水的温度均应符合设备技术文件的规定。

⑥水泵压力、流量应符合设计规定。

⑦深井泵在泵座填料处温升正常时，轴封泄漏量不大于表 9-6 的规定。

⑧需要测量轴承体处振动值的水泵，在运转无空蚀的条件下测量。

⑨电动机电流不超过额定值。

⑩安全、保护和电控装置及各部分仪表均灵敏、正确、可靠。

表 9-6　轴封泄漏量允许值

水泵设计流量（m^3/h）	≤50			50～150			150～350			>350	
泵座压力（MPa）	≤0.5	0.5～1	>1	≤0.5	0.5～1	>1	≤0.5	0.5～1	>1	≤0.5	>1
泄漏量（mL/min）	30	40	60	40	50	65	50	60	70	60	80

（四）潜水泵安装质量控制

（1）一台或数台同型号的泵装置、滤水器安装宜划分为一个单元工程。

（2）单元工程安装质量验收评定时，应提供泵装置与滤水器安装、调试、检验、检测记录，以及试运转检验记录。

（3）潜水泵安装质量标准如表 9-7 所示。

表 9-7　潜水泵安装质量标准

项次		检验项目	质量标准		检验方法	检验数量
			合格	优良		
主控项目	1	潜水泵、电缆线安装前浸水试验	符合设备技术文件的规定		检测、试验	全部
	2	潜水泵安装	符合设计要求和设备技术文件的规定		检查、检测	

（4）潜水泵在额定负荷下试运转不小于 2 h，应符合下列要求：

①各固定连接部位无松动及渗漏。

②运转正常，无异常声响和摩擦现象。

③管道连接应牢固无渗漏。

④水泵压力、流量符合设计要求。

⑤安全、保护和电控装置及仪表均灵敏、正确、可靠。

⑥电动机电流不超过额定值。

（五）油泵安装质量控制

（1）一台或数台同型号的泵装置、滤水器安装宜划分为一个单元工程。

（2）单元工程安装质量验收评定时，应提供泵装置与滤水器安装、调试、检验、检测记录，以及试运转检验记录。

（3）油泵用油质量应符合设备技术文件的规定或有关标准要求。

（4）齿轮油泵安装质量标准如表 9-8 所示。

（5）螺杆油泵安装质量标准如表 9-9 所示。

表 9-8　齿轮油泵安装质量标准

项次		检验项目	质量标准		检验方法	检验数量
			合格	优良		
主控项目	1	齿轮与泵体径向间隙	0.13～0.16 mm		塞尺、百分表	均布,不少于4个点
	2	联轴器径向位移	符合设备技术文件的规定		钢板尺、塞尺、百分表	
	3	轴线倾斜度				
一般项目	1	机座纵、横向水平度	0.20 mm/m	0.10 mm/m	水平仪	均布,不少于4个点
	2	齿轮与泵体轴向间隙	0.02～0.03 mm		压铅法	
	3	联轴器端面间隙	符合设备技术文件的规定		钢板尺、塞尺、百分表	
	4	轴中心	0.1 mm	0.08 mm		
	5	油泵内部清理	通畅、无异物		观察、检测	全部

注:表中数值为允许偏差值。

表 9-9　螺杆油泵安装质量标准

项次		检验项目	质量标准		检验方法	检验数量
			合格	优良		
主控项目	1	螺杆与衬套间隙	符合设备技术文件的规定		塞尺、百分表	均布,不少于4个点
	2	联轴器径向位移			钢板尺、塞尺、百分表	
	3	轴中心	0.05 mm	0.03 mm		
一般项目	1	机座纵、横向水平度	0.05 mm/m	0.03 mm/m	水平仪	
	2	螺杆接触面	符合设备技术文件的规定		着色法	
	3	螺杆端部与止推轴承间隙			压铅法	
	4	轴线倾斜度			钢板尺、百分表、塞尺	
	5	联轴器端面间隙				
	6	油泵内部清理	通畅、无异物		观察、检测	全部

注:表中数值为允许偏差值。

(6)油泵在空载情况下运转1 h和在额定负荷的25%、50%、75%、100%下各运转30 min,应符合下列要求:

①运转中无异常声响和异常振动,各结合面无松动、无渗漏。

②油泵外壳振动值不大于0.05 mm。轴承温升不应高于35 ℃或不应比油温高20 ℃。

③齿轮油泵的压力波动不超过设计值的±1.5%。

④油泵输油量不小于铭牌标示流量。

⑤机械密封的泄漏量符合设备技术文件的规定。

⑥螺杆油泵停止时不反转。

⑦安全阀工作灵敏、可靠。

⑧油泵电动机电流不超过额定值。

二、滤水器安装工程

(1)滤水器安装质量标准如表 9-10 所示。

表 9-10　滤水器安装质量标准

项次		检验项目	质量标准		检验方法	检验数量
			合格	优良		
主控项目	1	本体水平度	1 mm/m	0.5 mm/m	钢板尺、钢卷尺、水平仪	均布,不少于4个点
一般项目	1	本体中心	±5 mm	±3 mm	水准仪或全站仪、钢板尺	
	2	滤水器内部清理	通畅、无异物		观察、检测	全部

注:表中数值为允许偏差值。

(2)滤水器在额定负荷下,手动、自动启动清污系统,分别连续运转 1 h,应符合下列要求:

①滤水器各转动部件未出现卡阻、拒动现象,电气控制箱上的各信号工作正常,阀门开关位置正确。

②运转中无异常声响和异常振动,各连接部分无松动、无渗漏。

③滤水器压力、压差、流量应符合设计规定。

④电动机电流不超过额定值。

⑤安全、保护和电控装置及仪表均灵敏、正确、可靠。

第二节　空气压缩机与通风机安装工程

一、空气压缩机安装工程

(1)一台或数台型号的空气压缩机宜划分为一个单元工程。

(2)单元工程安装质量验收评定时,应提供空气压缩机安装、调试、检验、检测记录,以及试运行检验记录。

(3)空气压缩机安装质量标准如表 9-11 所示。

(4)空气压缩机附属设备(如冷却器、气水分离器等)安装质量标准如表 9-12 所示。

表 9-11　空气压缩机安装质量标准

项次		检验项目	质量标准		检验方法	检验数量
			合格	优良		
主控项目	1	机座纵、横向水平度	0.10 mm/m	0.08 mm/m	水平仪	均布,不少于4个点
一般项目	1	皮带轮断面垂直度	0.50 mm/m	0.30 mm/m	水平仪、吊垂线、钢板尺、钢卷尺	
	2	皮带轮断面同面性	0.5 mm	0.2 mm	百分尺、塞尺	
	3	空气压缩机内部清理	通畅、无异物		观察、检测	全部

注:表中数值为允许偏差值。

表 9-12 空气压缩机附属设备安装质量标准

<table>
<tr><th colspan="2" rowspan="2">项次</th><th rowspan="2">检验项目</th><th colspan="2">质量标准</th><th rowspan="2">检验方法</th><th rowspan="2">检验数量</th></tr>
<tr><th>合格</th><th>优良</th></tr>
<tr><td>主控项目</td><td>1</td><td>管口方位、地脚螺栓和基础的位置</td><td colspan="2">符合设计要求</td><td>钢板尺、钢卷尺、水平仪</td><td rowspan="3">全部</td></tr>
<tr><td rowspan="2">一般项目</td><td>1</td><td>附属管道</td><td colspan="2">清洁、畅通</td><td rowspan="2">观察、检测</td></tr>
<tr><td>2</td><td>管道与空气压缩机之间的连接</td><td colspan="2">符合设计要求</td></tr>
</table>

(5)空气压缩机空载试运转应符合下列要求:

①空载启动空气压缩机,在检查各部位无异常现象后,再依次运转 5 min、30 min 和 2 h 以上。

②每次启动运转前空气压缩机润滑情况均正常。

③运转中油压、油温和各摩擦部位的温度均符合设备技术文件的规定。

④运转中各运动部件无异常声响,各紧固件无松动。

(6)空气压缩机带负荷试运转应符合下列要求:

①升压运转的程序、压力和运转时间符合设备技术文件的规定。当无规定时,按额定压力 25% 连续运转 1 h,额定压力 50%、75% 各连续运转 2 h,额定压力下连续运转不小于 3 h。

②运转中油压不小于 0.1 MPa,曲轴箱或机身内润滑油的温度不大于 70 ℃;无渗油、漏气、漏水等现象。

③各级排气、排水温度符合设备技术文件的规定。

④各级安全阀动作压力正确,动作灵敏。

⑤自动控制装置灵敏、可靠。

⑥振动值符合设备技术文件的有关规定。

二、通风机安装工程

(一)离心通风机安装质量控制

(1)整体到货的离心通风机的安装质量标准应符合设备技术文件的有关规定。现场组装的离心通风机安装质量标准如表 9-13 所示。

(2)离心通风机试运转应符合下列要求:

①启动电动机,各部位无异常现象和摩擦声响。

②风机启动达到正常转速后,首先在调节门开度为 0° ~5°小负荷运转,轴承温升稳定后连续运转时间不小于 20 min。

③小负荷运转正常后,逐渐开大调节门但电动机电流不超过额定值,直至规定的负荷,连续运转时间不小于 2 h。

④具有滑动轴承的大型通风机,负荷试运转 2 h 后停机检查轴承,轴承无异常,当合金表面有局部研伤时,应进行修整,再连续运转不小于 6 h。

⑤试运转中,滚动轴承温升不超过环境温度 40 ℃;滑动轴承运行温度不超过 65 ℃;轴承部位的振动速度有效值(均方根速度值)不应大于 6.3 mm/s。

表 9-13　离心通风机安装质量标准

<table>
<tr><th colspan="2" rowspan="2">项次</th><th rowspan="2">检验项目</th><th colspan="2">质量标准</th><th rowspan="2">检验方法</th><th rowspan="2">检验数量</th></tr>
<tr><th>合格</th><th>优良</th></tr>
<tr><td rowspan="2">主控项目</td><td>1</td><td>轴承孔对主轴轴线在平面内的对称度</td><td colspan="2">0.06 mm</td><td rowspan="2">塞尺、百分表</td><td rowspan="11">均布，不少于4个点</td></tr>
<tr><td>2</td><td>机壳进风口或密封圈与叶轮口圈的轴向插入深度</td><td colspan="2">符合设备技术文件的规定或 D/100</td></tr>
<tr><td rowspan="11">一般项目</td><td>1</td><td>轴承箱纵、横向水平度</td><td colspan="2">符合设备技术文件的规定</td><td rowspan="3">水平仪</td></tr>
<tr><td>2</td><td>左、右分开式轴承箱中分面纵、横向水平度</td><td colspan="2">纵向：0.04 mm/m；
横向：0.08 mm/m</td></tr>
<tr><td>3</td><td>主轴轴颈水平度</td><td colspan="2">0.04 mm/m</td></tr>
<tr><td>4</td><td>轴承箱两侧密封径向间隙之差</td><td colspan="2">0.06 mm</td><td rowspan="2">塞尺、百分表</td></tr>
<tr><td>5</td><td>滑动轴承轴瓦与轴颈安装</td><td colspan="2">符合设备技术文件的规定</td></tr>
<tr><td>6</td><td>机壳与转子同轴度</td><td>2 mm</td><td>1 mm</td><td>拉线、钢板尺、钢卷尺</td></tr>
<tr><td>7</td><td>进风口与叶轮之间径向间隙</td><td colspan="2">符合设备技术文件的规定或(1.5～3)D/1 000</td><td rowspan="4">塞尺、百分表</td></tr>
<tr><td>8</td><td>联轴器端面间隙</td><td colspan="2">符合设备技术文件的规定</td></tr>
<tr><td>9</td><td>联轴器径向位移</td><td colspan="2">0.025 mm</td></tr>
<tr><td>10</td><td>轴线倾斜度</td><td>0.2 mm/m</td><td>0.1 mm/m</td></tr>
<tr><td>11</td><td>风机内部清理</td><td colspan="2">畅通、无异物</td><td>观察、检测</td><td>全部</td></tr>
</table>

注：1. D 为叶轮外径。

2. 表中数值为允许偏差值。

⑥电动机电流不超过额定值。

⑦安全、保护和电控装置及仪表均灵敏、正确、可靠。

（二）轴流通风机安装质量控制

（1）整体到货的轴流通风机的安装质量标准应符合设备技术文件的有关规定。现场组装的轴流通风机安装质量标准如表 9-14 所示。

（2）轴流通风机试运转应符合下列要求：

①启动时，各部位无异常现象。

②启动后调节叶片时，电动机电流不大于其额定值。

③运行时，风机无停留于喘振工况内的现象。

④滚动轴承正常工作温度不大于 70 ℃；瞬时最高温度不大于 95 ℃，温升不超过 55 ℃；滑动轴承的正常工作温度不大于 75 ℃。

⑤风机轴承的振动速度有效值不大于 6.3 mm/s。

表 9-14　轴流通风机安装质量标准

项次		检验项目	质量标准		检验方法	检验数量
			合格	优良		
主控项目	1	垂直剖分机组主轴和进气室的同轴度	2 mm	1 mm	塞尺、百分表	均布，不少于4个点
	2	左、后分开式轴承座两轴承孔与主轴颈的同轴度	0.10 mm	0.08 mm		
	3	叶轮与主体风筒间隙或对应两侧间隙度	符合设备技术文件的规定，或 $D \leq 600$ mm 时不大于 ±0.5 mm，600 mm < $D \leq 1\ 200$ mm 时不大于 ±1.0 mm			
一般项目	1	机座纵、横向水平度	0.2 mm/m	0.1 mm/m	水平仪	
	2	水平剖分、垂直剖分机组纵、横向水平度	0.1 mm/m	0.08 mm/m		
	3	立式机组水平度				
	4	叶片安装角度	符合设备技术文件的规定，允许偏差为 ±2°		样板	
	5	轴联器端面间隙	符合设备技术文件的规定		塞尺、百分表	
	6	联轴器径向位移	0.025 mm			
	7	轴线倾斜度	0.2 mm/m	0.1 mm/m		
	8	风机内部清理	畅通、无异物		观察、无异物	全部

注：1. D 为叶轮外径。
2. 表中数值为允许偏差值。

⑥主轴承温升稳定后，连续试运转时间不少于 6 h；停机后应检查管道的密封性和叶顶间隙。

⑦电动机电流不超过额定值。

⑧安全、保护和电控装置及仪表均灵敏、正确、可靠。

第三节　水力监测装置与自动化元件装置安装工程

一、水力监测仪表、非电量监测装置安装质量控制

(1)水力监测仪表、非电量监测装置安装前，应按有关规定进行校验，校验合格后方可安装。

(2)水力监测仪表、非电量监测装置安装质量标准如表 9-15 所示。

表 9-15　水力监测仪表、非电量监测装置安装质量标准

项次		检验项目	质量标准		检验方法	检验数量
			合格	优良		
主控项目	1	仪表、装置接口严密性	无渗漏		观察、检测	全部
	2	电气装置接口	接线正确、可靠		试验、观察、检测	
一般项目	1	仪表、装置设计位置	±10 mm	±5 mm	钢板尺、钢卷尺	均布，不少于4个点
	2	仪表盘、装置盘设计位置	±20 mm	±10 mm		
	3	仪表盘、装置盘垂直度	3 mm/m	2 mm/m	吊垂线、钢板尺、钢卷尺	
	4	仪表盘、装置盘水平度			水平尺	
	5	仪表盘、装置盘高程	±5 mm	±3 mm	水准仪或全站仪、钢板尺	
	6	取压管位置	±10 mm	±5 mm	钢板尺、钢卷尺	

注：表中数值为允许偏差值。

(3)水位计、流量监测装置安装应符合设计要求和设备技术文件的规定。

(4)非电量监测装置系统检验应符合下列要求：

①非电量监测装置系统在投运前，进行系统检验并做出记录，确认合格后方可使用。

②非电量监测装置系统检验项目主要包括：电气性能测试、静态性能测试、稳定性检查、动态性能测试和影响量试验。具体检验项目应根据被检产品的技术规范、实际使用要求及测试条件加以确定。

③非电量监测装置检验的一般规定、检验方法及质量要求、检验结果确认，按照 DL/T 862《水电厂自动化元件（装置）安装和验收规程》的有关规定执行。

二、自动化元件（装置）安装质量控制

(1)自动化元件（装置）应按照 GB/T 1805《电力变压器用有载分接开关选用导则》的有关规定，在安装前认真检查产品质量并记录。外表应无明显损伤，接线接口标志和校准状态标识应完整、清晰、正确，接插件应接触可靠，介质通道应畅通、无异物及污垢，接口螺纹完好。

(2)自动化元件（装置）安装前，安装、调试人员应经过培训，并应熟悉有关技术规范与资料，以保证安装、调试质量。

(3)自动化元件（装置）安装质量标准如表 9-16 所示。

(4)自动化元件（装置）系统检验应符合下列要求：

①自动化元件（装置）在投运前，进行系统检验并做出记录，确认合格后方可使用。

②自动化元件（装置）系统试验的一般规定、试验内容、试验项目、质量标准、试验方法等，可按照 DL/T 619《水电厂自动化元件（装置）及其系统运行维护与检修试验规程》的有关规定执行。

表 9-16　自动化元件(装置)安装质量标准　　(单位:mm)

项次		检验项目	质量标准		检验方法	检验数量
			合格	优良		
主控项目	1	元件(装置)接口严密性	无渗漏		观察、检测	全部
一般项目	1	元件(装置)设计位置	±10	±5	钢尺板、钢卷尺	均布,不少于4个点
	2	元件(装置)高程	±5	±3	水准仪或全站仪、钢板尺	

注:表中数值为允许偏差值。

第四节　水力机械系统管道安装工程

一、基本要求

(1)同介质的管道宜划分为一个单元工程。若单元工程范围过大,则可按同介质管道的工作压力等级划分为若干个单元工程。

(2)管子、管件、管道附件及阀门在使用前,应按设计要求核对其规格、材质及技术参数,并对其外观进行检查,其表面要求为:无裂纹、缩孔、夹渣、黏砂、漏焊、重皮等缺陷;表面应光滑,不应有尖锐划痕;凹陷深度不应超过 1.5 mm,凹陷最大尺寸不应大于管子周长的 5%,且不大于 40 mm。

(3)管子弯制、防腐、防结露应符合设计要求及有关规定。

(4)阀门与伸缩节安装应符合设计要求、制造厂家技术文件以及国家、行业现行有关标准的规定。

二、管道制作及安装质量控制

(1)预埋压力管道在混凝土浇筑前,应按下列标准做耐压试验。无压管道按 0.4 MPa 压力进行耐压试验。试验合格后方可浇筑混凝土。

①强度耐压试验:试验压力应为 1.5 倍额定工作压力,但不低于 0.4 MPa,保持 10 min,无渗漏及裂纹等异常现象。

②严密性耐压试验:试验压力应为 1.25 倍额定工作压力,但不低于 0.4 MPa,保持 30 min,无渗漏现象。

③严密性试验:试验压力应为额定工作压力,保持 8 h,无渗漏现象。

(2)消防供水管道安装尚应符合国家、行业现行有关标准的规定。塑料管道安装、埋设应符合设计要求和国家、行业现行有关标准的规定。

(3)管件制作质量标准如表 9-17 所示。

(4)管道、管件焊接质量标准如表 9-18 所示,法兰盘与管子中心线垂直偏斜值如表 9-19 所示。

(5)管道埋设质量标准如表 9-20 所示。

(6)明管安装质量标准如表9-21所示。

(7)通风管道制作、安装质量标准如表9-22所示。

(8)阀门、容器、管件及管道系统试验标准如表9-23所示。

表9-17　管件制作质量标准

项次		检验项目	质量标准		检验方法	检验数量
			合格	优良		
主控项目	1	管截面最大与最小管径差	≤8%	≤6%	外卡钳、钢板尺、钢卷尺	均布，不少于4个点
	2	环形管半径	≤±2%R	≤±2%R	样板、钢板尺、钢卷尺	
一般项目	1	弯曲角度	±3 mm/m且全长不大于10 mm	±2 mm/m且全长不大于18 mm		
	2	折皱不平度	≤3%D	≤2.5%D	外卡钳、钢板尺、钢卷尺	
	3	环形管平面度	≤±20 mm	≤±15 mm	拉线、钢板尺、钢卷尺	
	4	Ω形伸缩节尺寸	±10 mm	±5 mm	样板、钢板尺、钢卷尺	
	5	Ω形伸缩节平直度	3 mm/m且全长不大于10 mm	2 mm/m且全长不大于18 mm	拉线、钢板尺、钢卷尺	
	6	三通主管与支管垂直度	≤2%H	≤1.5%H	角尺、钢板尺、钢卷尺	
	7	锥形管长度	≥3(D_1-D_2)	≥2(D_1-D_2)	钢板尺、钢卷尺	
	8	锥形管两端直径及圆度	不大于±1%D且不大于±2 mm			
	9	同心锥形管偏心率	不大于±1%D且不大于±2.0 mm	不大于±1%D且不大于±1.5 mm		
	10	卷制焊管端面倾斜	≤D/1 000		角尺、钢板尺、钢卷尺	
	11	卷制焊管周长	≤±L/1 000		钢板尺、钢卷尺	
	12	焊接弯头的曲率半径	≥1.5D			

注：1. R为环管曲率半径；D为管子、弯头、锥形管公称直径；H为三通支管高度；D_1为管子大头直径；D_2为管子小头直径；L为焊管设计周长。

2. 90°弯头的分节数不宜少于4。

3. 表中数值为允许偏差值。

表 9-18 管道、管件焊接质量标准

项次		检验项目	质量标准	检验方法	检验数量
主控项目	1	焊缝质量检查	符合 GB/T 8564《水轮发电机组安装技术规范》的有关规定	按规定方法	全部
	2	管子、管件的坡口形式、尺寸	壁厚不大于 4 mm 的选用 I 形坡口,对口间隙为 1 ~ 2 mm;壁厚大于 4 mm 的选用 70°V 形坡口,对口间隙及钝边均为 0 ~ 2 mm	角尺、钢板尺、钢卷尺	
一般项目	1	管子、管件组对时	内壁应做到平齐,内壁错边量不应超过壁厚的 20% 且不大于 2 mm。坡口表面上不应有裂缝、夹层等缺陷		
	2	法兰盘与管子中心线	垂直偏斜值不大于表 9-19 的规定		

表 9-19 法兰盘与管子中心线垂直偏斜值 (单位:mm)

管子公称直径	<100	100 ~ 250	250 ~ 400	>400
法兰盘外沿最大偏斜	±1.5	±2	±2.5	±3

表 9-20 管道埋设质量标准 (单位:mm)

项次		检验项目	质量标准		检验方法	检验数量
			合格	优良		
主控项目	1	管道出口位置	±10	±5	钢板尺、钢卷尺	全部
	2	管道过缝处理	符合设计要求		观察、检测	
	3	管道内部清扫及除锈	符合设计要求和现行有关标准规定			
一般项目	1	与设备连接的预埋管出口位置	±10	±5	钢板尺、钢卷尺	
	2	管口伸出混凝土面的长度	≥300			
	3	管子与墙面的距离	符合设计要求		吊垂线、钢板尺、钢卷尺	
	4	管口封堵	可靠		观察、检测	
	5	排水、排油管道的坡度	与流向一致,并符合设计要求		钢板尺、钢卷尺	

注:表中数值为允许偏差值。

表 9-21　明管安装质量标准

<table>
<tr><th colspan="2" rowspan="2">项次</th><th rowspan="2">检验项目</th><th colspan="2">质量标准</th><th rowspan="2">检验方法</th><th rowspan="2">检验数量</th></tr>
<tr><th>合格</th><th>优良</th></tr>
<tr><td rowspan="2">主控项目</td><td>1</td><td>明管平面位置（每 10 m 内）</td><td>±10 mm 且全长不大于 20 mm</td><td>±5 mm 且全长不大于 15 mm</td><td>拉线、钢板尺、钢卷尺</td><td>每 10 m 检查 1 处；不足 10 m 检查 1 处</td></tr>
<tr><td>2</td><td>管道内部清扫及除锈</td><td colspan="2">符合设计要求和现行有关标准的规定</td><td>观察、检测</td><td>全部</td></tr>
<tr><td rowspan="6">一般项目</td><td>1</td><td>明管高程</td><td>±5 mm</td><td>±4 mm</td><td>水准仪或全站仪、钢板尺</td><td rowspan="4">均布，不少于 4 个点</td></tr>
<tr><td>2</td><td>立管垂直度</td><td>2 mm/m 且全长不大于 15 mm</td><td>1.5 mm/m 且全长不大于 10 mm</td><td>吊垂线、钢板尺、钢卷尺</td></tr>
<tr><td>3</td><td>排管平面度</td><td>≤5 mm</td><td>≤3 mm</td><td>水准仪或全站仪、钢板尺</td></tr>
<tr><td>4</td><td>排管间距</td><td>0 ~ +5 mm</td><td>0 ~ +3 mm</td><td rowspan="3">钢板尺、钢卷尺</td></tr>
<tr><td>5</td><td>排水、排油管道坡度</td><td colspan="2">与流向一致，并符合设计要求</td><td>全部</td></tr>
<tr><td>6</td><td>水平管弯曲度</td><td>不大于 1.5 mm/m 且全长不大于 20 mm</td><td>不大于 1.0 mm/m 且全长不大于 15 mm</td><td>均布，不少于 4 个点</td></tr>
</table>

注：表中数值为允许偏差值。

表 9-22　通风管道制作、安装质量标准

<table>
<tr><th colspan="2" rowspan="2">项次</th><th rowspan="2">检验项目</th><th colspan="2">质量标准</th><th rowspan="2">检验方法</th><th rowspan="2">检验数量</th></tr>
<tr><th>合格</th><th>优良</th></tr>
<tr><td>主控项目</td><td>1</td><td>管道内部清扫及检查</td><td colspan="2">符合设计要求和现行有关标准的规定</td><td>观察、检测</td><td>全部</td></tr>
<tr><td rowspan="5">一般项目</td><td>1</td><td>风管直径或边长</td><td colspan="2" rowspan="3">符合设计要求</td><td rowspan="2">钢板尺、钢卷尺</td><td rowspan="5">均布，不少于 4 个点</td></tr>
<tr><td>2</td><td>风管法兰直径或边长</td></tr>
<tr><td>3</td><td>风管与法兰垂直度</td><td>角尺、钢板尺、钢卷尺</td></tr>
<tr><td>4</td><td>横管水平度</td><td>3 mm/m 且全长不大于 20 mm</td><td>3 mm/m 且全长不大于 10 mm</td><td>水准仪或全站仪、钢板尺</td></tr>
<tr><td>5</td><td>立管垂直度</td><td>2 mm/m 且全长不大于 20 mm</td><td>3 mm/m 且全长不大于 15 mm</td><td>吊垂线、钢板尺、钢卷尺</td></tr>
</table>

注：表中数值为允许偏差值。

表 9-23　阀门、容器、管件及管道系统试验标准

项次		试验项目	试验性质	试验压力（MPa）	试验时间	质量标准	检验数量
主控项目	1	1 MPa 及以上阀门	严密性	1.25*P*	10 min	无渗漏	全部
	2	自制有压容器及管件	强度	1.5*P* 且大于 0.4	10 min	无渗漏等异常现象	
	3	自制有压容器及管件	严密性	1.25*P* 且大于 0.4	30 min	无渗漏且压降小于 5%	
				1*P*	12 h		
	4	无压容器	渗漏	满水静置	24 h	无渗漏	
	5	系统管道	强度	1.5*P* 且大于 0.4	10 min	无渗漏等异常现象	
	6	系统管道	严密性	1.25*P* 且大于 0.4	30 min	无渗漏	
	7	通风系统漏风量测试	符合 GB 50243《通风与空调工程施工质量验收规范》的有关要求				
	8	系统清洗、检查	符合设计要求和现行有关标准规定				

注：*P* 为额定工作压力。

第五节　箱、罐及其他容器安装工程

一、基本要求

（1）一台或数台同型号箱、罐及其他容器安装宜划分为一个单元工程。

（2）油罐到货验收时应重点检查油罐出厂前按设备技术文件要求所做的渗漏试验，并核验合格证书。

（3）储气罐到货验收应按国家有关规定和行业标准执行。

（4）施工单位制作的钢制压力容器的制造、检验、验收及质量评定应按 GB 150.4《压力容器 第 4 部分：制造、检验和验收》的有关规定执行。

二、箱、罐及其他容器安装质量控制

（1）箱、罐及其他容器安装前，应检查、清理容器内部，保证清洁。

（2）箱、罐及其他容器安装质量标准如表 9-24 所示。

表 9-24　箱、罐及其他容器安装质量标准　（单位：mm）

项次		检验项目	质量标准		检验方法	检验数量
			合格	优良		
主控项目	1	安全、监测、保护装置	整定准确、灵敏、可靠，符合设备技术文件的规定		试验、检测	全部
一般项目	1	卧式容器水平度	≤L/1 000	≤10	水平仪或U形水平管	均布，不少于4个点
	2	立式容器垂直度	不大于H/1 000，且不超过10	≤5	吊垂线、钢板尺、钢卷尺	
	3	高程	±10	±5	水准仪或全站仪、钢板尺	
	4	中心线位置				

注：1. L为容器长度；H为容器高度。

2. 表中数值为允许偏差值。

参考文献

[1] 中华人民共和国水利部. 水利水电工程施工质量检验与评定规程:SL 176—2007[S]. 北京:中国水利水电出版社,2007.

[2] 中华人民共和国水利部. 水利水电工程施工组织设计规范:SL 303—2017[S]. 北京:中国水利水电出版社,2017.

[3] 中华人民共和国水利部. 水利水电工程单元工程施工质量验收评定标准——土石方工程:SL 631—2012[S]. 北京:中国水利水电出版社,2012.

[4] 中华人民共和国水利部. 水利水电工程单元工程施工质量验收评定标准——混凝土工程:SL 632—2012[S]. 北京:中国水利水电出版社,2012.

[5] 中华人民共和国水利部. 水利水电工程单元工程施工质量验收评定标准——地基处理与基础工程:SL 633—2012[S]. 北京:中国水利水电出版社,2012.

[6] 中华人民共和国水利部. 水利水电工程单元工程施工质量验收评定标准——堤防工程:SL 634—2012[S]. 北京:中国水利水电出版社,2012.

[7] 中华人民共和国水利部. 水利水电工程单元工程施工质量验收评定标准——水工金属结构安装工程:SL 635—2012[S]. 北京:中国水利水电出版社,2012.

[8] 中华人民共和国水利部. 水利水电工程单元工程施工质量验收评定标准——水轮发电机组安装工程:SL 636—2012[S]. 北京:中国水利水电出版社,2012.

[9] 中华人民共和国水利部. 水利水电工程单元工程施工质量验收评定标准——水力机械辅助设备系统安装工程:SL 637—2012[S]. 北京:中国水利水电出版社,2012.